国家出版基金项目
NATIONAL PUBLICATION FOUNDATION

国家出版基金资助项目
“十四五”时期国家重点出版物出版专项规划项目
网络协同高精度定位技术丛书

面向目标跟踪的雷达资源管理方法

● 严俊坤 刘宏伟 张 鹏 焦 浩 / 著

電子工業出版社
Publishing House of Electronics Industry
北京 · BEIJING

内 容 简 介

本书主要介绍如何根据系统反馈的目标信息合理设计接收端的检测门限和发射端的工作参数，进而在雷达资源有限的条件下提升目标的检测与跟踪性能，主要内容包括绪论、单雷达单目标认知跟踪算法、单雷达多目标认知跟踪算法、多雷达单目标认知跟踪算法以及多雷达多目标认知跟踪算法等。

本书可供高等院校信号与信息处理、控制科学与工程、应用数学等专业高年级本科生和研究生参考，也可供从事雷达、电子对抗、航天航空等领域的科技工作者和工程技术人员参考。

图书在版编目（CIP）数据

面向目标跟踪的雷达资源管理方法 / 严俊坤等著. —北京：电子工业出版社，2023.6
（网络协同高精度定位技术丛书）
ISBN 978-7-121-45633-6

Ⅰ. ①面… Ⅱ. ①严… Ⅲ. ①雷达跟踪-目标跟踪-研究 Ⅳ. ①TN953

中国国家版本馆 CIP 数据核字（2023）第 089872 号

责任编辑：夏平飞
印　　刷：北京捷迅佳彩印刷有限公司
装　　订：北京捷迅佳彩印刷有限公司
出版发行：电子工业出版社
　　　　　北京市海淀区万寿路 173 信箱　邮编：100036
开　　本：720×1000　1/16　印张：12.75　字数：245 千字
版　　次：2023 年 6 月第 1 版
印　　次：2024 年 3 月第 3 次印刷
定　　价：98.00 元

凡所购买电子工业出版社图书有缺损问题，请向购买书店调换。若书店售缺，请与本社发行部联系，联系及邮购电话：（010）88254888，88258888。

质量投诉请发邮件至 zlts@phei.com.cn，盗版侵权举报请发邮件至 dbqq@phei.com.cn。

本书咨询联系方式：（010）88254498。

丛书编委会

丛书主编： 贲　德（中国工程院院士）

朱中梁（中国科学院院士）

丛书编委： 张小飞　郭福成　徐大专　沈　渊

严俊坤　王　鼎　尹洁昕

作者简介

严俊坤，男，1987 年生，博士，西安电子科技大学教授，博士生导师。IEEE 高级会员，中国电子学会高级会员。雷达认知探测成像识别“国家 111 计划”创新引智基地副主任，IEEE AESS 雷达协会成员，*IEEE Transactions on Aerospace and Electronic Systems* 杂志副主编，*Signal Processing* 杂志副主编，*EURASIP Journal of Advances in Signal Processing* 杂志副主编，《雷达学报》客座编辑，*EURASIP Journal of Advances in Signal Processing* 杂志、*Task oriented radar resource management and refined processing methods* 专刊首席客座编辑，*Sensors* 杂志专刊编委，*Mathematical Problems in Engineering* 杂志专刊编委，认知信号处理联合实验室（西安电子科技大学与意大利 Pisa 大学共建）执行主任。重点围绕雷达资源优化与精细化接收处理方面的共性问题开展研究，取得了系列创新成果，显著提升了雷达宝贵资源的利用效率和目标探测能力。以第一作者发表期刊论文 30 篇（顶级杂志 IEEE TSP 7 篇），获 ESI 高被引论文 2 篇（前 1%），热点论文 2 篇（前 0.1%），入选 2022 年版全球前 2%顶尖科学家榜单。出版学术专著一部，编著智能传感器定位跟踪英文专著。获中国科协青年人才托举计划，陕西省青年科技新星，全国博士后创新创业大赛优胜奖（排名第一）。

前 言

认知雷达作为下一代新型智能雷达，是未来雷达的发展方向。它的主要特点是增加了从接收端到发射端的反馈，使雷达成为一个闭环的信号处理系统。通过跟踪器反馈的环境和目标信息，认知雷达能够自适应地选择接收端的处理方式，设计发射端的工作参数。在实际中，雷达系统的发射资源在某些特定的应用背景下是有限的，如发射功率、信号带宽等，因此把认知思想运用于雷达系统，对其有限的资源进行分配具有重要意义。在此研究背景下，本书主要介绍如何根据系统反馈的目标信息合理设计接收端的检测门限和发射端的工作参数，进而在雷达资源有限的条件下提升对目标的检测和跟踪性能。本书将目标跟踪过程按工作平台和目标数量分为单雷达单目标跟踪、单雷达多目标跟踪、多雷达单目标跟踪和多雷达多目标跟踪等，在充分了解国内外相关研究现状的基础上，对认知雷达中的资源分配算法进行了深入的研究，主要内容如下：

（1）研究了密集杂波环境下的单雷达单目标认知跟踪算法，主要讨论了如何利用系统已经获得的目标信息，根据恒虚警准则设置跟踪波门内的检测门限，提升对目标的检测和跟踪性能。

（2）在理想和非理想检测条件下，研究了基于单部集中式多输入多输出（Multiple Input Multiple Output，MIMO）雷达的多目标认知跟踪算法。首先，本书建立了理想和非理想检测条件下对目标的检测和观测模型，并据此推导了多目标跟踪误差的贝叶斯克拉美罗界（Bayesian Cramer-Rao Lower Bound，BCRLB）。其次，以最小化最差目标（本书中“最差目标”是指跟踪误差 BCRLB 最大的目标）的 BCRLB 为目标函数，建立了资源分配的数学模型。最后，在理想检测条件下，本书考虑了功率和波束联合分配的优化问题，证明了该优化问题等效于求解多个凸优化问题，同时针对非理想检测条件，利用系统反馈的目标信息对接收端的检测门限和发射端多波束的发射功率进行了联合优化设计。

（3）针对不同种类、不同融合框架、不同状态向量维数以及异步等情况下的多雷达系统（Multiple Radar System，MRS）进行了如下研究：

① 针对单频连续波（Unmodulated Continuous Wave，UCW）雷达网络，在建立不同信号模型的基础上提出了一种功率分配算法，并证明功率分配是一个凸优化问题；

② 针对集中式融合框架下 MRS 融合中心实时处理能力有限的问题，提出了一种功率和带宽联合分配的思想；

③ 针对异步情况下的 MRS，提出了一种功率分配思想，其目的是在给定的一段时间内，优化每部雷达的发射功率；

④ 为了使资源分配算法具有稳健性，针对目标跟踪时雷达散射截面积（Radar Cross Section，RCS）这一随机因素，提出了一种基于非线性机会约束规划（Nonlinear Chance Constraint Programming，NCCP）的 MRS 稳健功率分配算法；

⑤ 针对三维目标，首先提出了一种基于分布式雷达网络的次优跟踪算法，然后提出了一种面向三维目标的功率分配算法。

（4）针对多雷达多目标跟踪的应用背景，提出了一种聚类与功率联合分配算法。其步骤可简要描述为：在不同时刻挑选固定数目的雷达对每个目标进行聚类优化（每个目标只由对应子类中的雷达跟踪），并针对每个子类中的雷达进行功率分配，使 MRS 能动态地协调每部雷达的发射参数及其所获得的量测的使用，进而在资源有限的约束下达到更好的性能。

本书在编写过程中，参考了许多国内外有关著作和文献，在此向所有参考著作和文献的作者表示诚挚的感谢。

鉴于作者水平有限，书中难免存在一些缺点和错误，敬请读者不吝批评指正。

作　者

主要符号

$\boldsymbol{A}$	矩阵 $\boldsymbol{A}$
$\boldsymbol{a}$	向量 $\boldsymbol{a}$
i	雷达下标
k	时间下标
q	目标下标
T_0	重访时间间隔
$\boldsymbol{x}$ 或 ξ	目标状态向量
$\boldsymbol{z}$ 或 $\boldsymbol{Z}$	观测向量
$\boldsymbol{F}$	目标状态转移矩阵
$\boldsymbol{h}(\cdot)$	观测函数
$\boldsymbol{Q}$	过程噪声协方差矩阵
$\boldsymbol{\Sigma}$	观测噪声协方差矩阵
$\boldsymbol{H}$ 或 $\boldsymbol{G}$	雅克比矩阵
$\mathbb{E}(\cdot)$	求数学期望
$\boldsymbol{J}(\cdot)$	贝叶斯信息矩阵
$\boldsymbol{C}_{\mathrm{BCRLB}}(\cdot)$	贝叶斯克拉美罗矩阵
$\otimes$	Kronecker 乘积
$\odot$	Hadamard 乘积
$\Vert\cdot\Vert$	l_2 范数
$\mathrm{Tr}(\cdot)$	矩阵的迹
$\mathrm{diag}\{\boldsymbol{a}\}$	以向量 $\boldsymbol{a}$ 为对角元素的对角矩阵
$\mathbb{F}(\cdot)$	目标函数

目　录

第 1 章 绪论

1.1 引言

雷达[1]是英文 Radar 的音译，原意是“无线电探测和测距”（Radio Detecting and Ranging），目的是用无线电方法发现目标并对其进行检测和定位[2]。雷达的优点是，无论白天黑夜均能探测远距离的目标，不受雾、云和雨的影响，具有全天候、全天时的特点，有一定的穿透能力[3]。

近年来，雷达技术飞速发展，雷达不仅是军事上必不可少的电子装备，还广泛应用于社会经济发展和科学研究等方面[4-7]。其中的一个研究重点，就是利用雷达系统提供的信息对目标进行跟踪[8-13]。从工作平台和目标数目角度，目标跟踪可分为单雷达单目标跟踪[13]、单雷达多目标跟踪[14]、多雷达单目标跟踪[15]和多雷达多目标跟踪[16-18]等几类。

对于复杂环境下的单雷达单目标跟踪问题，在众多处理算法中比较具有代表性的是概率数据关联（Probabilistic Data Association，PDA）算法[10-11]。通常，影响该算法性能的一个重要参数是在接收端设置的检测门限。现有的各种 PDA 算法[10-11,15,19-20]大多将检测和跟踪过程分离，检测中心在完成波门内回波数据的检测后，将过门限的点迹信息传送给跟踪器进行数据关联。若能将跟踪器的输出信息反馈至检测中心，检测中心再根据反馈信息设置波门内检测门限（本书称其为检测跟踪联合处理过程），那么算法的性能将得以提升[21-24]。因此，研究如何根据反馈信息设计接收端的检测门限，提升目标的跟踪性能，意义深远。

众所周知，集中式多输入多输出（Multiple Input Multiple Output，MIMO）雷达[25-32]的发射天线之间距离较近，目标相对于多天线的视角可认为是相同的。集中式 MIMO 雷达可以看作传统相控阵雷达的扩展，通过引入数字阵列技术[33-40]，能够同时发射多个波束[14]，实现对多个目标的跟踪。在实际应用中，集中式 MIMO 雷达的固有特性要求在设计时考虑如下因素：

（1）每一时刻系统最多能产生的波束个数有限。受 MIMO 雷达发射阵元个数 N 的限制（自由度限制），每一时刻系统最多只能同时产生 M（$M \leqslant N$）个正交波束。

（2）多个波束发射功率之和有限。理论上，雷达各个波束的发射功率越大，目标的跟踪性能越好。随着波束个数的增加，雷达系统的总发射功率会逐渐增大。为了使某一时刻系统的总发射功率不超过硬件的可承受范围，需要限制多波束的总发射功率。

基于这些约束问题，笔者认为研究集中式 MIMO 雷达同时多波束工作模式下的资源管理技术具有重要的意义。

近 20 年来，高技术兵器（尤其是精确制导武器和远程打击武器）的出现，使战争形势越来越严峻[15]。在这种背景下，仅依靠单部雷达难以连续探测和跟踪现代飞行目标。网络化将是未来雷达发展的一个重要方向[41-46]。多部雷达相互合作可实现远超单部雷达的远程感知能力。然而，影响雷达网络目标跟踪性能的因素众多，如运行环境、拓扑结构、资源分配等。在实际应用中，多雷达系统（Multiple Radar System，MRS）包含的雷达数目越多，意味着需要传输的数据量越大，融合中心的计算复杂度越高[47]。通常，融合中心有限的实时处理能力制约了每部雷达传输到融合中心的数据量。根据 Nyquist 定理，每部雷达的数据传输量是与自身发射信号带宽成正比的。因此，在集中式框架下，融合中心的实时处理能力约束了每部雷达的信号带宽。此外，对于一些特定的应用场合，比如用总能量有限的雷达网络进行目标跟踪，或者军事应用中低截获的需求等，需要限制 MRS 的总发射功率[48]。因此，笔者认为，研究雷达网络中的资源分配问题，不仅是该领域的一个热点问题，也是一项具有很强实用性的研究课题。

解决上述问题的最好方法就是雷达的认知化[49-56]。认知雷达就是通过与环境的不断交互，理解环境，适应环境的闭环雷达系统[57]。在 21 世纪初期，Haykin 教授正式提出了认知雷达的概念[58]，并明确指出认知雷达的定义：

（1）感知环境的能力；

（2）智能信号的处理能力；

（3）存储器和环境数据库，或者一种保存雷达回波中信息成分的机制（比如贝叶斯方法）；

（4）从接收机到发射机的闭环反馈。

具体来说，认知技术可以通过对雷达工作环境的感知，主动调节雷达发射参数，并利用各种先验信息智能处理回波信号，使雷达在不同环境中都能处于最优工作状态[59]。

基于上述背景，为了使雷达系统能在有限资源的约束下获取更好的性能，本书对认知雷达中的资源分配算法进行了研究，主要内容如下：

（1）在单雷达单目标跟踪框架下，提出了一种具有恒虚警性质的检测跟踪联合处理算法（相当于一种接收端的认知处理方式）；

（2）在单雷达多目标跟踪框架下，针对单部集中式 MIMO 雷达同时多波束工作模式下资源有限的问题，设计了两种多目标认知跟踪算法；

（3）在多雷达单目标跟踪框架下，针对不同种类、不同融合框架、不同状态向量维数以及异步等情况下的 MRS，提出了多种资源分配算法；

（4）在多雷达多目标跟踪框架下，设计了一种 MRS 聚类与功率联合分配算法，建立了具有认知闭环结构的 MRS。

1.2 研究历史与现状

1.2.1 单雷达单目标认知跟踪

在单目标跟踪领域，密集杂波环境下的目标跟踪问题一直是一个研究热点[12-17]。1973 年，Singer 和 Sea 提出了最近邻域法[10]（Nearest Neighbor，NN）。该算法的核心是将统计距离最小的测量值作为候选回波以进行航迹更新，不适合回波较多的情况，容易发散[60]。针对这个问题，Bar-shalom 于 1975 年研究出了 PDA 算法[10]。该算法能很好地解决密集杂波环境下的目标跟踪问题，主要过程可描述为：

（1）利用目标前一时刻的状态估计值及其运动模型确定目标预测点的位置，并以预测点为中心建立跟踪波门。

（2）在跟踪波门内设置恒虚警检测门限，由此对波门内的回波数据进行检测。

（3）当跟踪波门内有多个过门限的量测时，数据关联就是确定各个量测来源于目标概率，并利用这些概率对新息进行加权以获得目标的状态估计。

随着研究的深入，许多学者又提出了多种基于 PDA 的修正算法[19-20]。这些修正算法的主要思想是在概率数据关联的基础上结合机动目标跟踪算法，用于密集杂波环境下的机动目标跟踪问题。相关文献中出现的算法有交互式多模型概率数据关联算法[61]、变维概率数据关联算法[62]、可调白噪声概率数据关联算法[63]等。

在上述算法中，检测和跟踪被看作两个独立的过程。检测中心在完成波门内回波数据的检测后，将过门限的点迹信息传送给跟踪器进行数据关联。若能将跟踪器的输出信息反馈并合理应用，则能有效提升检测器的性能。因此，检测跟踪联合处理算法[21-24]在近年得到了广泛关注。

通常，现有的检测跟踪联合处理方法，根据反馈信息的种类，大致可分为两种方式：直接反馈检测门限；反馈目标位置的预测信息。

在第一种方式中，文献[21]在 PDA 算法的基础上建立了以检测概率、虚警概率为自变量的目标函数，即 PDA 算法的跟踪精度，在最优化目标跟踪精度的前提下，设置波门内的检测门限以进行反馈。由于其优化函数的求解需要使用蒙特卡罗积分，因此难以满足实时性需求。文献[22-23]对前文的研究进行了一定的假设和近似，并在 Neyman-Pearson（NP）准则下给出了检测门限设置的闭式解。

第二种方式由 Peter Willett 于 2001 年提出[24]，假设跟踪器将目标位置的预测分布反馈至检测中心后，检测中心不再依据 NP 准则，而是以贝叶斯最小风险准则来设计检测系统。此时，波门内检测门限的设置将不同于传统似然比检测算法（波门内各个分辨单元的检测门限相同，可根据每个分辨单元内的虚警概率统一设置）。检测门限的设置规则为：越靠近反馈预测中心，检测门限越低；越远离反馈预测中心，检测门限越高。

检测跟踪联合处理过程能够很好地利用跟踪器反馈的先验信息提升检测器的性能[21-24]。从本质上来讲，现有算法都是通过提升虚警概率（降低检测门限）来提升算法性能的。在这种情况下，当跟踪波门面积（体积或超体积）很大时，超过检测门限的测量数量会很大，有可能导致计算机过载。针对这个缺点，本书给出了波门内平均虚警概率的定义，提出了一种具有恒虚警性质的检测跟踪联合处理算法。

1.2.2　单雷达多目标认知跟踪

多目标跟踪（Multi-target Tracking，MTT）的概念是 20 世纪 50 年代中期提出来的，发展至今已有 60 多年的历史[64-67]了，已经成功应用于各个领域，比如空中目标预警和拦截系统、测轨系统 、惯性导航系统 、海岸监视系统等[68]。现在，多目标跟踪技术已经受到各国的高度重视，成为非常重要的研究领域[68]。随着现代科学技术的发展，单站雷达（如集中式 MIMO 雷达）通过特定的工作模式，可同时对多个目标进行跟踪[14]。

2003 年，MIT 林肯实验室的 Bliss 和 Forsythe 首次提出了集中式 MIMO 雷达的概念[25-32]。最初，集中式 MIMO 雷达采用正交发射波形，雷达系统只能形成较低增益的全向方向图，截获概率降低。为了保证目标检测性能，采用长时间积累方式[69-70]，即对目标进行长时间观测，提高感知低速运动目标的灵敏度[31]。Rabideau 等[14]通过引入数字阵列的概念，使雷达系统能够灵活设计期望的方向图，从而使系统的时间和资源管理更加灵活。文献[33-40]给出了如何通过设计各个阵元发射信号，形成同时多波束工作模式的方法。在这种工作模式下，每个波束能独立跟踪不同目标。相对于传统单个波束跟踪模式，这种方法可降低峰值功率，满足军事应用中低截获的需求，提升波束在各个目标上的驻留时间，提升多普勒分辨率[14]。当发射波束相互独立地分散在整个空域时，则接收波束等间距地分散在整个照射的空域。在此情况下，利用多目标的空间多样性可区分不同目标的回波信息，进而避免复杂的数据关联过程。由此，多目标跟踪问题可拆分为多个单目标跟踪问题。

对于集中式 MIMO 雷达，实现资源的合理分配与管理是一项关键问题。目前，面向集中式 MIMO 雷达资源分配的研究很少，仅有少量的文献提出合理分配 MIMO 雷达不同天线发射功率的思想，以减小散射点估计的均方误差（Mean Square Error，MSE）[71]。实际中，同时多波束工作模式能够降低截获概率、延长相干积累时间，在多目标跟踪背景中具有广阔的应用前景。本书考虑了同时多波束工作模式下的资源分配问题，将跟踪器反馈的目标预测信息用于指导下一时刻多个波束的发射参数。

1.2.3 多雷达单目标认知跟踪

近年来，现代雷达面临的作战环境越来越复杂，先进的反辐射导弹、电子干扰、目标隐身和低空突防构成了对现代雷达的四大威胁[41-46]。在这种背景下，仅依靠单部雷达难以连续探测和跟踪现代飞行目标。网络化将是未来雷达发展的一个重要方向，多部雷达相互合作可实现远超单部雷达的远程感知能力[15]。

雷达组网的技术基础是多传感器信息融合技术。通常，融合的框架有集中式和分布式两种[72-76]。在集中式融合框架下，所有雷达站的数据都传输至融合中心进行处理。该框架利用的是所有雷达的原始数据，没有任何信息损失，融合结果是最优的[75]。在分布式融合框架下，每部雷达都有自己的处理器，在进行一些预处理后，再把中间结果传输至融合中心。该框架对系统的信道要求很低，生命力很强，工程易于实现。针对 MRS 中的单目标跟踪问题，已经有大量的成果，并在实际中得到了广泛应用[41-46,72-76]。在集中式融合框架下，常见的方法有三种[76-77]：并行滤波算法、序贯滤波算法和数据压缩滤波。在分布式融合框架下，由于每部雷达的局部估计误差之间是相关的，因此简单的凸组合方法[75]是次优的。Bar-Shalom 等据此提出了一种考虑互协方差的融合算法[78-79]。然而这种算法虽然考虑了各部雷达误差之间的相关性，但在计算过程中需要大量信息。对此，Chee Chong 博士[80]等提出了存在中心估计器的分布式估计技术，结果显示，该算法完全是量测扩维的中心式融合算法，是全局最优的。

一般来说，上述算法都是面向二维目标的，而在目前的航空管理和作战指挥系统中，需要获取目标的三维信息。结合雷达组网的发展现状，许多学者提出利用 MRS 的冗余信息进行目标的三维定位和跟踪[81-85]。文献[81]和文献[82]分别研究了利用多部雷达的距离和角度信息完成目标三维定位的情况。文献[83]对利用两坐标（2D）雷达组网实现目标三维定位这一过程进行了较为详细的研究，并给出了高度误差的克拉美罗界（Cramer-Rao Lower Bound，CRLB）。在集中式融合框架下，文献[86]提出了一种利用多部 2D 雷达跟踪三维目标的算法。但这种算法对目标的运动模型有限制，要求目标等高且匀速飞行。在分布式融合框架下，文献[87]提出了一种基于分布式 2D 雷达网络的高度估计算法，具体流程可描述为：融合中心根据两部雷达的局部跟踪结果计算一个虚拟量测，再由虚拟量测和目标高度之间的非线性关系，通过不敏卡尔曼（Kalman）滤波器得到目标的高度量测[86]。文献[88]将上面的结果更是延伸到了考虑地球曲率的情况下，并通过仿真验证了算法的优越性。

虽然上述研究已经在实际中得到了广泛应用，但都没考虑 MRS 资源有限的约束。针对这个问题，开始有学者对 MRS 资源分配的问题进行研究[48,89-91]，目的是使 MRS 能动态地协调每部雷达的发射参数，进而在资源有限的条件下，尽可能达到更好的性能。从资源的种类上来说，现有的资源分配方式可大体分为两种：一种是基于系统组成结构的分配方式[89-90]；另一种是基于发射参数的分配方式[48-91]。针对基于系统组成结构的资源分配问题，文献[89]在考虑工程应用中传输带宽和融合中心处理能力的前提下，提出了一种基于子集选取的单目标定位算法。该算法包含两种优化模型：一种是在达到预先设定定位精度的条件下，使用最少数目的雷达；另一种是在 MRS 系统中挑选给定数目的雷达，以达到最好的定位精度。在此基础上，文献[90]提出了一种基于雷达聚类分配的多目标定位算法，目的是在满足各个目标定位精度需求的前提下，使用最少数目的雷达。该算法将 MRS 按目标的个数进行聚类，每个目标只由对应子类中的雷达跟踪，从而减少了 MRS 的传输数据量，降低了融合中心的计算复杂度。针对基于发射参数的资源分配问题，文献[48]和文献[91]在分布式 MIMO 雷达平台上，提出了从性能出发的功率分配思想，将目标定位误差的 CRLB 作为功率分配的代价函数，目的是能够合理分配系统有限的功率资源，提高目标的定位精度。

现阶段，基于 MRS 的单目标认知跟踪算法已经逐渐成为研究热点[92]。本书针对不同种类、不同融合框架、不同状态向量维数以及异步等情况下的 MRS，提出了多种资源分配算法，建立了具有认知闭环结构的 MRS。

1.2.4 多雷达多目标认知跟踪

自 1937 年世界上出现第一部跟踪雷达 SCR-28 以来，单目标跟踪的理论和方法相继得到了发展并日趋完善[8-18]。然而单纯利用单部雷达对多个目标进行跟踪已越来越不适应现实的需求。多传感器就是综合利用多部雷达信息，通过协调和性能的互补优势，克服单部雷达的不确定性和局限性，提高整个传感器系统的有效性能，能够全面准确地描述被测对象[15]。目前，多雷达多目标跟踪问题已成为目标跟踪领域研究的热点技术[64-67]。以 Bar-Shalom、Singer 等为代表的科学家在该领域作出了杰出的贡献，提出了许多经典算法。

1980 年，Bar-Shalom 等学者对 PDA 算法进行了改进，研究出了一种针对多目标跟踪的算法，即联合概率数据关联[93]（Joint Probabilistic Data Association，JPDA）算法。然而，当波门内过检测门限的点数量变大时，JPDA 算法的计算量也随之呈指数增长。因此，为了减少计算量，实现快速可靠的关联，部分学者对 JPDA 算法进行了改进，提出了经验联合概率数据关联算法[94]、最近邻域 JPDA 算法[95]、广义概率数据关联算法[96]等。

1978 年，Reid 以“全邻”最优滤波器和 PDA 的“联合”概念为基础，提出了多假设跟踪（Multiple Hypothesis Tracking，MHT）算法[97-98]。虽然该算法在复杂的多目标跟踪环境下有较好的性能，但却因计算量的问题而无法在实际中得到应用。后来一些科学家又做了很多研究，包括对传统方法的改进和新方法的提出，如基于多维分配的数据关联[99-101]、变结构交互多模型[102-103]、概率多假设[104-105]，以及基于随机有限集的滤波方法[106]等。这些研究为多目标跟踪理论的发展打下了坚实基础。

雷达网络作为远程感知的重要手段，要实现认知功能，成为一个能够独立工作的系统，自治操作与管理是一项关键技术[107]。目前，针对 MRS 中多目标跟踪的资源管理技术还未见大量成果。现有的算法主要集中于被动式传感器网络[108-109]，主要思想是在不同时刻动态地分配不同传感器对多目标的跟踪。本书从认知雷达网络中资源管理的思想出发，提出了一种简单的多目标认知跟踪算法，目的是在跟踪过程中，利用反馈的目标信息，动态地协调网络内每部雷达的发射参数及其所获得的量测使用，进而提升多目标的跟踪性能。

第2章 单雷达单目标认知跟踪算法

2.1 引言

杂波中的目标跟踪对于实际应用非常重要[12-17]。在目标跟踪过程中，雷达将获取包括目标量测和虚警的量测集合。因此，如何有效地使用这些量测是实现精确状态估计的关键问题[10-11]。针对这个问题，许多算法已经被研究，概率数据关联（PDA）滤波器就是其中的经典算法之一，它使用具有相应权重的一组量测来更新目标航迹[18-20]。

然而，上述算法都是将目标检测看作一个独立的过程。检测中心在完成波门内回波数据的检测后，将过门限的点迹信息传送给跟踪器进行数据关联（见图2.1实线）。若能将跟踪器的输出信息反馈至检测中心（见图2.1虚线），检测中心再根据反馈信息设置波门内检测门限（本章将这个过程称为检测跟踪联合处理过程），那么算法的性能将会得到提升[21-24]。

通常，现有检测跟踪联合处理方法，根据反馈信息种类，大致可分为两种：直接反馈检测门限；反馈目标位置的预测信息。

在第一种类型中，文献[21]在PDA算法的基础上，以检测概率、虚警概率为自变量，在最优化目标跟踪精度的前提下，求解并反馈检测门限，然而在实际中，优化函数的求解需要使用蒙特卡罗积分，难以满足实时性的需求。文献[22-23]对前文进行了一定的假设和近似，并在NP准则下给出了检测门限设置的闭式解。

第二种类型由 Peter Willett 于 2001 年提出[24]，其反馈先验信息为跟踪器反馈的目标预测位置信息，服从高斯分布。利用高斯分布的特性，并结合门限设置的物理意义，将门限设置的规则定为：越靠近高斯分布的中心，检测门限越低；越远离高斯分布的中心，检测门限越高，从而使检测跟踪联合处理方法具备在恒虚警条件下提升目标检测概率的能力。

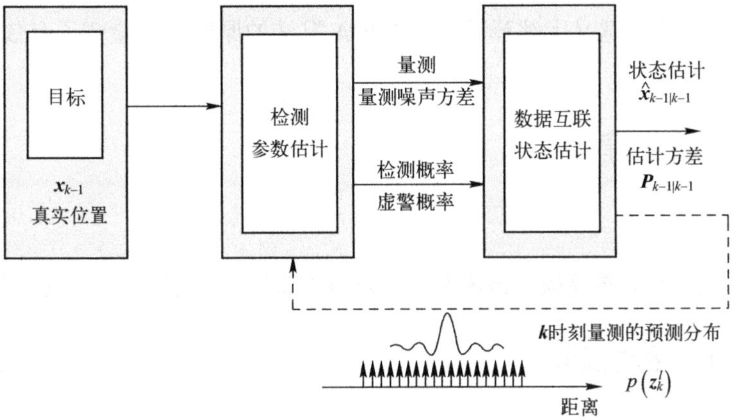

图 2.1　检测跟踪联合处理过程

上述算法将检测和跟踪过程进行了联合处理，有效提升了 PDA 算法的跟踪性能。但是，从原理上来讲，雷达可以通过提升虚警概率（降低检测门限）来提升算法性能。在这种情况下，当跟踪波门面积增大时，门限降低会带来更多虚警，进而增加超过检测门限的量测导致计算机过载。针对这个缺点，本节给出了波门内平均虚警概率的定义，提出了一种具有恒虚警性质的检测跟踪联合处理算法，简称 JDTP-PDA（Joint Detection and Tracking Processing PDA）算法。与发射端的认知处理算法不同[48,51,53]，这种算法相当于是在雷达接收端的一种认知处理方式，目的是在波门内平均虚警概率恒定的前提下，提升目标的平均检测概率和系统的跟踪性能。

本章其他内容分为如下部分：

2.2 节建立了密集杂波环境下目标跟踪的状态和观测模型；

2.3 节将反馈的跟踪信息作为检测器的先验信息，在贝叶斯最小平均错误概率准则下给出了似然比检验的判决表达式，并推导了算法在跟踪波门内的平均检测概率和虚警概率；

2.4 节将平均检测概率和虚警概率代入 PDA 算法关联概率的计算公式，获得 JDTP-PDA 算法的流程；

2.5 节从物理意义上解释了 JDTP-PDA 算法的原理，并验证了有效性。

2.2 系统建模

首先对整个系统建模。该模型主要分为两部分：运动模型和观测模型。

2.2.1 运动模型

假设一个目标在 xOy 平面内做匀速运动，目标的运动方程可写为

$$\boldsymbol{x}_k = \boldsymbol{F}\boldsymbol{x}_{k-1} + \boldsymbol{u}_{k-1} \tag{2-1}$$

式（2-1）中，$\boldsymbol{x}_k$ 表示 k 时刻的目标状态，即

$$\boldsymbol{x}_k = \left[x_k, \dot{x}_k, y_k, \dot{y}_k\right]^{\mathrm{T}} \tag{2-2}$$

式中，上标 T 表示矩阵或向量的转置；$\left(x_k, y_k\right)$ 和 $\left(\dot{x}_k, \dot{y}_k\right)$ 分别表示 k 时刻目标的位置和速度。

式（2-1）中，$\boldsymbol{F}$ 为目标状态的转移矩阵，即

$$\boldsymbol{F} = \boldsymbol{I}_2 \otimes \begin{bmatrix} 1 & T_0 \\ 0 & 1 \end{bmatrix} \tag{2-3}$$

式中，T_0 表示重访时间间隔；$\otimes$ 表示 Kronecker 乘积；$\boldsymbol{I}_2$ 表示 2×2 的单位矩阵。

式（2-1）中，$\boldsymbol{u}_{k-1}$ 表示 $k-1$ 时刻，零均值的高斯白噪声序列，用于衡量目标状态转移的不确定性，其协方差矩阵 $\boldsymbol{Q}_{k-1}$ 可写为

$$Q_{k-1} = q_0 I_2 \otimes \begin{bmatrix} \frac{1}{3}T_0^3 & \frac{1}{2}T_0^2 \\ \frac{1}{2}T_0^2 & T_0 \end{bmatrix} \tag{2-4}$$

式中，q_0 表示过程噪声的强度[110]。

2.2.2　观测模型

假设 k 时刻，跟踪波门内过门限的量测共 m_k 个，这些数据的集合[111]表示为

$$Z_k = \left\{ z_k^i \right\}_{i=1}^{m_k} \tag{2-5}$$

式（2-5）中，第 i（$i=1,\cdots,m_k$）个量测的观测模型可写为

$$z_k^i = \begin{cases} h(x_k) + w_k & \text{来源于目标} \\ u_k & \text{来源于虚警} \end{cases} \tag{2-6}$$

式中，$h(\cdot)$ 表示观测函数；w_k 为 k 时刻的测量误差，协方差矩阵为 R_k。

假设虚警在整个波门内服从均匀分布，因此

$$p(u_k) = \frac{1}{V_k} \tag{2-7}$$

式中，V_k 表示 k 时刻跟踪波门的大小[112]。

一般来说，式（2-5）和式（2-6）给出了密集杂波环境下目标的观测模型。k 时刻，虽然跟踪波门内有 m_k 个过门限的量测，但并不知道每个数据的来源（可能来源于目标，也可能来源于虚警）。解决此类目标跟踪问题的算法有很多，其中比较有代表性的是 PDA 算法。2.3 节将首先介绍经典 PDA 算法，然后利用贝叶斯准则对算法的检测过程进行修改，达到提升检测概率和跟踪性能的目的。

2.3　经典 PDA 算法

假设在 $k-1$ 时刻获取了滤波后的目标状态 $\hat{x}_{k-1|k-1}$ 及其相应的状态协方差矩阵 $P_{k-1|k-1}$。当给定 k 时刻一系列的观测值 Z_k 时，PDA 算法的流程描述[17]如下。

步骤 1　预测 k 时刻目标的状态为

$$\hat{\boldsymbol{x}}_{k|k-1}=\boldsymbol{F}\hat{\boldsymbol{x}}_{k-1|k-1} \tag{2-8}$$

步骤 2　计算第 i 个（$i=1,\cdots,m_k$）量测对应的新息

$$\boldsymbol{v}_k^i=\boldsymbol{z}_k^i-\boldsymbol{h}\left(\hat{\boldsymbol{x}}_{k|k-1}\right) \tag{2-9}$$

和真实新息协方差矩阵

$$\boldsymbol{S}_k=\boldsymbol{H}_k\boldsymbol{P}_{k|k-1}\boldsymbol{H}_k^{\mathrm{T}}+\boldsymbol{R}_k \tag{2-10}$$

式中，$\boldsymbol{H}_k=\left(\Delta_{\boldsymbol{x}_k}\boldsymbol{h}^{\mathrm{T}}\left(\boldsymbol{x}_k\right)\right)^{\mathrm{T}}$ 为雅克比矩阵；$\boldsymbol{P}_{k|k-1}$ 为状态预测协方差矩阵，即

$$\boldsymbol{P}_{k|k-1}=\boldsymbol{F}\boldsymbol{P}_{k-1|k-1}\boldsymbol{F}^{\mathrm{T}}+\boldsymbol{Q}_{k-1} \tag{2-11}$$

步骤 3　计算第 i 个量测源于目标的条件概率 β_i（关联概率）[17]，即

$$\beta_i=\begin{cases}\zeta\cdot\dfrac{\left(1-P_{\mathrm{d}}\right)\lambda}{P_{\mathrm{d}}}\sqrt{2\pi\boldsymbol{S}_k} & i=0\\ \zeta\cdot\exp\left[-\dfrac{1}{2}\left(\boldsymbol{v}_k^i\right)^{\mathrm{T}}\boldsymbol{S}_k\boldsymbol{v}_k^i\right] & 1\leqslant i\leqslant m_k\end{cases} \tag{2-12}$$

式中，ζ 是一个保证 $\sum_{i=0}^{m_k}\beta_i=1$ 的常数；P_{d} 为目标的检测概率；λ 为跟踪波门内的虚警密度。当 $i=0$ 时，β_i 表示所有数据都来源于虚警概率。

步骤 4　根据计算的条件概率 β_i，将各个观测的新息组合为

$$\boldsymbol{v}_k=\sum_{i=1}^{m_k}\beta_i\boldsymbol{v}_k^i \tag{2-13}$$

即可获取目标状态的滤波结果

$$\hat{\boldsymbol{x}}_{k|k}=\hat{\boldsymbol{x}}_{k|k-1}+\boldsymbol{K}_k\boldsymbol{v}_k \tag{2-14}$$

式中，$\boldsymbol{K}_k$ 表示滤波器的增益矩阵，即

$$\boldsymbol{K}_k=\boldsymbol{P}_{k|k-1}\boldsymbol{H}_k\boldsymbol{S}_k^{-1} \tag{2-15}$$

步骤 5　计算滤波后的状态协方差矩阵为

$$\begin{aligned}\boldsymbol{P}_{k|k}=&\beta_0\boldsymbol{P}_{k|k-1}+\left(1-\beta_0\right)\left[\boldsymbol{P}_{k|k-1}-\boldsymbol{K}_k\boldsymbol{S}_k\boldsymbol{K}_k^{\mathrm{T}}\right]+\\&\boldsymbol{K}_k\left[\sum_{i=1}^{m_k}\beta_i\boldsymbol{v}_k^i\left(\boldsymbol{v}_k^i\right)^{\mathrm{T}}-\boldsymbol{v}_k\boldsymbol{v}_k^{\mathrm{T}}\right]\boldsymbol{K}_k^{\mathrm{T}}\end{aligned} \tag{2-16}$$

如图 2.2 所示，PDA 算法首先利用目标前一时刻的状态估计和目标的运动模型确定目标预测点的位置，然后以预测点为中心建立跟踪波门。当跟踪波门内有多个过门限的量测时，数据关联就是确定各个量测的权重，并以该权重值为概率将对应的量测与目标关联。

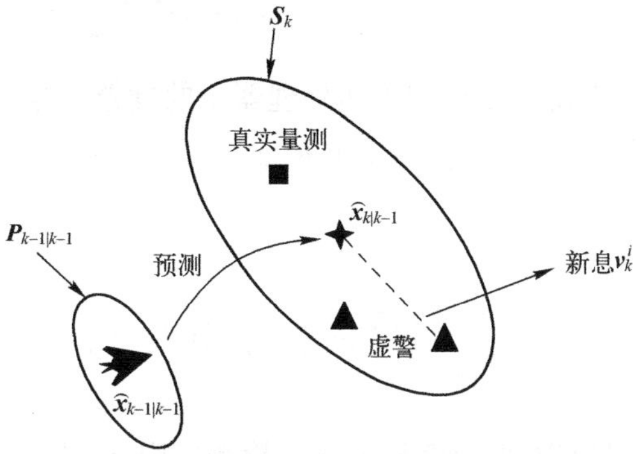

图 2.2　PDA 算法：一步预测和滤波示意图

2.4　JDTP-PDA 算法

2.4.1　经典 PDA 算法的检测过程

PDA 算法首先需要对跟踪波门内每个分辨单元的回波进行检测。假设 H_1 表示目标在第 l 个分辨单元(位于 z_k^l)，这时接收数据将是目标的回波和噪声的叠加；反之，H_0 表示目标不在第 l 个分辨单元。在两个假设下，观测信号的模型[17]为

$$\begin{cases} \mathrm{H}_0: \ p\left(a_k^l \mid \mathrm{H}_0\right) = \exp\left(-a_k^l\right) \\ \mathrm{H}_1: \ p\left(a_k^l \mid \mathrm{H}_1\right) = \dfrac{1}{1+\rho_k}\exp\left(-\dfrac{a_k^l}{1+\rho_k}\right) \end{cases} \tag{2-17}$$

式中，a_k^l 表示第 l 个分辨单元的回波幅度（在目标起伏模型为 Swerling I 型的前提下，I、Q 两路的平方和为指数分布）；ρ_k 表示对应回波的信噪比（Signal to

Noise Ratio，SNR）。雷达信号的检测通常按照 NP 准则确定检测算法。NP 准则可描述为：在满足系统虚警概率一定的情况下，使系统的检测概率最大。按照 NP 准则对信号进行检测，具体形式可表示为

$$\frac{1}{1+\rho_k}\exp\left(\frac{\rho_k a_k^l}{1+\rho_k}\right)=\frac{p\left(a_k^l \mid \mathrm{H}_1\right)}{p\left(a_k^l \mid \mathrm{H}_0\right)}\underset{\mathrm{H}_0}{\overset{\mathrm{H}_1}{\gtrless}}\eta \tag{2-18}$$

NP 准则的目的就是为了控制雷达处理器中的虚警点数。通过化简，在 NP 准则下，检验统计量（目标的幅度）与检测门限 γ_{NP} 相比较并作出判决的判决表达式为

$$a_k^l\Big|_{\mathrm{NP}}\underset{\mathrm{H}_0}{\overset{\mathrm{H}_1}{\gtrless}}\frac{1+\rho_k}{\rho_k}\ln\left[\left(1+\rho_k\right)\eta\right]=\gamma_{\mathrm{NP}} \tag{2-19}$$

由式（2-19）可以发现，NP 检测器的检测门限 γ_{NP} 是一个恒定值，与分辨单元的位置无关。这种检测算法的缺点在于忽略了跟踪过程可提供的反馈信息。下面将给出一种基于贝叶斯准则的检测算法。该算法能结合跟踪过程反馈的先验信息，在保证平均虚警概率相同的前提下，提升目标的检测概率。

2.4.2 JDTP-PDA 算法的检测过程

假设在 $k-1$ 时刻，跟踪器提供的反馈信息为量测的预测分布 $p_{\mathrm{H}_0}\left(\boldsymbol{z}_k^l\right)$ 和 $p_{\mathrm{H}_1}\left(\boldsymbol{z}_k^l\right)$。这里，$p_{\mathrm{H}_0}\left(\boldsymbol{z}_k^l\right)$ 和 $p_{\mathrm{H}_1}\left(\boldsymbol{z}_k^l\right)$ 的表达式可写为

$$\begin{cases} p_{\mathrm{H}_0}\left(\boldsymbol{z}_k^l\right)=\dfrac{1}{V_k} \\ p_{\mathrm{H}_1}\left(\boldsymbol{z}_k^l\right)=\mathcal{N}\left(\boldsymbol{z}_k^l;\boldsymbol{h}\left(\widehat{\boldsymbol{x}}_{k|k-1}\right),\boldsymbol{H}_k\boldsymbol{P}_{k|k-1}\boldsymbol{H}_k^{\mathrm{T}}\right) \\ \qquad\qquad\;=\mathcal{N}\left(\boldsymbol{z}_k^l;\widehat{\boldsymbol{z}}_{k|k-1},\boldsymbol{D}_{k|k-1}\right) \end{cases} \tag{2-20}$$

式中，$\mathcal{N}\left(\boldsymbol{b};\boldsymbol{a},\boldsymbol{B}\right)$ 表示以 $\boldsymbol{a}$ 为均值，$\boldsymbol{B}$ 为协方差矩阵的高斯分布在 $\boldsymbol{b}$ 点处的概率值。

根据贝叶斯最小平均错误概率准则[113]，似然比检验式可写为

$$\frac{p\left(a_k^l\middle|\mathrm{H}_1\right)}{p\left(a_k^l\middle|\mathrm{H}_0\right)}\underset{\mathrm{H}_0}{\overset{\mathrm{H}_1}{\gtrless}}\frac{p_{\mathrm{H}_0}\left(z_k^l\right)}{p_{\mathrm{H}_1}\left(z_k^l\right)} \tag{2-21}$$

由于式(2-21)不满足恒虚警性质，因此这里进行一定的变换，并引入参数η_{BD}，即

$$\frac{p\left(a_k^l\middle|\mathrm{H}_1\right)p_{\mathrm{H}_1}\left(z_k^l\right)}{p\left(a_k^l\middle|\mathrm{H}_0\right)p_{\mathrm{H}_0}\left(z_k^l\right)}\underset{\mathrm{H}_0}{\overset{\mathrm{H}_1}{\gtrless}}\eta_{\mathrm{BD}}\Rightarrow\frac{p\left(a_k^l\middle|\mathrm{H}_1\right)p_{\mathrm{H}_1}\left(z_k^l\right)}{p\left(a_k^l\middle|\mathrm{H}_0\right)}\underset{\mathrm{H}_0}{\overset{\mathrm{H}_1}{\gtrless}}\frac{\eta_{\mathrm{BD}}}{V_k}=\overline{\eta}_{\mathrm{BD}} \tag{2-22}$$

这时，第l个分辨单元在两种假设下的观测信号模型为

$$\begin{cases}\mathrm{H}_0:\ p\left(a_k^l\mid\mathrm{H}_0\right)=\exp\left(-a_k^l\right)\\ \mathrm{H}_1:\ p\left(a_k^l\mid\mathrm{H}_1\right)=\dfrac{1}{1+\rho_k}\exp\left(-\dfrac{a_k^l}{1+\rho_k}\right)\cdot\mathcal{N}\left(\boldsymbol{z}_k^l;\hat{\boldsymbol{z}}_{k|k-1},\boldsymbol{D}_{k|k-1}\right)\end{cases} \tag{2-23}$$

直观上理解式（2-23），相当于直接将反馈的目标位置分布乘到了H_1条件下回波幅度的概率密度函数上，化简得判决表达式为

$$a_k^l\Big|_{\mathrm{BD}}\underset{\mathrm{H}_0}{\overset{\mathrm{H}_1}{\gtrless}}\frac{1+\rho_k}{\rho_k}\ln\left[\frac{(1+\rho_k)\overline{\eta}_{\mathrm{BD}}}{\mathcal{N}\left(\boldsymbol{z}_k^l;\hat{\boldsymbol{z}}_{k|k-1},\boldsymbol{D}_{k|k-1}\right)}\right]=\gamma_{\mathrm{BD}} \tag{2-24}$$

由式（2-24）可知，$\boldsymbol{z}_k^l$越靠近$\hat{\boldsymbol{z}}_{k|k-1}$，$\mathcal{N}\left(\boldsymbol{z}_k^l;\hat{\boldsymbol{z}}_{k|k-1},\boldsymbol{D}_{k|k-1}\right)$越大，检测门限$\gamma_{\mathrm{BD}}$越低。

2.4.3　平均检测概率的计算

在 JDTP-PDA 算法的检测过程中，由于跟踪波门内各个分辨单元的检测门限是变化的，因此需要求取整个跟踪波门内的平均检测概率，即

$$\begin{aligned}P_{\mathrm{d}}^{\mathrm{av}}&=\int_{V_k}P_{\mathrm{d}}\left(\boldsymbol{z}_k^l\right)p_{\mathrm{H}_1}\left(\boldsymbol{z}_k^l\right)\mathrm{d}\boldsymbol{z}_k^l\\&=\int_{V_k}\exp\left(-\frac{1}{\rho_k}\ln\left[\frac{(1+\rho_k)\overline{\eta}_{\mathrm{BD}}}{\mathcal{N}\left(\boldsymbol{z}_k^l;\hat{\boldsymbol{z}}_{k|k-1},\boldsymbol{D}_{k|k-1}\right)}\right]\right)\mathcal{N}\left(\boldsymbol{z}_k^l;\hat{\boldsymbol{z}}_{k|k-1},\boldsymbol{D}_{k|k-1}\right)\mathrm{d}\boldsymbol{z}_k^l\\&=\left[(1+\rho_k)\overline{\eta}_{\mathrm{BD}}\right]^{-\frac{1}{\rho_k}}\int_{V_k}\left[\mathcal{N}\left(\boldsymbol{z}_k^l;\hat{\boldsymbol{z}}_{k|k-1},\boldsymbol{D}_{k|k-1}\right)\right]^{\frac{\rho_k+1}{\rho_k}}\mathrm{d}\boldsymbol{z}_k^l\end{aligned}$$

$$
\begin{aligned}
&=\left[\left(1+\rho_k\right)\bar{\eta}_{\mathrm{BD}}\right]^{-\frac{1}{\rho_k}}\cdot\left[\frac{\sqrt{\alpha}}{\sqrt{(2\pi)^{n_z}\left|\boldsymbol{R}_k\right|}}\right]^{\alpha-1}\cdot\alpha^{-\frac{\alpha}{2}}\int_{V_k}\left[\mathcal{N}\left(\boldsymbol{z}_k^l;\hat{\boldsymbol{z}}_{k|k-1},\frac{\boldsymbol{D}_{k|k-1}}{\sqrt{\alpha}}\right)\right]\mathrm{d}\boldsymbol{z}_k^l \\
&=\left[\left(1+\rho_k\right)\bar{\eta}_{\mathrm{BD}}\right]^{-\frac{1}{\rho_k}}\cdot\left[\frac{\sqrt{\alpha}}{\sqrt{(2\pi)^{n_z}\left|\boldsymbol{R}_k\right|}}\right]^{\alpha-1}\cdot\alpha^{-\frac{\alpha}{2}}
\end{aligned}
\tag{2-25}
$$

式中，$P_{\mathrm{d}}\left(\boldsymbol{z}_k^l\right)$ 表示第 l 个分辨单元的检测概率；n_z 表示观测 $\boldsymbol{z}_k^l$ 的维数；$\alpha=\dfrac{\left(1+\rho_k\right)}{\rho_k}$。

2.4.4 平均虚警概率的计算

同理，波门内的平均虚警概率为

$$
\begin{aligned}
P_{\mathrm{fa}}^{\mathrm{av}}&=\int_{V_k}P_{\mathrm{fa}}\left(\boldsymbol{z}_k^l\right)p_{\mathrm{H}_0}\left(\boldsymbol{z}_k^l\right)\mathrm{d}\boldsymbol{z}_k^l \\
&=\int_{V_k}\exp\left(-\frac{1+\rho_k}{\rho_k}\ln\left[\frac{\left(1+\rho_k\right)\bar{\eta}_{\mathrm{BD}}}{\mathcal{N}\left(\boldsymbol{z}_k^l;\hat{\boldsymbol{z}}_{k|k-1},\boldsymbol{D}_{k|k-1}\right)}\right]\right)\frac{1}{V_k}\mathrm{d}\boldsymbol{z}_k^l \\
&=\frac{1}{V_k}\left[\left(1+\rho_k\right)\bar{\eta}_{\mathrm{BD}}\right]^{-\frac{1+\rho_k}{\rho_k}}\int_{V_k}\left[\mathcal{N}\left(\boldsymbol{z}_k^l;\hat{\boldsymbol{z}}_{k|k-1},\boldsymbol{D}_{k|k-1}\right)\right]^{\frac{1+\rho_k}{\rho_k}}\mathrm{d}\boldsymbol{z}_k^l \\
&=\frac{1}{V_k}\left[\left(1+\rho_k\right)\bar{\eta}_{\mathrm{BD}}\right]^{-\frac{1+\rho_k}{\rho_k}}\cdot\left[\frac{\sqrt{\alpha}}{\sqrt{(2\pi)^{n_z}\left|\boldsymbol{R}_k\right|}}\right]^{\alpha-1}\cdot\alpha^{-\frac{\alpha}{2}}
\end{aligned}
\tag{2-26}
$$

由式（2-26）可知，在给定 $P_{\mathrm{fa}}^{\mathrm{av}}$ 的情况下，可以确定 $\bar{\eta}_{\mathrm{BD}}$，进而求得各个分辨单元的检测门限 γ_{BD} 和平均检测概率 $P_{\mathrm{d}}^{\mathrm{av}}$。式（2-26）中，$P_{\mathrm{fa}}\left(\boldsymbol{z}_k^l\right)$ 表示第 l 个分辨单元的虚警概率。在定义了跟踪波门内的平均虚警概率后，虚假量测数的概率质量函数依然可用泊松分布来描述，只是虚警密度 λ_{BD} 需要通过平均虚警概率来求解[17]。因此，JDTP-PDA 算法流程与 PDA 算法流程几乎相同（详见 2.3 节），只需要将波门内的平均检测概率 $P_{\mathrm{d}}^{\mathrm{av}}$ 和虚警密度 λ_{BD} 代入式（2-12）即可。

2.5　实验结果分析

考虑了一种目标远离雷达飞行的场景，如图 2.3 所示。目标的初始位置在 $(80,80)$ km，并以速度 $(200,100)$ m/s 做匀速运动。假设共有 $M=50$ 帧数据用于本次仿真，雷达发射信号的有效带宽为 5MHz，信号波长 $\lambda_c=1\text{m}$，观测间隔 $T_0=3\text{s}$，天线孔径 $D=25\lambda_c$，相关波门系数 $g=4$，过程噪声强度 $q_0=10$。

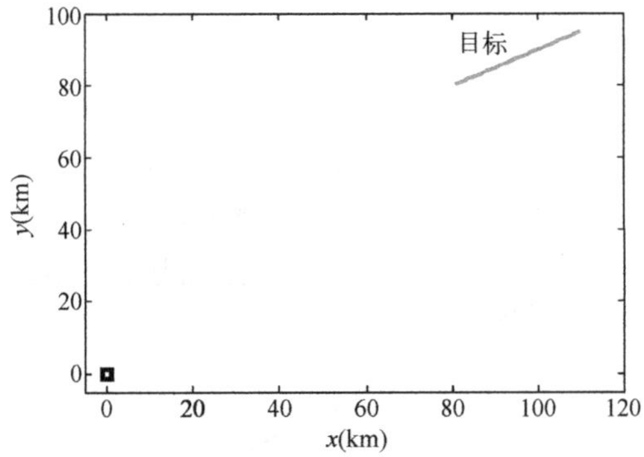

图 2.3　雷达与目标的空间位置关系

考虑如下三组仿真参数:

（1）参数 1：初始 SNR $\rho_1=15\text{dB}$，虚警概率为 10^{-4}。

（2）参数 2：初始 SNR $\rho_1=9\text{dB}$，虚警概率为 10^{-4}。

（3）参数 3：初始 SNR $\rho_1=9\text{dB}$，虚警概率为 10^{-6}。

三组仿真参数中，初始 SNR 和虚警概率的设置不同。在初始 SNR 给定的条件下，图 2.4 给出了回波 SNR 随帧号变化的关系。由图 2.4 可知，由于目标远离雷达飞行，因此回波 SNR 会随着时间的推移而降低。

图 2.5 将 JDTP-PDA 算法的平均检测概率与经典 PDA 算法的检测概率进行了比较。在参数 1 中，由于目标的初始 SNR 很高，因此检测概率很高；而在后面两组仿真参数中，虚警概率设置为 10^{-4} 时检测概率要高于 10^{-6} 的情况。图 2.5

的结果还表明，JDTP-PDA 算法能在相同平均虚警概率的前提下，提升目标检测概率，且三组仿真参数的提升幅度很接近。

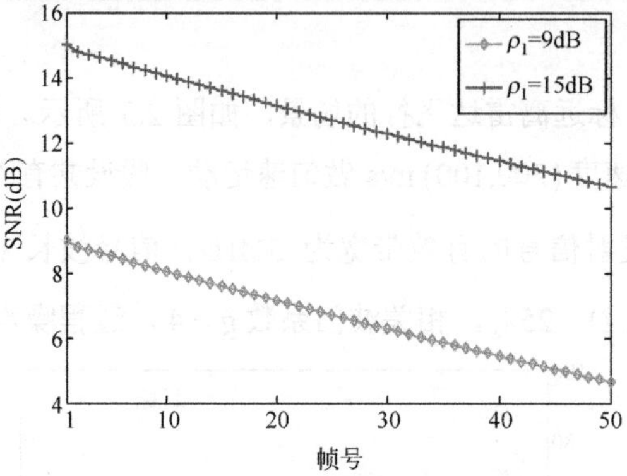

图 2.4　回波 SNR 随帧号变化的情况

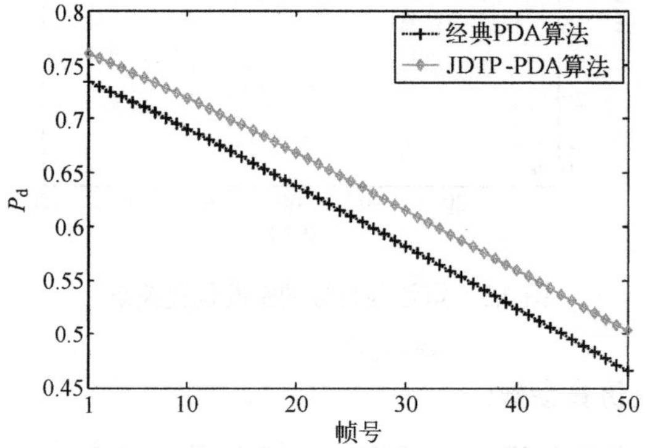

（a）参数1

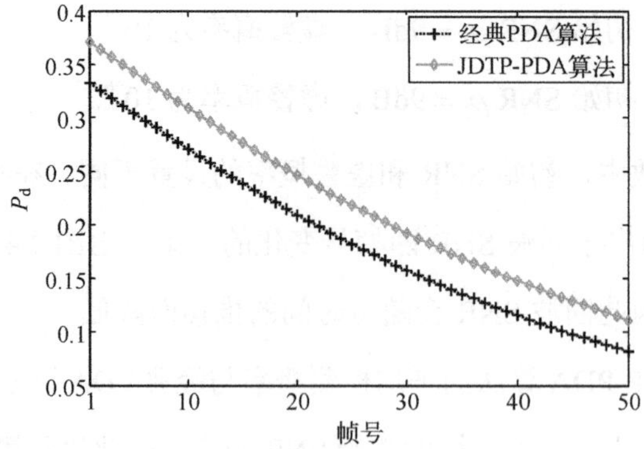

（b）参数2

图 2.5　检测概率比较

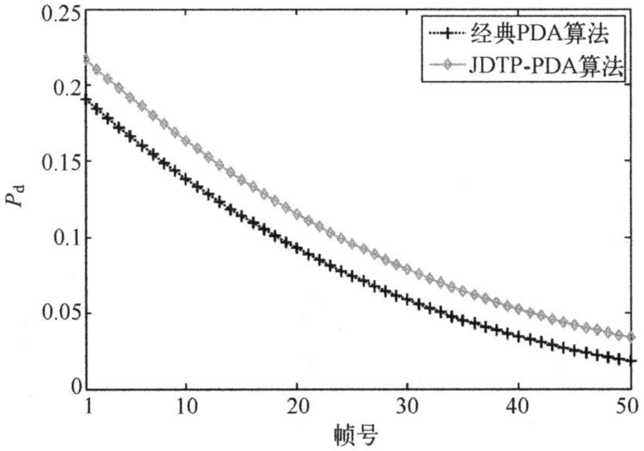

（c）参数3

图 2.5　检测概率比较（续）

为了更好地解释平均检测概率提升的原理，图 2.6 给出了不同仿真参数下，JDTP-PDA 算法和经典 PDA 算法的检测门限随距离单元的变化情况（以某一帧为例）。经典 PDA 算法的检测门限是固定的，即不同距离单元的检测门限是相同的。JDTP-PDA 算法利用跟踪过程的反馈信息，在整个波门内，检测门限设置的原则为：越靠近预测中心，检测门限越低；越远离预测中心，检测门限越高。因此，JDTP-PDA 算法能在保证平均虚警概率相同的前提下，提升目标的平均检测概率。

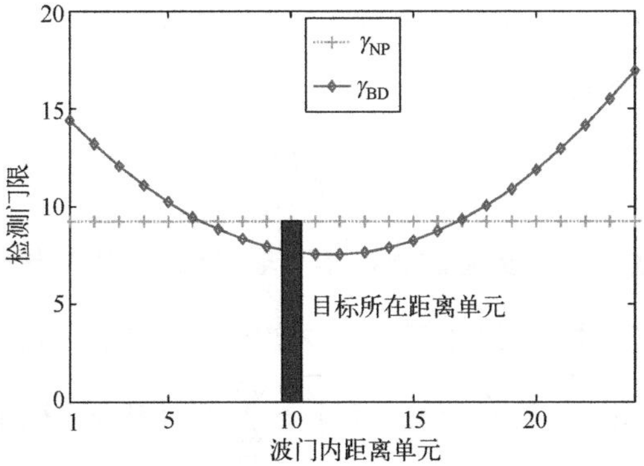

（a）参数1

图 2.6　检测门限变化情况

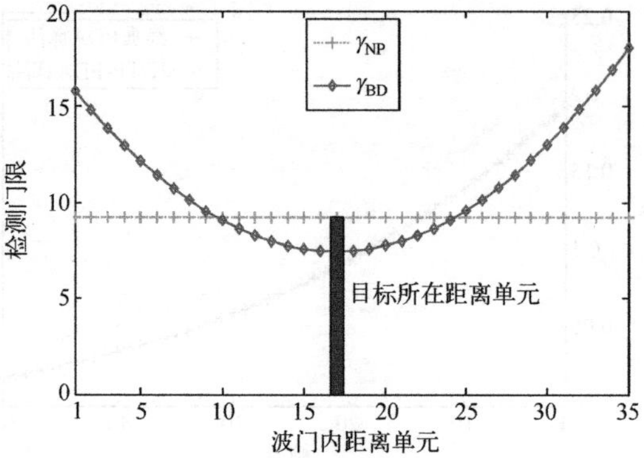

（b）参数2

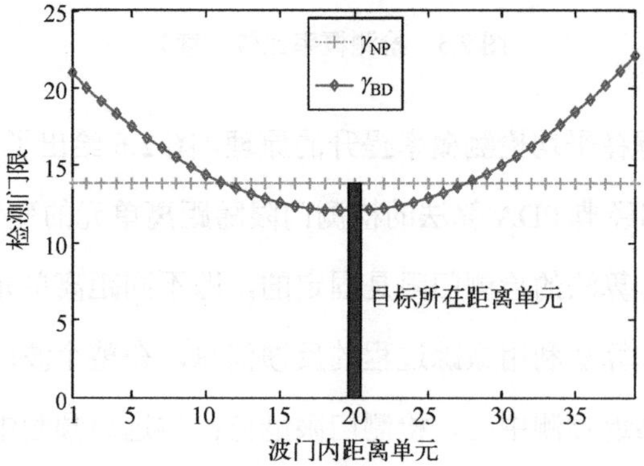

（c）参数3

图 2.6　检测门限变化情况（续）

最后，为了验证本节算法的有效性，定义了如下两个性能指标。

（1）航迹发散系数ϕ

$$\phi = \frac{N_{\mathrm{TM}}}{N_{\mathrm{MC}}} \tag{2-27}$$

式中，N_{MC}表示蒙特卡罗实验次数，本节取1000；N_{TM}表示N_{MC}次仿真中航迹发散的次数。本节中，第j次蒙特卡罗实验仿真航迹发散的条件为

$$\sum_{k=1}^{M}\sqrt{\left(x_k-\hat{x}_k^j\right)^2+\left(y_k-\hat{y}_k^j\right)^2} > \sum_{k=1}^{M}\mathrm{Tr}\left[\left(\boldsymbol{H}_k^{\mathrm{T}}\boldsymbol{R}_k^{-1}\boldsymbol{H}_k\right)^{-1}\right] \tag{2-28}$$

从物理意义上解释，式（2-28）表示第j次实验获取的目标平均跟踪误差大于观测提供的平均定位精度。

（2）目标跟踪精度

目标跟踪精度用空间位置的均方根误差（Root Mean Square Error，RMSE）来描述（对未发散的航迹求统计平均），即

$$\mathrm{RMSE}_k = \sqrt{\frac{1}{N_{\mathrm{TM}}}\sum_{j=1}^{N_{\mathrm{TM}}}\left[\left(x_k - \hat{x}_k^j\right)^2 + \left(y_k - \hat{y}_k^j\right)^2\right]} \tag{2-29}$$

式中，$\left(\hat{x}_k^j, \hat{y}_k^j\right)$为 k 时刻第 j 次实验估计出的目标位置。

在定义本节评估算法的性能指标后，图 2.7 在不同仿真参数的情况下，比较了经典 PDA 算法和 JDTP-PDA 算法的跟踪性能。结果显示，回波 SNR 越高，跟踪精度越高，航迹发散概率越低，如图 2.7（a）所示；相对于虚警概率为 10^{-4} 的情况，虚警概率设置为 10^{-6} 时的跟踪精度更低，航迹发散概率更高，如图 2.7（b）所示。这是因为当虚警概率设置很低时，检测门限会很高，导致目标漏检的可能性增加，使算法的跟踪精度下降。另一方面，图 2.7 的结果还表明，JDTP-PDA 算法能在保持波门内平均虚警概率的前提下，通过提升目标的检测概率来提升目标的跟踪精度，降低航迹发散的概率。由图 2.7 可知，当 SNR 越低时，跟踪性能的提升程度越明显。

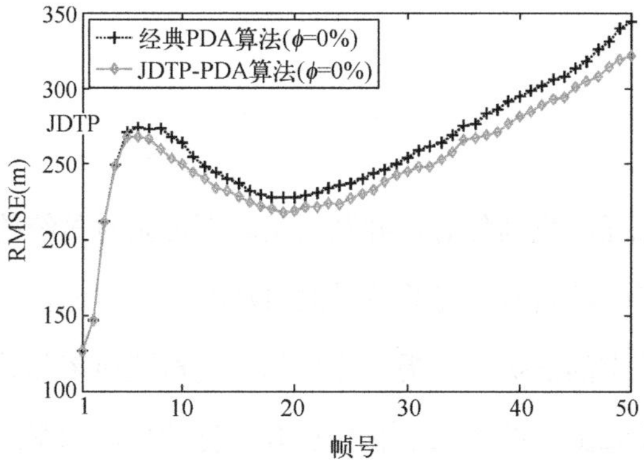

（a）参数1

图 2.7　跟踪性能比较

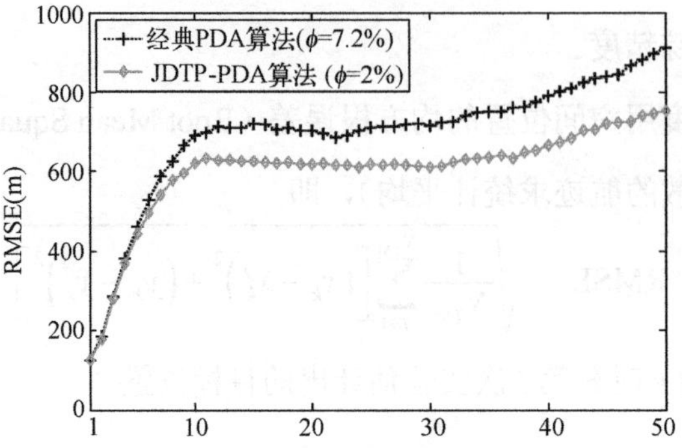

（b）参数2

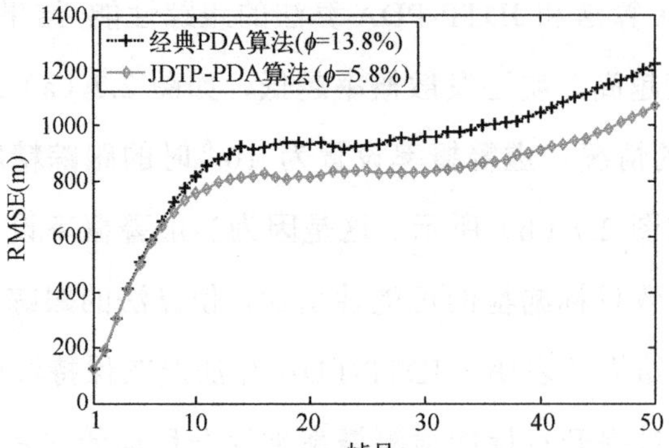

（c）参数3

图 2.7　跟踪性能比较（续）

2.6　小结

本章结合跟踪器的反馈信息，并利用贝叶斯准则对传统的似然比检测器进行了修正，提出了一种具有恒虚警性质的 JDTP-PDA 算法，目的是在跟踪波门内平均虚警概率恒定的前提下，提升目标的平均检测概率和系统的跟踪性能。仿真实验表明，本章提出的算法能有效提升目标的检测和跟踪性能。扩展实验表明，在本章算法中，波门内检测门限的设置规则为：越靠近预测中心，检测门限越低；越远离预测中心，检测门限越高。

第 3 章 单雷达多目标认知跟踪算法

3.1 引言

多目标跟踪的研究一直是军事领域中的重要课题，同时也是目前的难点问题[64-67]。从技术上来讲，通过同时多波束工作模式，单部集中式 MIMO 雷达可对多个目标进行跟踪，获取多个目标的运动状态和 RCS 参数的估计。通常，集中式 MIMO 雷达可看作传统相控阵雷达的扩展，既可以全向发射信号，也可以同时发射多个波束[33-40]。文献[14]给出了如何通过设计各个阵元发射信号，合成同时多波束工作模式的方法，如图 3.1（a）所示。在这种工作模式下，每个波束独立地跟踪不同的目标。相对于传统单个波束的跟踪模式，这种方法可降低峰值功率，满足军事应用中的低截获需求，延长波束在各个目标上的驻留时间，提升多普勒分辨率[14]。当发射波束独立地分散在整个空域时，接收波束则是等间距地分散在整个照射的空域，如图 3.1（b）所示。在此情况下，利用多目标的空间多样性，可区分不同目标的回波信息，进而避免复杂的数据关联过程。由此，多目标跟踪问题可拆分为多个单目标跟踪问题。

在实际应用中，集中式 MIMO 雷达的固有特性要求在设计时考虑如下因素：

（1）每一时刻系统最多能产生的波束个数有限。受 MIMO 雷达发射阵元个数 N 的限制（自由度限制），每一时刻系统最多只能同时产生 $M(M \leqslant N)$ 个正交的波束。

（2）多个波束发射功率之和有限。理论上，雷达各个波束的发射功率越大，各个目标的跟踪性能越好。随着波束个数的增加，雷达系统的总发射功率逐渐增大。为了使某一时刻系统的总发射功率不超过硬件的可承受范围，需要限制多个波束的总发射功率。由于传统的多波束工作模式没有利用跟踪器提供的反馈信息，因此未能有效利用系统的有限资源。在工作时，通常将波束的个数设定为一个常数，有限的发射功率均匀地分配给这些波束。这种方法虽然比较简单，且工程上易于实现，但却不能获得最优的多目标跟踪性能。例如，当多个目标距离雷达的距离差异较大时，距离雷达近的目标跟踪精度很高，而距离雷达远的目标跟踪精度很差。在实际跟踪系统中，只需要某个目标的精度达到预期即可。因此，为了使更多的目标能达到预期精度，需要合理分配系统有限的资源。

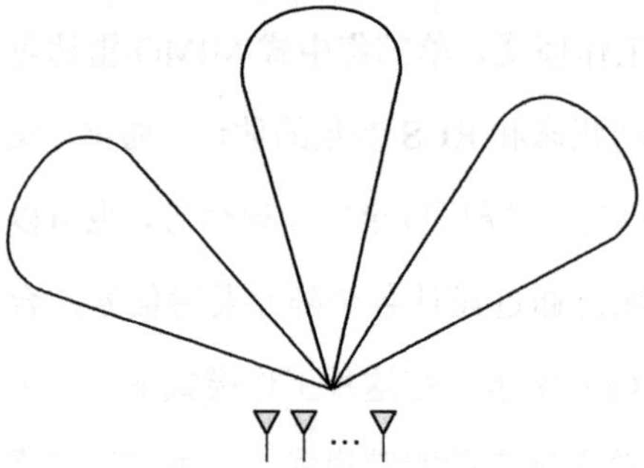

（a）发射方向图

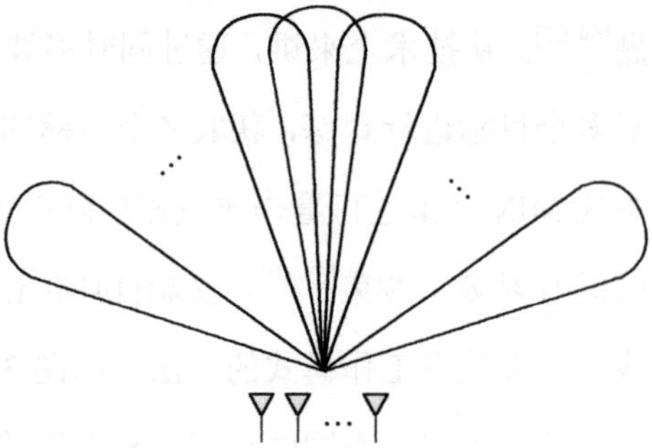

（b）接收方向图

图 3.1　同时多波束工作模式的方向图

众所周知，认知技术能够根据目标和环境的特点自适应地选择雷达发射机配置，并可以利用各种先验信息提高对目标的跟踪性能。因此，本章考虑利用认知技术提升单部集中式 MIMO 雷达有限资源的利用效率。目前，已经有很多工作致力于这方面的研究：

文献[48]以最小化目标状态估计误差的 BCRLB 为目的来设计发射信号的波形；

文献[57]同样将 BCRLB 用作目标函数，利用动态规划算法从预先提供的波形库中选取最优波形，进而获取最优的跟踪精度；

文献[114]在集中式 MIMO 雷达平台上，提出了一种合理选取发射天线的认知跟踪方法。

上述工作已经给认知发射思想的研究打下了坚实的基础。在此基础上，本章将现有算法扩展至集中式 MIMO 雷达的同时多波束工作模式。首先，在理想检测条件下，提出了一种基于集中式 MIMO 雷达的多目标认知跟踪算法。由于 BCRLB 给离散非线性滤波问题的 MSE 提供了一个下界，而且也是 MIMO 雷达发射参数的函数[115]，因此本章以最小化最差目标的 BCRLB 为目的（本书中“最差目标”是指跟踪误差 BCRLB 最大的目标），根据系统反馈的目标信息设置下一时刻波束的个数、指向及发射功率等参数。经推导可发现，本章考虑的资源虽然是非凸的优化问题，但可以等效地化简为一系列凸优化问题（详见附录 A 和附录 B），可快速获取最优解，进而使算法能应用于实际系统。波束功率联合分配算法如图 3.2 所示。

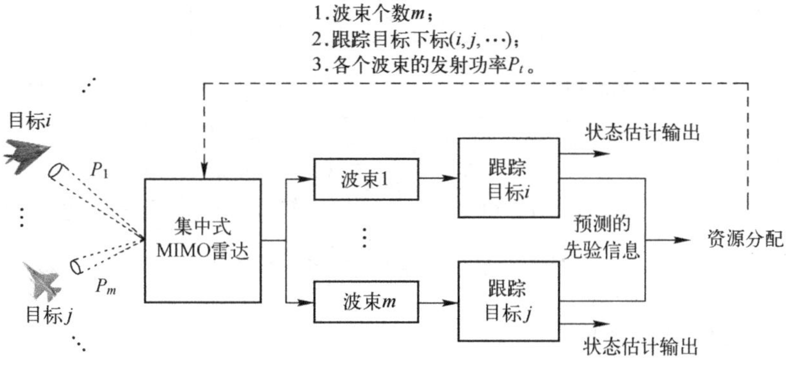

图 3.2　波束功率联合分配算法

值得注意的是，3.2 节提出的资源分配算法隐含了如下假设：（1）目标的检测概率为 1；（2）虚警概率为 0。

然而，实际中这种理想的检测条件是不可能存在的。通常，目标的检测概率都小于 1，且存在虚警（本章称为非理想的检测条件，即杂波环境）。目前，已有杂波环境下的资源分配算法都建立在被动式多传感器系统中。被动系统中各个传感器都不需要辐射能量，而现有的资源管理算法大多致力于多传感器布阵优化的研究。综上，3.3 节在非理想检测条件下，针对集中式 MIMO 雷达同时多波束工作模式，提出了一种多目标认知跟踪算法。其目的与 3.2 节相同，在发射功率资源有限的约束下，提升最差目标的跟踪精度。由于跟踪器的反馈信息不仅可用于指导发射机的配置，还可以用于提升接收端的检测性能[24]。因此，3.4 节仿照第 2 章的结论，给出了波门内平均虚警概率的定义，提出了一种具有恒虚警性质的功率分配算法。与发射端的认知处理算法不同[48,51,53]，这种算法既包含了发射端认知又包含了接收端认知的处理方式，目的是在波门内平均虚警概率恒定的前提下，合理利用系统有限的功率资源，提升目标的平均检测概率和系统的跟踪性能。杂波环境下的功率分配算法如图 3.3 所示。

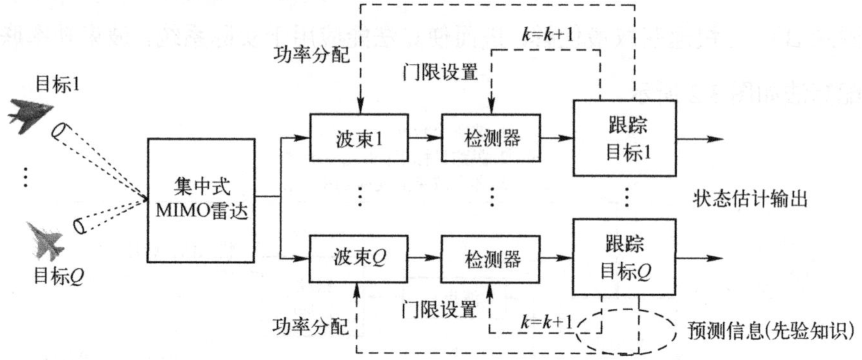

图 3.3　杂波环境下的功率分配算法

本章其他内容如下：

3.2 节介绍目标的运动模型，以及理想和非理想条件下目标的检测模型。

3.3 节提出一种理想检测条件下的集中式 MIMO 雷达功率与波束联合分配算法。

3.4 节在单部集中式 MIMO 雷达平台上，提出一种杂波环境下的功率分配算法。

3.5 节为本章小结。

3.2　系统建模

3.2.1　信号模型

假设 k 时刻，雷达向第 q 个目标发射的波形可表示为

$$s_{q,k}(t)=\sqrt{P_{q,k}}S_{q,k}(t)\exp(-\mathrm{j}2\pi f_{\mathrm{c}}t) \tag{3-1}$$

式中，f_{c} 表示载频；$P_{q,k}$ 表示发射功率；$S_{q,k}(t)$ 表示信号的复包络，有效带宽和有效时宽分别为

$$\beta_{q,k}^2=\left(\int f^2\left|S_{q,k}(f)\right|^2\mathrm{d}f\right)\Big/\left(\int\left|S_{q,k}(f)\right|^2\mathrm{d}f\right) \tag{3-2}$$

$$T_{q,k}^2=\left(\int t^2\left|S_{q,k}(t)\right|^2\mathrm{d}t\right)\Big/\left(\int\left|S_{q,k}(t)\right|^2\mathrm{d}t\right) \tag{3-3}$$

这时，接收信号的形式可表示为

$$r_{q,k}(t)=h_{q,k}\sqrt{\alpha_{q,k}P_{q,k}}S_{q,k}\left(t-\tau_{q,k}\right)\exp\left(-\mathrm{j}2\pi f_{q,k}t\right)+w_{q,k}(t) \tag{3-4}$$

式中，$\tau_{q,k}$、$f_{q,k}$ 分别表示回波的时延和多普勒频移；衰减 $\alpha_{q,k}$ 与距离的四次方成反比；$h_{q,k}=h_{q,k}^R+\mathrm{j}h_{q,k}^I$ 被建模为需要实时估计的参数；$w_{q,k}(t)$ 表示零均值的复高斯白噪声。

3.2.2　目标运动模型

假设第 q 个目标在 xOy 平面内做匀速运动，目标的运动方程可写为

$$\boldsymbol{x}_k^q=\boldsymbol{F}_q\boldsymbol{x}_{k-1}^q+\boldsymbol{u}_{k-1}^q \tag{3-5}$$

式（3-5）中，$\boldsymbol{x}_k^q$ 表示 k 时刻，第 q 个目标状态（维数为 n_x），即

$$\boldsymbol{x}_k^q=\left[x_k^q,\dot{x}_k^q,y_k^q,\dot{y}_k^q\right]^{\mathrm{T}} \tag{3-6}$$

式中，上标 T 表示矩阵或向量的转置；$\left(x_k^q,y_k^q\right)$ 和 $\left(\dot{x}_k^q,\dot{y}_k^q\right)$ 分别表示 k 时刻目标的位置和速度。

式（3-5）中，$\boldsymbol{F}_q$ 为目标状态的转移矩阵，即

$$\boldsymbol{F}_q=\boldsymbol{I}_2\otimes\begin{bmatrix}1 & T_0\\ 0 & 1\end{bmatrix} \tag{3-7}$$

式中，T_0 表示重访时间间隔。

式（3-5）中，$\boldsymbol{u}_{k-1}^q$ 表示 $k-1$ 时刻，零均值的高斯白噪声序列，用于衡量目标状态转移的不确定性，协方差矩阵 $\boldsymbol{Q}_{k-1}^q$ 可写为

$$\boldsymbol{Q}_{k-1}^q=s_q\boldsymbol{I}_2\otimes\begin{bmatrix}\frac{1}{3}T_0^3 & \frac{1}{2}T_0^2\\ \frac{1}{2}T_0^2 & T_0\end{bmatrix} \tag{3-8}$$

式中，s_q 表示过程噪声的强度[110]。

本节将目标 RCS 向量 $\boldsymbol{h}_k^q=\left[h_{q,k}^{\mathrm{R}},h_{q,k}^{\mathrm{I}}\right]^{\mathrm{T}}$ 的转移模型建模为一阶马尔可夫过程[92]，描述为

$$\boldsymbol{h}_k^q=\boldsymbol{h}_{k-1}^q+\boldsymbol{\mu}_{k-1}^q \tag{3-9}$$

式中，$\boldsymbol{\mu}_{k-1}^q$ 表示零均值，协方差矩阵为 $\boldsymbol{Q}_{h,k-1}^q$ 的高斯白噪声。综上，本节建立了一个扩展的目标状态向量 $\boldsymbol{\xi}_k^q=\left(\left(\boldsymbol{x}_k^q\right)^{\mathrm{T}},\left(\boldsymbol{h}_k^q\right)^{\mathrm{T}}\right)^{\mathrm{T}}$，维数为 n_x+2，转移方程可写为

$$\boldsymbol{\xi}_k^q=\boldsymbol{F}_\xi^q\boldsymbol{\xi}_{k-1}^q+\boldsymbol{\eta}_{k-1}^q \tag{3-10}$$

式中，$\boldsymbol{F}_\xi^q$ 表示扩展向量的转移矩阵，即

$$\boldsymbol{F}_\xi^q=\begin{bmatrix}\boldsymbol{F}_q & \boldsymbol{0}_{n_x^q\times 2}\\ \boldsymbol{0}_{2\times n_x^q} & \boldsymbol{I}_2\end{bmatrix} \tag{3-11}$$

$\boldsymbol{\eta}_{k-1}^q$ 表示相应的过程噪声，协方差矩阵 $\boldsymbol{Q}_{\xi,k-1}^q=\mathrm{diag}\left\{\boldsymbol{Q}_{k-1}^q,\boldsymbol{Q}_{h,k-1}^q\right\}$。

3.2.3 理想检测条件下的目标观测模型

假设空间中的雷达坐标可以表示为 (x,y)。在不同时刻，雷达可从各个目

标的接收信号，即式（3-4）中提取目标的距离、方位、多普勒频移以及 RCS 等信息。在 k 时刻，观测向量与目标状态向量的关系可以描述为

$$\boldsymbol{z}_{q,k}=\boldsymbol{h}_{q,k}\left(\xi_k^q\right)+\boldsymbol{w}_{q,k} \tag{3-12}$$

式（3-12）中，

$$\boldsymbol{h}_{q,k}(\cdot)=\left[h_{R_{q,k}}(\cdot),h_{\theta_{q,k}}(\cdot),h_{f_{q,k}}(\cdot),h_{h_{q,k}^{\mathrm{R}}}(\cdot),h_{h_{q,k}^{\mathrm{I}}}(\cdot)\right]^{\mathrm{T}} \tag{3-13}$$

因此，观测向量的维数 $n_z=5$，而式（3-13）中的各项可写为

$$\begin{cases}R_{q,k}=h_{R_{q,k}}\left(\xi_k^q\right)=\sqrt{\left(x_k^q-x\right)^2+\left(y_k^q-y\right)^2}\\ \theta_{q,k}=h_{\theta_{q,k}}\left(\xi_k^q\right)=\arctan\left[\left(y_k^q-y\right)/\left(x_k^q-x\right)\right]\\ f_{q,k}=h_{f_{q,k}}\left(\xi_k^q\right)=-\dfrac{2}{\lambda}\left(\dot{x}_k^q,\dot{y}_k^q\right)\begin{pmatrix}x_k^q-x\\ y_k^q-y\end{pmatrix}\Big/R_{q,k}\\ h_{q,k}^{\mathrm{R}}=h_{h_{q,k}^{\mathrm{R}}}\left(\xi_k^q\right)=\left(\boldsymbol{e}_{n_x^q+1}^{n_x^q+2}\right)^{\mathrm{T}}\xi_k^q\\ h_{q,k}^{\mathrm{I}}=h_{h_{q,k}^{\mathrm{I}}}\left(\xi_k^q\right)=\left(\boldsymbol{e}_{n_x^q+2}^{n_x^q+2}\right)^{\mathrm{T}}\xi_k^q\end{cases} \tag{3-14}$$

式中，λ 表示雷达的工作波长；$\boldsymbol{e}_i^j$ 表示长度为 j 的向量，第 i 个元素为 1，其余元素为 0。

式（3-12）中，$\boldsymbol{w}_{q,k}$ 为零均值、方差为 $\boldsymbol{\Sigma}_{q,k}$ 的高斯白噪声，其中

$$\boldsymbol{\Sigma}_{q,k}=\operatorname{diag}\left\{\sigma_{R_{q,k}}^2,\sigma_{\theta_{q,k}}^2,\sigma_{f_{q,k}}^2,\sigma_{h_{q,k}^{\mathrm{R}}}^2,\sigma_{h_{q,k}^{\mathrm{I}}}^2\right\} \tag{3-15}$$

因此，$\boldsymbol{z}_{q,k}^j$ 的概率分布可写为

$$\begin{aligned}p_1\left(\boldsymbol{z}_{q,k}^j\right)&=\frac{1}{\sqrt{(2\pi)^{n_z}\left|\boldsymbol{\Sigma}_{q,k}\right|}}\exp\left\{-\frac{1}{2}\left[\boldsymbol{z}_{q,k}^j-\boldsymbol{h}_{q,k}\left(\xi_k^q\right)\right]^{\mathrm{T}}\boldsymbol{\Sigma}_{q,k}^{-1}\left[\boldsymbol{z}_{q,k}^j-\boldsymbol{h}_{q,k}\left(\xi_k^q\right)\right]\right\}\\&=\mathcal{N}\left(\boldsymbol{z}_{q,k}^j;\boldsymbol{h}_{q,k}\left(\xi_k^q\right),\boldsymbol{\Sigma}_{q,k}\right)\end{aligned} \tag{3-16}$$

式（3-15）中，$\sigma_{R_{q,k}}^2$、$\sigma_{\theta_{q,k}}^2$、$\sigma_{f_{q,k}}^2$、$\sigma_{h_{q,k}^{\mathrm{R}}}^2$ 和 $\sigma_{h_{q,k}^{\mathrm{I}}}^2$ 分别表示距离、方位、多普勒频移和 RCS 的测量方差，即

$$\begin{cases} \sigma_{R_{q,k}}^2 \propto \left(\alpha_{q,k} P_{q,k} \left|h_{q,k}\right|^2 \beta_{q,k}^2\right)^{-1} \\ \sigma_{\theta_{q,k}}^2 \propto \left(\alpha_{q,k} P_{q,k} \left|h_{q,k}\right|^2 / B_{NN}\right)^{-1} \\ \sigma_{f_{q,k}}^2 \propto \left(\alpha_{q,k} P_{q,k} \left|h_{q,k}\right|^2 T_{q,k}^2\right)^{-1} \\ \sigma_{h_{q,k}^{\mathrm{R}}}^2 = \sigma_{h_{q,k}^{\mathrm{I}}}^2 \propto \left(2\alpha_{q,k} P_{q,k}\right)^{-1} \end{cases} \tag{3-17}$$

式中，$\beta_{q,k}$ 和 $T_{q,k}$ 分别为有效带宽和有效时宽，见式（3-2）和式（3-3）；B_{NN} 为接收波束的宽度。结果显示，雷达发射信号的有效带宽越宽，距离定位精度越高；雷达的工作波长越短，天线孔径越大，测角精度越高[116]；相干积累时间越长，多普勒频移的测量精度越高[117]。$\mu_{q,k}$ 表示 k 时刻雷达接收到的来自第 q 个目标的回波 SNR，即

$$\mu_{q,k} \propto \alpha_k^q P_{q,k} \left|h_{q,k}\right|^2 \tag{3-18}$$

通常，在不同时刻，利用式（3-10）和式（3-12）即可迭代计算理想条件下目标状态的概率密度函数（Probabilistic Density Function，PDF）。通过这些模型，可以估计不同时刻各个目标的状态 ξ_k^q。

3.2.4 非理想检测条件下的目标检测模型

通常，我们需要对跟踪波门内每个分辨单元的回波进行检测。假设 H_1 表示目标在第 l 个分辨单元（位于 $z_{q,k}^l$），这时接收数据是目标的回波和噪声的叠加；反之，用 H_0 表示目标不在第 l 个分辨单元。参考 2.3 节的检测过程，第 l 个分辨单元在两种假设下的观测信号模型为

$$\begin{aligned} &\mathrm{H}_0\text{：}\ p\left(a_{q,k}^l \mid \mathrm{H}_0\right) = \exp\left(-a_{q,k}^l\right) \\ &\mathrm{H}_1\text{：}\ p\left(a_{q,k}^l \mid \mathrm{H}_1\right) = \frac{1}{1+\mu_{q,k}} \exp\left(-\frac{a_{q,k}^l}{1+\mu_{q,k}}\right) \cdot \mathcal{N}\left(z_{q,k}^l; z_{k|k-1}^q, \boldsymbol{C}_{k|k-1}^q\right) \end{aligned} \tag{3-19}$$

直观上理解式（3-19），相当于直接将反馈目标位置的概率分布乘到了 H_1 条件下回波幅度的概率密度函数上，化简得判决表达式为

$$a_{q,k}^{l}\Big|_{\mathrm{BD}} \underset{\mathrm{H}_0}{\overset{\mathrm{H}_1}{\gtrless}} \frac{1+\mu_{q,k}}{\mu_{q,k}} \ln\left[\frac{\left(1+\mu_{q,k}\right)\bar{\eta}_{q,\mathrm{BD}}}{\mathcal{N}\left(\boldsymbol{z}_{q,k}^{l};\boldsymbol{z}_{k|k-1}^{q},\boldsymbol{C}_{k|k-1}^{q}\right)}\right]=\gamma_{q,\mathrm{BD}} \tag{3-20}$$

由式（2-24）可知，$\boldsymbol{z}_{q,k}^{l}$ 越靠近 $\boldsymbol{z}_{k|k-1}^{q}$，$\mathcal{N}\left(\boldsymbol{z}_{q,k}^{l};\boldsymbol{z}_{k|k-1}^{q},\boldsymbol{C}_{k|k-1}^{q}\right)$ 越大，$\gamma_{q,\mathrm{BD}}$ 越小。

仿照 2.4.3 节，跟踪波门内的平均检测概率可写为

$$P_{\mathrm{d}}^{q,k}=\left[\left(1+\mu_{q,k}\right)\bar{\eta}_{q,\mathrm{BD}}\right]^{-\frac{1}{\mu_{q,k}}}\cdot\left[\frac{\sqrt{\varsigma}}{\sqrt{(2\pi)^{n_z}\left|\boldsymbol{\Sigma}_{q,k}\right|}}\right]^{\varsigma-1}\cdot\varsigma^{-\frac{\varsigma}{2}} \tag{3-21}$$

式中，n_z 表示观测 $\boldsymbol{z}_{q,k}^{l}$ 的维数；ς 为

$$\varsigma=\left(1+\mu_{q,k}\right)/\mu_{q,k} \tag{3-22}$$

波门内的平均虚警概率为

$$P_{\mathrm{fa}}=\frac{1}{V_{q,k}}\left[\left(1+\mu_{q,k}\right)\bar{\eta}_{q,\mathrm{BD}}\right]^{-\varsigma}\cdot\left[\frac{\sqrt{\varsigma}}{\sqrt{(2\pi)^{n_z}\left|\boldsymbol{\Sigma}_{q,k}\right|}}\right]^{\varsigma-1}\cdot\varsigma^{-\frac{\varsigma}{2}} \tag{3-23}$$

由式（3-23）可知，在给定 P_{fa} 的情况下，可以确定 $\bar{\eta}_{q,\mathrm{BD}}$，进而求得各个分辨单元的检测门限 $\gamma_{q,\mathrm{BD}}$ 和平均检测概率 $P_{\mathrm{d}}^{q,k}$。

3.2.5　非理想检测条件下的目标观测模型

接下来，考虑非理想检测条件下的目标观测模型。在这种情况下，不同时刻系统可能获取 $m_{q,k}$ 个过门限的量测（这些量测的维数仍为 $n_z=5$）。$m_{q,k}$ 个量测有可能全部来源于虚警，也有可能有一个来自目标，其余 $m_{q,k}-1$ 个来源于虚警。为了简便，本节将 $m_{q,k}$ 个量测写成向量形式，即

$$\boldsymbol{Z}_{q,k}=\left\{\boldsymbol{z}_{q,k}^{j}\right\}_{j=1}^{m_{q,k}} \tag{3-24}$$

这时，k 时刻第 q 个目标的观测方程需改写为

$$\boldsymbol{z}_{q,k}^{j}=\begin{cases}\boldsymbol{h}_{q,k}\left(\boldsymbol{\xi}_{k}^{q}\right)+\boldsymbol{w}_{q,k} & \text{来源于目标}\\ \boldsymbol{v}_{q,k} & \text{来源于虚警}\end{cases} \tag{3-25}$$

式中，$\boldsymbol{h}_{q,k}(\cdot)$ 见式（3-13）和式（3-14）；$\boldsymbol{w}_{q,k}$ 为零均值的高斯白噪声，方差 $\boldsymbol{\Sigma}_{q,k}$

见式（3-15）。假设虚警均匀分布在整个跟踪波门内，其分布函数可表示为

$$p\left(\boldsymbol{v}_{q,k}\right)=\frac{1}{V_{q,k}} \tag{3-26}$$

式中，$V_{q,k}$ 表示 k 时刻跟踪波门的大小。虚警点的个数通常被建模为均值为 $\lambda_{q,k}V_{q,k}$ 的泊松分布，即

$$p_{\mathrm{fa}}\left(m_{q,k}\right)=\frac{\left(\lambda_{q,k}V_{q,k}\right)^{m_{q,k}}\mathrm{e}^{-\lambda_{q,k}V_{q,k}}}{m_{q,k}!} \tag{3-27}$$

式中，$\lambda_{q,k}$ 为第 q 个目标跟踪波门内的虚警密度。

利用 3.2.4 节给出的检测模型，可以计算目标在波门内的平均检测概率 $P_{\mathrm{d}}^{q,k}$。这样，整个波门内有 $m_{q,k}$ 个过门限的点的概率为

$$p\left(m_{q,k}\right)=\left(1-P_{\mathrm{d}}^{q,k}\right)\frac{\left(\lambda_{q,k}V_{q,k}\right)^{m_{q,k}}\mathrm{e}^{-\lambda_{q,k}V_{q,k}}}{m_{q,k}!}+\Gamma\left(m_{q,k}\right)P_{\mathrm{d}}^{q,k}\frac{\left(\lambda_{q,k}V_{q,k}\right)^{\left(m_{q,k}-1\right)}\mathrm{e}^{-\lambda_{q,k}V_{q,k}}}{\left(m_{q,k}-1\right)!} \tag{3-28}$$

式中，$\Gamma\left(m_{q,k}\right)$为指示函数，即

$$\Gamma\left(m_{q,k}\right)=\begin{cases}1 & m_{q,k}\geqslant 1\\ 0 & m_{q,k}=0\end{cases} \tag{3-29}$$

在 $m_{q,k}$ 个数据中，有一个数据来源于目标的概率为

$$\varepsilon\left(m_{q,k}\right)=\Gamma\left(m_{q,k}\right)\frac{P_{\mathrm{d}}^{q,k}}{p\left(m_{q,k}\right)}\frac{\left(\lambda_{q,k}V_{q,k}\right)^{\left(m_{q,k}-1\right)}\mathrm{e}^{-\lambda_{q,k}V_{q,k}}}{\left(m_{q,k}-1\right)!} \tag{3-30}$$

综上，在给定 $\boldsymbol{\xi}_k^q$ 和 $m_{q,k}$ 的前提下，$\boldsymbol{Z}_{q,k}$ 的条件概率可以写为

$$p\left(\boldsymbol{Z}_{q,k}\middle|\boldsymbol{\xi}_k^q,m_{q,k}\right)=\frac{1-\varepsilon\left(m_{q,k}\right)}{V_{q,k}^{m_{q,k}}}+\frac{\varepsilon\left(m_{q,k}\right)}{m_{q,k}V_{q,k}^{m_{q,k}-1}}\sum_{j=1}^{m_{q,k}}p_1\left(\boldsymbol{z}_{q,k}^j\right) \tag{3-31}$$

式中，$p_1\left(\boldsymbol{z}_{q,k}^j\right)$表示目标量测的概率分布，见式（3-16）。

一般来说，式（3-10）、式（3-21）和式（3-25）分别表示目标运动模型、非理想检测条件下的检测模型和观测模型。通过这些模型，可以估计不同时刻密集杂波环境下各个目标的状态 $\boldsymbol{\xi}_k^q$。

3.3 基于集中式 MIMO 雷达的功率与波束联合分配算法

针对集中式 MIMO 雷达同时多波束技术面临的资源有限问题，本节在理想检测条件下，提出了一种功率与波束联合分配算法，目的是合理设置每一时刻 MIMO 雷达的如下工作参数：（1）每一时刻产生波束的个数；（2）波束指向；（3）每个波束的发射功率。通常，BCRLB 给目标跟踪误差提供了一个下界，而且在给定一组发射参数的前提下可以预测出下一时刻的 BCRLB，具有预测性。因此，本节将其作为资源管理的代价函数，首先推导目标跟踪误差的 BCRLB，再将其用作资源分配的代价函数进行求解。

3.3.1 理想检测条件下单目标跟踪的 BCRLB

文献[114]指出，BCRLB 给离散非线性滤波问题的 MSE 提供了一个下界。一般来说，用观测向量 $\boldsymbol{z}_{q,k}$ 估计目标状态 $\boldsymbol{\xi}_k^q$ 时，无偏估计量 $\hat{\boldsymbol{\xi}}_{k|k}^q\left(\boldsymbol{z}_{q,k}\right)$ 必须满足

$$\mathbb{E}_{\boldsymbol{\xi}_k^q,\boldsymbol{z}_{q,k}}\left\{\left(\hat{\boldsymbol{\xi}}_{k|k}^q\left(\boldsymbol{z}_{q,k}\right)-\boldsymbol{\xi}_k^q\right)\left(\hat{\boldsymbol{\xi}}_{k|k}^q\left(\boldsymbol{z}_{q,k}\right)-\boldsymbol{\xi}_k^q\right)^{\mathrm{T}}\right\}\geqslant \boldsymbol{J}^{-1}\left(\boldsymbol{\xi}_k^q\right) \tag{3-32}$$

式中，$\mathbb{E}(\cdot)$ 表示求数学期望；$\boldsymbol{J}\left(\boldsymbol{\xi}_k^q\right)$ 表示目标状态 $\boldsymbol{\xi}_k^q$ 的贝叶斯信息矩阵（Bayesian Information Matrix，BIM）[110]，即

$$\boldsymbol{J}\left(\boldsymbol{\xi}_k^q\right)=-\mathbb{E}\left(\Delta_{\boldsymbol{\xi}_k^q}^{\boldsymbol{\xi}_k^q}\ln p\left(\boldsymbol{z}_{q,k},\boldsymbol{\xi}_k^q\right)\right) \tag{3-33}$$

式中，$\Delta_{\boldsymbol{\kappa}}^{\boldsymbol{\tau}}=\Delta_{\boldsymbol{\kappa}}\Delta_{\boldsymbol{\tau}}^{\mathrm{T}}$，$\Delta_{\boldsymbol{\kappa}}$ 表示求向量 $\boldsymbol{\kappa}$ 的一阶偏导；$p\left(\boldsymbol{z}_{q,k},\boldsymbol{\xi}_k^q\right)$ 表示状态与观测的联合 PDF，即

$$p\left(\boldsymbol{z}_{q,k},\boldsymbol{\xi}_k^q\right)=p\left(\boldsymbol{\xi}_k^q\right)p\left(\boldsymbol{z}_{q,k}\middle|\boldsymbol{\xi}_k^q\right) \tag{3-34}$$

式中，$p\left(\boldsymbol{\xi}_k^q\right)$ 表示目标状态的 PDF；$p\left(\boldsymbol{z}_{q,k}\middle|\boldsymbol{\xi}_k^q\right)$ 表示目标状态关于观测的似然函数。

文献[110]提供了一种迭代计算 BIM $\boldsymbol{J}\left(\boldsymbol{\xi}_k^q\right)$ 的方法，即

$$\boldsymbol{J}\left(\xi_k^q\right)=\boldsymbol{J}_P\left(\xi_k^q\right)+\boldsymbol{J}_z\left(\xi_k^q\right) \tag{3-35}$$

式中，$\boldsymbol{J}_P\left(\xi_k^q\right)$和$\boldsymbol{J}_z\left(\xi_k^q\right)$分别表示先验信息和数据的 Fisher 信息矩阵（Fisher Information Matrix，FIM）。

$\boldsymbol{J}_P\left(\xi_k^q\right)$可写为

$$\boldsymbol{J}_P\left(\xi_k^q\right)=\left[\boldsymbol{D}_{k-1}^{22}-\boldsymbol{D}_{k-1}^{21}\left(\boldsymbol{J}\left(\xi_{k-1}^q\right)+\boldsymbol{D}_{k-1}^{11}\right)^{-1}\boldsymbol{D}_{k-1}^{12}\right] \tag{3-36}$$

式中，

$$\begin{cases}\boldsymbol{D}_{k-1}^{11}=-\mathbb{E}_{\xi_{k-1}^q,\xi_k^q}\left\{\Delta_{\xi_{k-1}^q}^{\xi_{k-1}^q}\ln p\left(\xi_k^q\middle|\xi_{k-1}^q\right)\right\}\\ \boldsymbol{D}_{k-1}^{12}=-\mathbb{E}_{\xi_{k-1}^q,\xi_k^q}\left\{\Delta_{\xi_k^q}^{\xi_{k-1}^q}\ln p\left(\xi_k^q\middle|\xi_{k-1}^q\right)\right\}=\left(\boldsymbol{D}_{k-1}^{21}\right)^{\mathrm{T}}\\ \boldsymbol{D}_{k-1}^{22}=-\mathbb{E}_{\xi_{k-1}^q,\xi_k^q}\left\{\Delta_{\xi_k^q}^{\xi_k^q}\ln p\left(\xi_k^q\middle|\xi_{k-1}^q\right)\right\}\end{cases} \tag{3-37}$$

将式(3-37)代入式(3-36)，并根据式(3-10)，可得先验信息的 FIM $\boldsymbol{J}_P\left(\xi_k^q\right)$表示为[110]

$$\boldsymbol{J}_P\left(\xi_k^q\right)=\left[\boldsymbol{Q}_{\xi,k-1}^q+\boldsymbol{F}_\xi^q\boldsymbol{J}^{-1}\left(\xi_{k-1}^q\right)\left(\boldsymbol{F}_\xi^q\right)^{\mathrm{T}}\right]^{-1} \tag{3-38}$$

数据的 FIM 可以写为

$$\begin{aligned}\boldsymbol{J}_z\left(\xi_k^q\right)&=-\mathbb{E}_{\xi_k^q,z_{q,k}}\left\{\Delta_{\xi_k^q}^{\xi_k^q}\ln p\left(z_{q,k}\middle|\xi_k^q\right)\right\}\\&=-\mathbb{E}_{\xi_k^q}\left\{\mathbb{E}_{z_{q,k}|\xi_k}\left\{\Delta_{\xi_k^q}^{\xi_k^q}\ln p\left(z_{q,k}\middle|\xi_k^q\right)\right\}\right\}\\&=\mathbb{E}_{\xi_k^q}\left\{\boldsymbol{H}_{q,k}^{\mathrm{T}}\boldsymbol{\Sigma}_{q,k}^{-1}\boldsymbol{H}_{q,k}\right\}\end{aligned} \tag{3-39}$$

式中，雅克比矩阵$\boldsymbol{H}_{q,k}\triangleq\left[\Delta_{\xi_k^q}\boldsymbol{h}_{q,k}^{\mathrm{T}}\left(\xi_k^q\right)\right]^{\mathrm{T}}$。

将式（3-38）和式（3-39）代入式（3-35）可得

$$\boldsymbol{J}\left(\xi_k^q\right)=\left[\boldsymbol{Q}_{\xi,k-1}^q+\boldsymbol{F}_\xi^q\boldsymbol{J}^{-1}\left(\xi_{k-1}^q\right)\left(\boldsymbol{F}_\xi^q\right)^{\mathrm{T}}\right]^{-1}+\mathbb{E}_{\xi_k^q}\left\{\boldsymbol{H}_{q,k}^{\mathrm{T}}\boldsymbol{\Sigma}_{q,k}^{-1}\boldsymbol{H}_{q,k}\right\} \tag{3-40}$$

由式（3-40）可知，$\boldsymbol{J}\left(\xi_k^q\right)$的第一项仅依赖于目标的运动模型，与雷达的发射功率无关。由式（3-15）、式（3-17）和式（3-40）可知，数据的 FIM 与雷达的发射功率成正比。由式（3-40）可知，当$P_{q,k}=0$时，$\boldsymbol{\Sigma}_{q,k}$是一个全零矩阵。因此，为了描述方便，引入一个二元变量，即

$$u_{q,k}=\begin{cases}1 & P_{q,k}>0\\0 & P_{q,k}=0\end{cases} \tag{3-41}$$

这样，BIM 可重写为

$$\begin{aligned}\boldsymbol{J}\left(\xi_k^q\right)&=\left[\boldsymbol{Q}_{\xi,k-1}^q+\boldsymbol{F}_\xi^q\boldsymbol{J}^{-1}\left(\xi_{k-1}^q\right)\left(\boldsymbol{F}_\xi^q\right)^{\mathrm{T}}\right]^{-1}+u_{q,k}\mathbb{E}_{\xi_k^q}\left\{\boldsymbol{H}_{q,k}^{\mathrm{T}}\boldsymbol{\Sigma}_{q,k}^{-1}\boldsymbol{H}_{q,k}\right\}\\&=\boldsymbol{J}_P\left(\xi_k^q\right)+u_{q,k}\boldsymbol{J}_z\left(\xi_k^q\right)\end{aligned} \tag{3-42}$$

由于式（3-42）的第二项含有求期望的过程，因此需要用蒙特卡罗方法来求解 BIM $\boldsymbol{J}\left(\xi_k^q\right)$。为了使资源分配算法能满足实时性的需求，本节可将式（3-42）近似为[109]

$$\boldsymbol{J}\left(\hat{\xi}_{k|k-1}^q\right)=\boldsymbol{J}_P\left(\hat{\xi}_{k|k-1}^q\right)+u_{q,k}\hat{\boldsymbol{H}}_{q,k}^{\mathrm{T}}\hat{\boldsymbol{\Sigma}}_{q,k}^{-1}\hat{\boldsymbol{H}}_{q,k} \tag{3-43}$$

式中，$\hat{\xi}_{k|k-1}^q$ 表示零过程噪声时的预测值；$\hat{\boldsymbol{H}}_{q,k}$ 和 $\hat{\boldsymbol{\Sigma}}_{q,k}$ 分别表示雅克比矩阵和观测协方差矩阵在预测点处的近似值。

3.3.2　资源分配的目标函数

功率分配需要系统具有预测性：融合中心获取 $k-1$ 时刻各个目标状态的 BIM $\boldsymbol{J}\left(\xi_{k-1}^q\right)$ 后，在给定下一个时刻各个波束使用情况 $\boldsymbol{u}_k=\left[u_{1,k},\cdots,u_{Q,k}\right]^{\mathrm{T}}$ 和发射功率 $\boldsymbol{P}_k=\left[P_{1,k},\cdots,P_{Q,k}\right]^{\mathrm{T}}$ 的情况下，通过式（3-43）可迭代计算 k 时刻目标状态的预测 BIM $\boldsymbol{J}\left(u_{q,k},P_{q,k}\right)\Big|_{\xi_k^q}$，如图 3.4 所示。

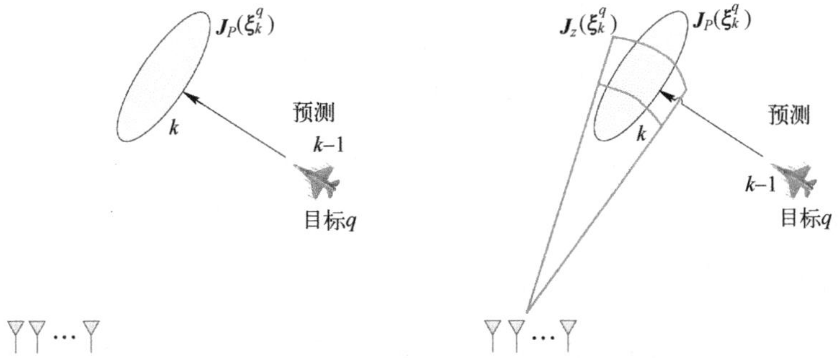

（a）$u_{q,k}=0$　　（b）$u_{q,k}=1$

图 3.4　预测 BCRLB 与 $\left(u_{q,k},P_{q,k}\right)$ 的关系

$$\boldsymbol{J}\left(u_{q,k},P_{q,k}\right)\Big|_{\xi_k^q}=\boldsymbol{J}_P\left(\xi_k^q\right)+u_{q,k}\hat{\boldsymbol{H}}_{q,k}^{\mathrm{T}}\hat{\boldsymbol{\Sigma}}_{q,k}^{-1}\left(P_{q,k}\right)\hat{\boldsymbol{H}}_{q,k} \tag{3-44}$$

对其求逆，可得到相应的预测 BCRLB 矩阵，即

$$\boldsymbol{C}_{\mathrm{BCRLB}}\left(u_{q,k},P_{q,k}\right)=\left[\boldsymbol{J}\left(u_{q,k},P_{q,k}\right)\Big|_{\xi_k^q}\right]^{-1} \tag{3-45}$$

$\boldsymbol{C}_{\mathrm{BCRLB}}\left(u_{q,k},P_{q,k}\right)$ 的对角线元素给出了目标状态向量各个分量估计方差的下界，而且也是每部雷达发射功率的函数，因此功率分配的代价函数为

$$\mathbb{F}\left(\boldsymbol{u}_k,\boldsymbol{P}_k\right)=\max_q\sqrt{\mathrm{Tr}\left[\boldsymbol{C}_{\mathrm{BCRLB}}\left(u_{q,k},P_{q,k}\right)\right]} \tag{3-46}$$

式中，$\mathbb{F}\left(\boldsymbol{u}_k,\boldsymbol{P}_k\right)$ 体现了 k 时刻最差情况下的目标跟踪精度。

3.3.3 资源分配的求解算法

通过式（3-46）所描述的目标函数可以看出，目标的跟踪精度与很多因素有关，比如雷达的布阵形式、目标的 RCS、各个波束的使用情况以及发射功率等。这里，我们考虑的变量为各个波束的使用情况 $\boldsymbol{u}_k$ 和发射功率 $\boldsymbol{P}_k$。在给定时刻最多能产生的波束个数 M 和总发射功率 P_{total} 的情况下，本节的目的是最优化参数 $\boldsymbol{u}_k$ 和 $\boldsymbol{P}_k$，使最差情况下的目标跟踪精度最好，即使 $\mathbb{F}\left(\boldsymbol{u}_k,\boldsymbol{P}_k\right)$ 最小，数学模型可描述为

$$\begin{cases}\min\limits_{P_{q,k},q=1,\cdots,Q}\left[\mathbb{F}\left(\boldsymbol{u}_k,\boldsymbol{P}_k\right)\right]\\ \text{s.t.}\begin{cases}P_{q,k}=0 & u_{q,k}=0\\ P_{q,k}\geqslant\bar{P}_{\min} & u_{q,k}=1\end{cases}\\ u_{q,k}=\{0,1\}\\ \mathbf{1}_Q^{\mathrm{T}}\boldsymbol{P}_k=P_{\mathrm{total}},\ \mathbf{1}_Q^{\mathrm{T}}\boldsymbol{u}_k\leqslant M\end{cases} \tag{3-47}$$

式中，$\mathbf{1}_Q^{\mathrm{T}}=[1,1,\cdots,1]_{1\times Q}$。由式（3-47）可知，当 $u_{q,k}=1$ 时，各个波束发射功率的下限值为 $\bar{P}_{\min}$。

由于二元变量 $\boldsymbol{u}_k$ 的存在，因此式（3-47）是一个含有两个优化变量的非凸优化问题。求解这种双变量优化问题的一种常用方法是先将两个变量分离后，

再进行优化。在给出本节的求解算法前，首先给出如下两个引理（证明过程见附录 A 和附录 B）。

在每一时刻，雷达最多能产生的波束个数为M。因此，k时刻系统可能的发射波束个数满足$m_k \in \{1,2,\cdots,M\}$。对于不同的m_k，相应的波束分配结果为$\boldsymbol{u}_k^{m_k}$，且满足$\sum \boldsymbol{u}_k^{m_k} = m_k$。

引理 1 对于给定的m_k，不论各个波束的发射功率$\boldsymbol{P}_k$为何值，二元变量的最优解$\boldsymbol{u}_{k,\mathrm{opt}}^{m_k}$都是可以唯一确定的。

引理 2 对于给定的$\boldsymbol{u}_{k,\mathrm{opt}}^{m_k}$，功率分配算法可以等效为一个凸优化问题。

根据引理 1，在给定m_k的情况下，$\boldsymbol{u}_{k,\mathrm{opt}}^{m_k}$可以表示为

$$\boldsymbol{u}_{k,\mathrm{opt}}^{m_k}(i) = \begin{cases} 1 & i \in \boldsymbol{O}(1:m_k) \\ 0 & 其他 \end{cases} \tag{3-48}$$

式中，向量$\boldsymbol{O}$见式（A-4）。枚举所有的$\boldsymbol{u}_{k,\mathrm{opt}}^{m_k}$，$m_k = 1,\cdots,M$，优化问题，即式（3-47）可以等效地改写为

$$\begin{cases} \min\limits_{m_k=1,\cdots,M} \left\{ \min\limits_{P_{q,k},q=1,\cdots,Q} \left[\mathbb{F}\left(\boldsymbol{u}_{k,\mathrm{opt}}^{m_k}, \boldsymbol{P}_k^{m_k} \right) \right] \right\} \\ \mathrm{s.t.} \begin{cases} P_{q,k} = 0 & u_{k,\mathrm{opt}}^{m_k} = 0 \\ P_{q,k} \geqslant \bar{P}_{\min} & u_{k,\mathrm{opt}}^{m_k} = 1 \end{cases} \\ \boldsymbol{1}_Q^{\mathrm{T}} \boldsymbol{P}_k^{m_k} = P_{\mathrm{total}} \end{cases} \tag{3-49}$$

对于给定的$\boldsymbol{u}_{k,\mathrm{opt}}^{m_k}$，功率优化分配后的$\boldsymbol{P}_{k,\mathrm{opt}}^{m_k}$可通过下式获取，即

$$\begin{cases} \min\limits_{P_{q,k},q=1,\cdots,Q} \left[\mathbb{F}\left(\boldsymbol{u}_{k,\mathrm{opt}}^{m_k}, \boldsymbol{P}_k^{m_k} \right) \right] \\ \mathrm{s.t.} \begin{cases} P_{q,k} = 0 & u_{q,k}^{m_k} = 0 \\ P_{q,k} \geqslant \bar{P}_{\min} & u_{q,k}^{m_k} = 1 \end{cases} \\ \boldsymbol{1}_Q^{\mathrm{T}} \boldsymbol{P}_k^{m_k} = P_{\mathrm{total}} \end{cases} \tag{3-50}$$

如果定义一个新的长度为m_k的功率向量$\tilde{\boldsymbol{P}}_k^{m_k} = \boldsymbol{P}_k^{m_k}\left[\boldsymbol{O}(1:m_k)\right]$，则式（3-50）可重写为

$$\begin{cases}\min\limits_{\tilde{\boldsymbol{P}}_k^{m_k}}\left[\mathbb{G}\left(\tilde{\boldsymbol{P}}_k^{m_k}\right)\right]\\ \text{s.t. } P_{\boldsymbol{O}(i),k}\geqslant\bar{P}_{\min}\quad i=1,\cdots,m_k\\ \mathbf{1}_{m_k}^{\mathrm{T}}\tilde{\boldsymbol{P}}_k^{m_k}=P_{\text{total}}\end{cases}\tag{3-51}$$

式中，

$$\mathbb{G}\left(\tilde{\boldsymbol{P}}_k^{m_k}\right)=\max_{q\in\boldsymbol{O}(1:m_k)}\left\{\operatorname{Tr}\left(\left[\boldsymbol{J}_P\left(\xi_k^q\right)+\hat{\boldsymbol{H}}_{q,k}^{\mathrm{T}}\hat{\boldsymbol{\Sigma}}_{q,k}^{-1}\left(P_{q,k}\right)\hat{\boldsymbol{H}}_{q,k}\right]^{-1}\right)\right\}\tag{3-52}$$

由引理 2 可知，式（3-51）是一个凸优化问题，可通过表 3.1 给出的 GP[118-119] 功率分配算法获取最优解。当获取 $\tilde{\boldsymbol{P}}_{k,\text{opt}}^{m_k}$ 后，功率优化分配后的 $\boldsymbol{P}_{k,\text{opt}}^{m_k}$ 为

$$\begin{cases}\boldsymbol{P}_{k,\text{opt}}^{m_k}\left[\boldsymbol{O}(1:m_k)\right]=\tilde{\boldsymbol{P}}_{k,\text{opt}}^{m_k}\\ \boldsymbol{P}_{k,\text{opt}}^{m_k}\left[\boldsymbol{O}(m_k+1:Q)\right]=\mathbf{0}\end{cases}\tag{3-53}$$

表 3.1　GP 功率分配算法

（1）任取初始可行点 $\tilde{\boldsymbol{P}}_{k,l}^{m_k}=\left(P_{\text{total}}/m_k\right)\cdot\mathbf{1}_{m_k}$，令 $n=0$。

（2）将原问题的不等式约束分解为两部分：$\boldsymbol{A}_1\tilde{\boldsymbol{P}}_{k,l}^{m_k}=\boldsymbol{b}_1$ 和 $\boldsymbol{A}_2\tilde{\boldsymbol{P}}_{k,l}^{m_k}>\boldsymbol{b}_2$，那么原问题的积极约束可以表示为

$$\boldsymbol{A}_a\tilde{\boldsymbol{P}}_{k,l}^{m_k}=\left(\boldsymbol{A}_1^{\mathrm{T}},\mathbf{1}_{m_k}^{\mathrm{T}}\right)^{\mathrm{T}}\cdot\tilde{\boldsymbol{P}}_{k,l}^{m_k}=\left(\boldsymbol{b}_1^{\mathrm{T}},P_{\text{total}}\right)^{\mathrm{T}}$$

（3）定义投影矩阵

$$\boldsymbol{\Lambda}=\boldsymbol{I}_{m_k}-\boldsymbol{A}_a^{\mathrm{T}}\left(\boldsymbol{A}_a\boldsymbol{A}_a^{\mathrm{T}}\right)^{-1}\boldsymbol{A}_a$$

（4）取 $\boldsymbol{d}_{k,l}=-\boldsymbol{\Lambda}\cdot\Delta_{\tilde{\boldsymbol{P}}_{k,l}^{m_k}}\mathbb{G}\left(\tilde{\boldsymbol{P}}_{k,l}^{m_k}\right)$，若 $\boldsymbol{d}_{k,l}=\mathbf{0}_{m_k\times1}$，则转（6）；否则转（5）。

（5）令

$$\bar{\lambda}=\begin{cases}\min\left\{\dfrac{\boldsymbol{a}_i\tilde{\boldsymbol{P}}_{k,l}^{m_k}-\left(\boldsymbol{b}_2\right)\big|_i}{\boldsymbol{a}_i\boldsymbol{d}_{k,l}}\middle|\boldsymbol{a}_i\boldsymbol{d}_{k,l}<0,\boldsymbol{a}_i\in\boldsymbol{A}_2\right\} & \boldsymbol{A}_2\boldsymbol{d}_{k,n}<0\\ +\infty & \boldsymbol{A}_2\boldsymbol{d}_{k,n}\geqslant0\end{cases}$$

求步长 $\lambda_{k,n}$：$\min\limits_{0\leqslant\lambda\leqslant\bar{\lambda}}\left[\mathbb{G}\left(\tilde{\boldsymbol{P}}_{k,l}^{m_k}+\lambda\boldsymbol{d}_{k,l}\right)\right]=\mathbb{G}\left(\tilde{\boldsymbol{P}}_{k,l}^{m_k}+\lambda_{k,l}\boldsymbol{d}_{k,l}\right)$，令 $\tilde{\boldsymbol{P}}_{k,l+1}^{m_k}=\tilde{\boldsymbol{P}}_{k,l}^{m_k}+\lambda_{k,l}\boldsymbol{d}_{k,l}$，$l=l+1$，转（2）。

（6）计算 $\left(\boldsymbol{A}_a\boldsymbol{A}_a^{\mathrm{T}}\right)^{-1}\boldsymbol{A}_a\cdot\Delta_{\tilde{\boldsymbol{P}}_{k,l}^{m_k}}\mathbb{G}\left(\tilde{\boldsymbol{P}}_{k,l}^{m_k}\right)=\left(\boldsymbol{v}_{A_1}^{\mathrm{T}},\boldsymbol{v}_{\boldsymbol{I}^{\mathrm{T}}}^{\mathrm{T}}\right)^{\mathrm{T}}$，令 $\boldsymbol{v}_j=\min\left(\boldsymbol{v}_{A_1}\right)$，若 $\boldsymbol{v}_j>0$，则停，获得最优解 $\tilde{\boldsymbol{P}}_{k,\text{opt}}^{m_k}=\tilde{\boldsymbol{P}}_{k,l}^{m_k}$；否则，从 $\boldsymbol{A}_a$ 中划去 $\boldsymbol{v}_j$ 对应的行向量 $\boldsymbol{a}_j$，并将其作为新的 $\boldsymbol{A}_a$ 矩阵，转（3）。

最终，通过求解 M 个凸优化问题，见式（3-51），获取最优资源分配结果为

$$\left(\boldsymbol{u}_{k,\text{opt}},\boldsymbol{P}_{k,\text{opt}}\right)=\underset{\boldsymbol{u}_{k,\text{opt}}^{m_k},\boldsymbol{P}_{k,\text{opt}}^{m_k},m_k=1,\cdots,M}{\arg\min}\left[\mathbb{F}\left(\boldsymbol{u}_{k,\text{opt}}^{m_k},\boldsymbol{P}_{k,\text{opt}}^{m_k}\right)\right] \tag{3-54}$$

3.3.4　状态估计算法

由于多个目标在空间是分开的，因此本节的多目标跟踪问题可简化为多个单目标的跟踪问题。不同时刻，首先根据各个目标的回波提取量测信息，然后利用这些信息对目标进行跟踪。常规的卡尔曼滤波算法要求系统是线性高斯型的，不能直接用来解决非线性、非高斯问题。因此，本节利用序列蒙特卡罗算法，即粒子滤波器（Particle Filter，PF）来获取各个目标的状态估计。单站认知贝叶斯跟踪过程如表 3.2 所示。

表 3.2　单站认知贝叶斯跟踪过程

（1）令 $k=1$，$\boldsymbol{P}_{k,\text{opt}}=(P_{\text{total}}/Q)\cdot\boldsymbol{1}_Q$，初始 PDF 为 $p\left(\xi_k^q\right)$，$q=1,2,\cdots,Q$，跟踪各个目标的粒子数为 L。
（2）根据 $p\left(\xi_k^q\right)$ 获取 L 个粒子的 $\left\{\xi_k^{qi}\right\}_{i=1}^{L}$。
（3）当 $q=1,2,\cdots,Q$ 时：
（3.1）给定观测 $z_{q,k}\left(\boldsymbol{P}_{k,\text{opt}}\right)$，并计算权值 $\omega_k^{qi}=p\left(z_{q,k}\mid\xi_k^{qi}\right),i=1,2,\cdots,L$;
（3.2）归一化处理：$\omega_k^{qi}=\omega_k^{qi}\Big/\sum_{i=1}^{L}\omega_k^{qi}$;
（3.3）将 $\left\{\xi_k^{qi},\omega_k^{qi}\right\}_{i=1}^{L}$ 重采样得 $\left\{\xi_k^{qi},1/L\right\}_{i=1}^{L}$;
（3.4）获取目标状态的估计 $\hat{\xi}_k^q\approx\sum_{i=1}^{L}\left(\frac{1}{L}\cdot\xi_k^{qi}\right)$。
（4）仿照式（3-46）计算资源分配的代价函数 $\mathbb{F}\left(\boldsymbol{u}_{k+1},\boldsymbol{P}_{k+1}\right)$，并利用 3.3.3 节提出的方法求解。
（5）将分配结果 $\boldsymbol{P}_{k+1,\text{opt}}$ 反馈，指导 MRS 下一时刻的发射方式。
（6）令 $k=k+1$，并根据 $\xi_k^{qi}=\boldsymbol{F}_k^q\xi_{k-1}^{qi}+\boldsymbol{\eta}_{k-1}^{qi}$ 对粒子群 $\left\{\xi_{k-1}^{qi}\right\}_{i=1}^{L}$ 进行预测，转（3）。

3.3.5　实验结果分析

为了验证多波束资源分配算法的有效性，并对其进行进一步的分析，下面

将本节算法的性能与由几组设定基准参数得到的性能进行比较。本节算法的性能是以最差情况下的目标精度来衡量的，即

$$\mathrm{RMSE}_k=\max_q\left(\sqrt{\mathbb{E}_i\left[\left\|\boldsymbol{x}_k^q-\left(\hat{\boldsymbol{x}}_k^q\right)_i\right\|^2\right]}\right) \tag{3-55}$$

基准参数选取为

$$\begin{cases}\boldsymbol{P}_0^{m_k}\left[\boldsymbol{O}(1:m_k)\right]=P_{\text{total}}/m_k\\ \boldsymbol{P}_0^{m_k}\left[\boldsymbol{O}(m_k+1:Q)\right]=\boldsymbol{0}\end{cases} \tag{3-56}$$

式（3-56）的物理含义表示固定波束的个数 m_k，并将功率资源均匀分配。另外，为了分析目标的 RCS 以及状态模型精确程度对资源分配结果的影响，考虑两种目标 RCS 模型和两种不同精确程度的运动模型，分别记为（$\boldsymbol{H}_1,\boldsymbol{H}_2$）和（$\boldsymbol{S}_1,\boldsymbol{S}_2$），即

$$\boldsymbol{H}_1:\ \boldsymbol{h}^q=\left[h_{q,1},\cdots,h_{q,k}\right]^{\mathrm{T}}=[1,1,\cdots,1]^{\mathrm{T}}\quad q=1,2,\cdots,Q$$

$$\boldsymbol{H}_2:\ \boldsymbol{h}^q=\left[h_{q,1},\cdots,h_{q,k}\right]^{\mathrm{T}}=[1,\cdots,1]^{\mathrm{T}}\quad q\neq 1,2,4,9$$

$$\boldsymbol{S}_1:\ s_q=1000\quad q=1,2,\cdots,Q$$

$$\boldsymbol{S}_2:\ s_q=\begin{cases}100000 & q=8\\ 0.5 & q=6\\ 1000 & \text{其他}\end{cases}$$

第二种 RCS 模型 $\boldsymbol{H}_2$ 如图 3.5 所示。

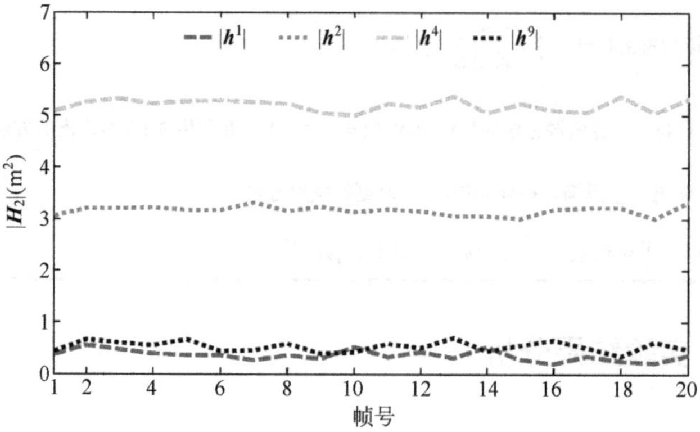

图 3.5 第二种 RCS 模型 $\boldsymbol{H}_2$

将几种不同的模型组合，本节考虑了三种情况下的参数配置。假设集中式 MIMO 雷达位于坐标（112.75,−7）km 处，不同时刻该雷达最多能产生的波束个数为 $M=5$。假设各个波束发射信号的基本参数都相同，有效带宽 1MHz，有效时宽 $T_{q,k}=1\,\text{ms}$，波长设为 0.3m，重访时间间隔 $T_0=6\,\text{s}$，且共有 20 帧数据用于本次仿真。假设空间有 $Q=9$ 个目标，各个目标的参数如表 3.3 所示（各个波束的功率下限设为 $\bar{P}_{\min}$=0.05P_{total}）。

表 3.3　各个目标的参数

目标	1	2	3	4	5	6	7	8	9
位置（km）	(3,55)	(−43,45)	(−233,60)	(280,50)	(52,80)	(−35,15)	(200,80)	(208,10)	(100,66)
距离（km）	(126)	(164)	(137)	(176)	(106)	(149)	(123)	(96)	(74)
速度（m/s）	(300,0)	(100,−150)	(200,−200)	(10,−200)	(200,100)	(100,150)	(100,−100)	(10,−200)	(200,−30)

雷达与目标的空间分布示意图如图 3.6 所示。

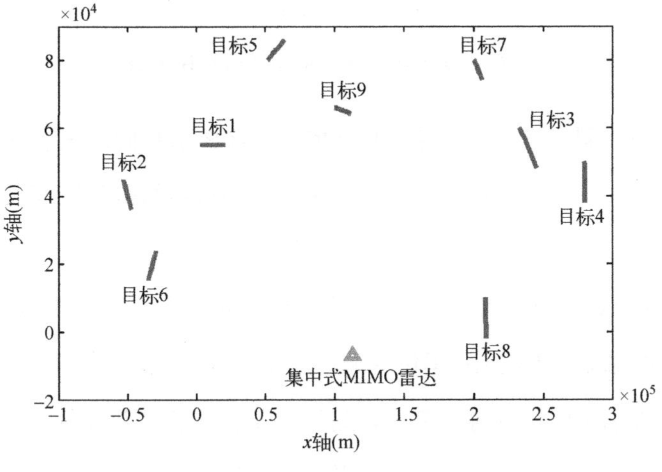

图 3.6　雷达与目标的空间分布示意图

1．第一种情况：H_1 和 S_1

在这种情况下，目标 RCS 和运动模型的精确程度对资源分配的影响可以忽略。雷达系统的资源分配情况只由目标与雷达的空间位置分布来确定。图 3.7 给出了由最优发射参数和基准发射参数得到的跟踪性能随跟踪时间（帧号）的变化关系。结果显示，最优化资源分配后，目标的跟踪精度较均匀分配时有明显提升。

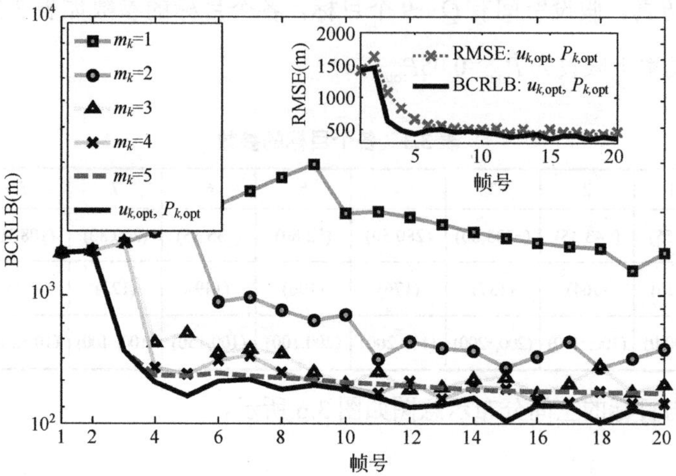

图 3.7　第一种情况下最差目标的 BCRLB

图 3.7 中，假设初始时刻各个目标的 BCRLB 都相同。在前几帧内，最差目标的跟踪精度出现了递增现象。其原因是最差目标的跟踪精度来源于那些未经照射的目标，它们的状态估计来源于预测信息。直观上来说，波束个数 m_k 越大，图 3.7 中的第一个拐点出现越快。图 3.8 给出了第一种情况下，雷达每一时刻的资源分配结果。图 3.8 中，黑色区域对应 $u_{q,k}=0$；其他颜色区域对应 $u_{q,k}=1$，不同的颜色表示不同的发射功率比。此处，发射功率比定义为

$$r_{q,k}=P_{q,k}/P_{\mathrm{total}} \tag{3-57}$$

在初始时刻 $k=2$ 时，各个目标的预测 BIM 都是相同的，因为初始 BIM $\boldsymbol{J}\left(\xi_1^q\right)$ 和各个目标过程噪声的协方差都相同。因此，$k=2$ 时的波束个数设置为 M，功率资源假设分配给前 M 个目标。由图 3.8 可知，大部分的资

源都分配给目标 4，因为目标 4 距离雷达最远。相反，距离雷达较近的目标 8 和目标 9 则分配相对较少的波束和功率资源。不同时刻，跟踪精度最差的目标可能是不同的。因此，图 3.9 给出了不同时刻最差目标的下标。结合图 3.8 可知，图 3.9 中显示的 k 时刻跟踪误差最大的目标将在 $k+1$ 时刻被照射。

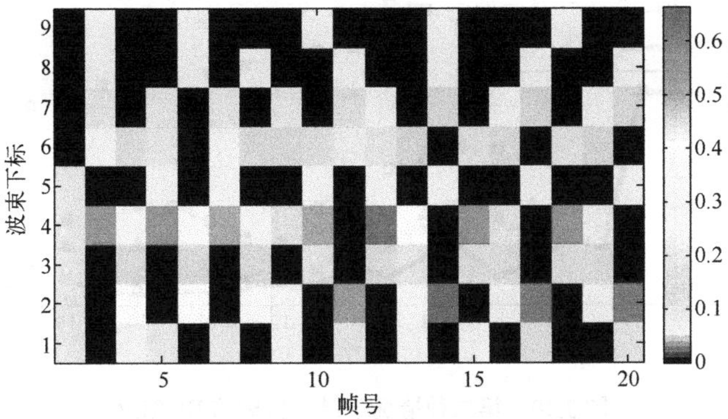

图 3.8　第一种情况下的资源分配结果

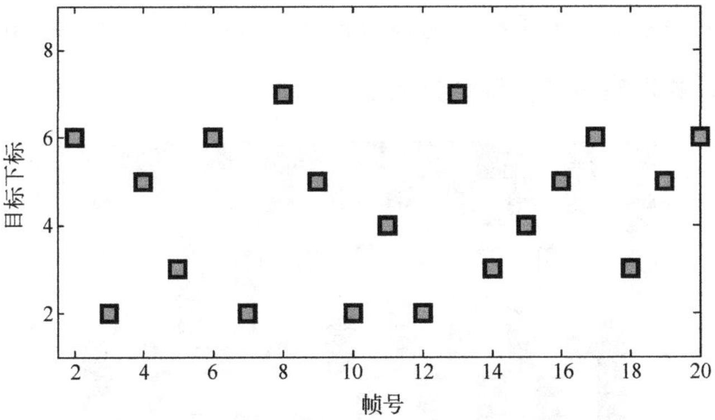

图 3.9　第一种情况下不同时刻的最差目标

2．第二种情况：H_2 和 S_1

在这种情况下，可以分析目标 RCS 起伏对资源分配结果的影响。图 3.10 给出了最优发射参数和基准发射参数得到的跟踪性能随跟踪时间变化的关系，由此可以验证算法的优越性。

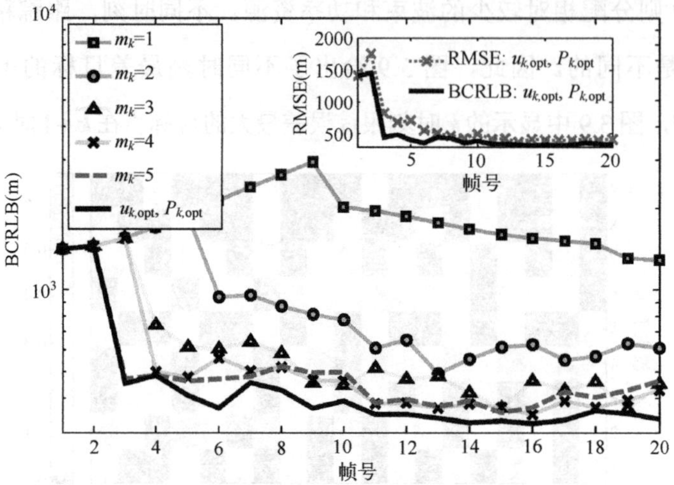

图 3.10　第二种情况下最差目标的 BCRLB

同理，图 3.11 给出了资源分配结果。将图 3.11 的结果与图 3.8 比较可以发现，更多的发射资源会分配给反射系数较低的目标 1 和目标 9。相反，与第一种情况相比，相对较少的资源会分配给目标 4。

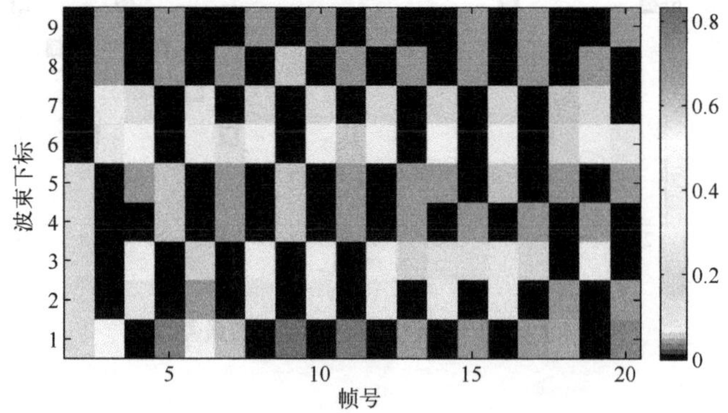

图 3.11　第二种情况下的资源分配结果

图 3.11 中，每一时刻波束的个数 m_k 等于每一列彩色单元格的个数。总体来说，最优资源分配时都需要 5 个波束（除 $k=9$ 时刻外）。第二种情况下不同

时刻的最差目标如图 3.12 所示。

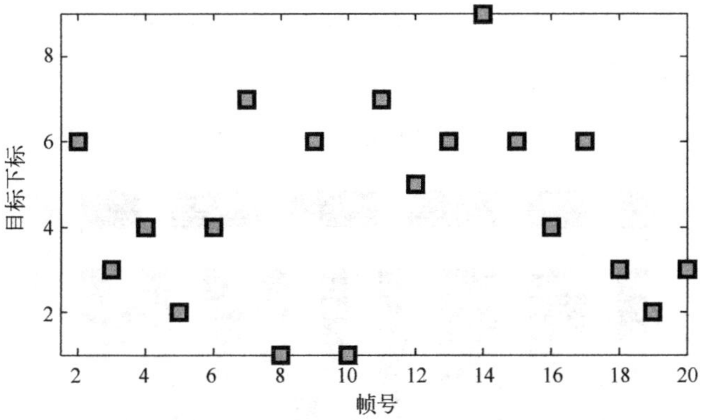

图 3.12　第二种情况下不同时刻的最差目标

3. 第三种情况：H_1 和 S_2

在第三种情况下，我们研究了状态转移模型精确程度对资源分配结果的影响。第三种情况下，最差目标的 BCRLB 及资源分配结果分别如图 3.13 和图 3.14 所示。

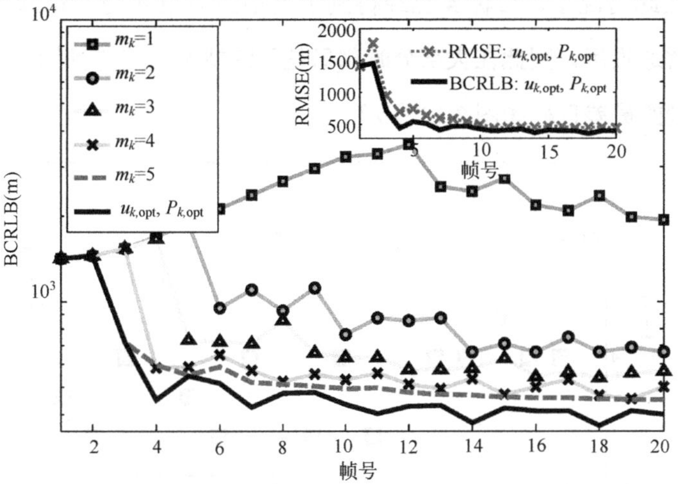

图 3.13　第三种情况下最差目标的 BCRLB

在 $k=2$ 时刻，由于目标 8 运动模型精确程度低，因此需要对其分配一定的资源，见图 3.14。相反，相对较少的波束和功率资源则分配给了模型精确的目标 6。从物理意义上讲，图 3.4 中椭圆的大小表示了目标预测信息的精确性，扇形区域则表示观测的误差大小，两者的交集体现了目标跟踪的精度。在第三种情况下，目标 8 的椭圆较大（预测信息的精确程度取决于运动模型的精确性）。为了获取良好的跟踪性能，需要给目标 8 分配相对较多的资源。

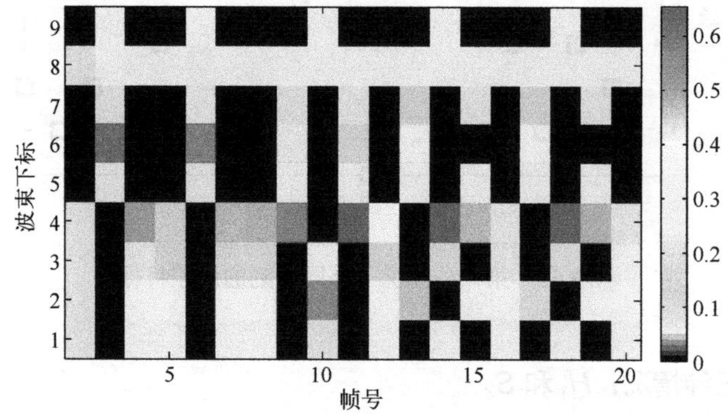

图 3.14　第三种情况下的资源分配结果

虽然在此情况下，目标 4 已经得到了更多的波束和功率资源，但由于目标 4 距离雷达很远，因此在大部分时刻仍是跟踪精度最差的目标。第三种情况下不同时刻的最差目标如图 3.15 所示。

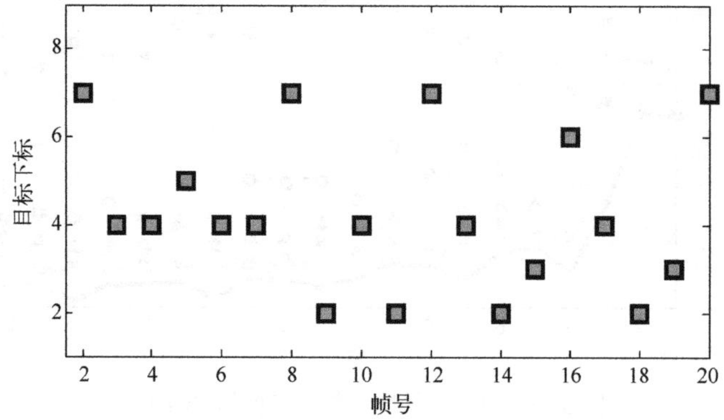

图 3.15　第三种情况下不同时刻的最差目标

为了更好地分析整个资源分配过程，表 3.4 给出了第三种情况下每个目标跟踪误差的 BCRLB。其中，$\boldsymbol{C}_{\text{BCRLB}}^{P}\left(\xi_k^q\right)$ 表示由预测信息估计目标状态时误差的 BCRLB，见式（A-2）；$\boldsymbol{C}_{\text{BCRLB}}\left(\xi_k^q\right)$ 表示滤波后跟踪误差的 BCRLB，见式（3-45）。

表 3.4　不同时刻目标的跟踪精度

时刻	精度	目标									最差 BCRLB
		1	2	3	4	5	6	7	8	9	
$k=2$	$\text{Tr}\left[\boldsymbol{C}_{\text{BCRLB}}^{P}\left(\xi_k^q\right)\right]$	1450	1450	1450	1450	1450	1449	1450	1530	1450	
	$\text{Tr}\left[\boldsymbol{C}_{\text{BCRLB}}\left(\xi_k^q\right)\right]$	305	573	382	659	1450	1449	1450	226	1450	1450
$k=3$	$\text{Tr}\left[\boldsymbol{C}_{\text{BCRLB}}^{P}\left(\xi_k^q\right)\right]$	386	637	454	722	1545	1539	1545	764	1545	
	$\text{Tr}\left[\boldsymbol{C}_{\text{BCRLB}}\left(\xi_k^q\right)\right]$	386	637	454	722	290	289	288	288	140	722
⋮	⋮	⋮	⋮	⋮	⋮	⋮	⋮	⋮	⋮	⋮	⋮
$k=20$	$\text{Tr}\left[\boldsymbol{C}_{\text{BCRLB}}^{P}\left(\xi_k^q\right)\right]$	506	406	509	404	347	368	400	782	245	
	$\text{Tr}\left[\boldsymbol{C}_{\text{BCRLB}}\left(\xi_k^q\right)\right]$	326	326	323	326	347	368	400	287	245	400

结合图 3.14、图 3.15 和表 3.4 的结果，有如下结论：

（1）不同时刻，目标 8 的预测 BCRLB 最大，因为它的运动模型精度很差。

（2）不同时刻，波束会指向 $\text{Tr}\left[\boldsymbol{C}_{\text{BCRLB}}^{P}\left(\xi_k^q\right)\right]$ 相对较大的目标。

（3）在波束指向的这些目标中，距离雷达越远，反射系数越低，得到的功率越多。

（4）在功率分配后，除了用最小功率观测的目标，其他目标的跟踪精度几乎一样。

3.4　杂波环境下基于集中式 MIMO 雷达的功率分配算法

本节在非理想检测条件下，提出了一种基于集中式 MIMO 雷达的功率分配算法。由于跟踪器的反馈信息不仅可用于指导发射机的配置，还可以用于提升接收端的检测性能[24]。因此，本节仿照第 2 章的结论，给出了波门内平均虚警概率的定义，提出了一种具有恒虚警性质的功率分配算法。与发射端的认知处理算法不同[48,51]，这种算法既包含了发射端认知，又包含了接收端认知的处理方式。

3.4.1 非理想检测条件下单目标跟踪的 BCRLB

由 3.2.1 节可知，BIM $\boldsymbol{J}\left(\xi_k^q\right)$ 为

$$\boldsymbol{J}\left(\xi_k^q\right)=\boldsymbol{J}_P\left(\xi_k^q\right)+\boldsymbol{J}_Z\left(\xi_k^q\right) \tag{3-58}$$

式中，$\boldsymbol{J}_P\left(\xi_k^q\right)$ 和 $\boldsymbol{J}_Z\left(\xi_k^q\right)$ 分别表示先验信息和数据的 FIM。

仿照 3.2.1 节，$\boldsymbol{J}_P\left(\xi_k^q\right)$ 可写为

$$\boldsymbol{J}_P\left(\xi_k^q\right)=\left[\boldsymbol{Q}_{\xi,k-1}^q+\boldsymbol{F}_\xi^q\boldsymbol{J}^{-1}\left(\xi_{k-1}^q\right)\left(\boldsymbol{F}_\xi^q\right)^{\mathrm{T}}\right]^{-1} \tag{3-59}$$

数据的 FIM 可以写为[120]

$$\boldsymbol{J}_Z\left(\xi_k^q\right)=\mathbb{E}_{\xi_k^q,Z_{q,k},m_{q,k}}\left\{\Delta_{\xi_k^q}\ln p\left(\boldsymbol{Z}_{q,k}\middle|\xi_k^q\right)\Delta_{\xi_k^q}^{\mathrm{T}}\ln p\left(\boldsymbol{Z}_{q,k}\middle|\xi_k^q\right)\right\} \tag{3-60}$$

由于 $m_{q,k}$ 表示过门限点的量测个数，是非负量，因此 $\boldsymbol{J}_Z\left(\xi_k^q\right)$ 可改写为

$$\begin{aligned}\boldsymbol{J}_Z\left(\xi_k^q\right)=&\sum_{m_{q,k}=0}^{\infty}p\left(m_{q,k}\right)\times\\&\underbrace{\mathbb{E}_{\xi_k^q,Z_{q,k}}\left\{\Delta_{\xi_k^q}\ln p\left(\boldsymbol{Z}_{q,k}\middle|\xi_k^q,m_{q,k}\right)\Delta_{\xi_k^q}^{\mathrm{T}}\ln p\left(\boldsymbol{Z}_{q,k}\middle|\xi_k^q,m_{q,k}\right)\right\}}_{\triangleq\boldsymbol{J}_Z^{m_{q,k}}\left(\xi_k^q\right)}\end{aligned} \tag{3-61}$$

当 $m_{q,k}=0$ 时，波门内无过门限的量测，因此式（3-61）可继续简化为

$$\boldsymbol{J}_Z\left(\xi_k^q\right)=\sum_{m_{q,k}=1}^{\infty}p\left(m_{q,k}\right)\boldsymbol{J}_Z^{m_{q,k}}\left(\xi_k^q\right) \tag{3-62}$$

$\boldsymbol{J}_Z^{m_{q,k}}\left(\xi_k^q\right)$ 的推导详见附录 C，将式（C-1）代入式（3-62），数据的 FIM 可写为

$$\begin{aligned}\boldsymbol{J}_Z\left(\xi_k^q\right)&=\sum_{m_{i,k}=1}^{\infty}p\left(m_{q,k}\right)\boldsymbol{J}_Z^{m_{q,k}}\left(\xi_k^q\right)\\&=\mathbb{E}_{\xi_k^q}\left[\boldsymbol{H}_{q,k}^{\mathrm{T}}\boldsymbol{T}\left(P_{\mathrm{d}}^{q,k},\boldsymbol{\Sigma}_{q,k}\right)\boldsymbol{\Sigma}_{q,k}^{-1}\boldsymbol{H}_{q,k}\right]\end{aligned} \tag{3-63}$$

式中，

$$\boldsymbol{T}\left(P_{\mathrm{d}}^{q,k},\boldsymbol{\Sigma}_{q,k}\right)=\left[\sum_{m_{q,k}=1}^{\infty}p\left(m_{q,k}\right)\boldsymbol{t}_{q,k}\left(m_{q,k}\right)\right] \tag{3-64}$$

表示信息衰减矩阵。根据式（C-1），$\boldsymbol{t}_{q,k}\left(m_{q,k}\right)$ 可写为

$$\begin{aligned}&\boldsymbol{t}_{q,k}\left(m_{q,k}\right)\\&=\int_{[\![V_{q,k}]\!]^{m_{q,k}}}\beta^2\left(\boldsymbol{Z}_{q,k},\xi_k^q\right)\boldsymbol{\Sigma}_{q,k}^{-1}\sum_{j=1}^{m_{q,k}}\sum_{l=1}^{m_{q,k}}\varphi\left(z_{q,k}^j\right)\varphi^{\mathrm{T}}\left(z_{q,k}^l\right)p\left(\boldsymbol{Z}_{q,k}\middle|\xi_k^q,m_{q,k}\right)\mathrm{d}\boldsymbol{Z}_{q,k}\end{aligned} \tag{3-65}$$

式中，

$$\int_{[\![V_{q,k}]\!]^{m_{q,k}}}(\cdot)\,\mathrm{d}\boldsymbol{Z}_{q,k}\triangleq\int_{V_{q,k}}\cdots\int_{V_{q,k}}(\cdot)\,\mathrm{d}z_{q,k}^1\cdots\mathrm{d}z_{q,k}^{m_{q,k}} \tag{3-66}$$

定义 $\tilde{z}_{q,k}^j=z_{q,k}^j-\boldsymbol{h}_{q,k}\left(\xi_k^q\right)$[121]，式（3-65）可写为

$$\boldsymbol{t}_{q,k}\left(m_{q,k}\right)=\int_{[\![\tilde{V}_{q,k}]\!]^{m_{q,k}}}\frac{\varepsilon^2\left(m_{q,k}\right)}{m_{q,k}^2V_{q,k}^{2\left(m_{q,k}-1\right)}(2\pi)^{n_z}\left|\boldsymbol{\Sigma}_{q,k}\right|}\times$$
$$\frac{\boldsymbol{\Sigma}_{q,k}^{-1}\sum\limits_{j=1}^{m_{q,k}}\sum\limits_{l=1}^{m_{q,k}}\tilde{\varphi}\left(\tilde{z}_{q,k}^j\right)\tilde{\varphi}^{\mathrm{T}}\left(\tilde{z}_{q,k}^l\right)}{\left(\dfrac{1-\varepsilon\left(m_{q,k}\right)}{V_{q,k}^{m_{q,k}}}+\dfrac{\varepsilon\left(m_{q,k}\right)}{m_{q,k}V_{q,k}^{m_{q,k}-1}\sqrt{(2\pi)^{n_z}\left|\boldsymbol{\Sigma}_{q,k}\right|}}\sum\limits_{j=1}^{m_{q,k}}\exp\left[-\dfrac{1}{2}\left(\tilde{z}_{q,k}^j\right)^{\mathrm{T}}\boldsymbol{\Sigma}_{q,k}^{-1}\left(\tilde{z}_{q,k}^j\right)\right]\right)}\mathrm{d}\tilde{\boldsymbol{Z}}_{q,k}$$
$$\tag{3-67}$$

式（3-67）中，

$$\tilde{\varphi}\left(\tilde{z}_{q,k}^j\right)=\tilde{z}_{q,k}^j\exp\left\{-\frac{1}{2}\left[\tilde{z}_{q,k}^j\right]^{\mathrm{T}}\boldsymbol{\Sigma}_{q,k}^{-1}\left[\tilde{z}_{q,k}^j\right]\right\} \tag{3-68}$$

由于 $\boldsymbol{t}_{q,k}\left(m_{q,k}\right)$ 的计算必须要借助数值积分，因此从计算量上考虑，通常都会对检测区域设置一个跟踪波门[122]，即

$$\left|\left(\tilde{z}_{q,k}^j\right)_l\right|<g\sigma_l\quad l=1,\cdots,n_z,\ j=1,\cdots,m_{q,k} \tag{3-69}$$

式中，$\left(\tilde{z}_{q,k}^j\right)_l$ 表示第 j 个观测向量的第 l 个元素；σ_l 表示相应的测量误差标准差，见式（3-15）；g 表示波门系数。

式（3-67）中，$V_{q,k}$ 表示波门的超体积，即

$$V_{q,k}=(2g)^{n_z}\prod_{l=1}^{n_z}\sigma_l=(2g)^{n_z}\sqrt{\left|\boldsymbol{\Sigma}_{q,k}\right|} \tag{3-70}$$

将式（3-70）代入式（3-67），并进行归一化处理 $\left(\hat{z}_{q,k}^j\right)_l=\left(\tilde{z}_{q,k}^j\right)_l/\sigma_l$，$j=1,\cdots,m_{q,k}$，$l=1,\cdots,n_z$，可得

$$\boldsymbol{t}_{q,k}\left(m_{q,k}\right)=t_{q,k}\left(m_{q,k}\right)\times\boldsymbol{I}_{n_z} \tag{3-71}$$

式中，

$$t_{q,k}\left(m_{q,k}\right)=\int_{-g}^{g}\cdots\int_{-g}^{g}\cdots\int_{-g}^{g}\cdots\int_{-g}^{g}\cdots\frac{\varepsilon^2\left(m_{q,k}\right)\left|\boldsymbol{\Sigma}_{q,k}\right|^{\left(m_{q,k}-2\right)/2}}{m_{q,k}V_{q,k}^{2\left(m_{q,k}-1\right)}\left(2\pi\right)^{n_z}}\times \\ \frac{\left(\hat{z}_{q,k}^1\right)_1^2\exp\left\{-\left[\hat{z}_{q,k}^1\right]^{\mathrm{T}}\left[\hat{z}_{q,k}^1\right]\right\}}{\left(\frac{1-\varepsilon\left(m_{q,k}\right)}{V_{q,k}^{m_{q,k}}}+\frac{\varepsilon\left(m_{q,k}\right)}{m_{q,k}V_{q,k}^{m_{q,k}-1}\sqrt{\left(2\pi\right)^{n_z}\left|\boldsymbol{\Sigma}_{q,k}\right|}}\sum_{j=1}^{m_{q,k}}\exp\left\{-\frac{1}{2}\left[\hat{z}_{q,k}^j\right]^{\mathrm{T}}\left[\hat{z}_{q,k}^j\right]\right\}\right)}\mathrm{d}\hat{\boldsymbol{Z}}_{q,k} \tag{3-72}$$

通常，$t_{q,k}\left(m_{q,k}\right)$的求解都必须借助蒙特卡罗积分来实现，将式（3-28）、式（3-71）和式（3-72）代入式（3-58），BIM 可表示为

$$\boldsymbol{J}\left(\xi_k^q\right)=\left[\boldsymbol{Q}_{\xi,k-1}^q+\boldsymbol{F}_\xi^q\boldsymbol{J}^{-1}\left(\xi_{k-1}^q\right)\left(\boldsymbol{F}_\xi^q\right)^{\mathrm{T}}\right]^{-1}+ \\ \mathbb{E}_{\xi_k^q}\left[T\left(P_{\mathrm{d}}^{q,k},\boldsymbol{\Sigma}_{q,k}\right)\boldsymbol{H}_{q,k}^{\mathrm{T}}\boldsymbol{\Sigma}_{q,k}^{-1}\boldsymbol{H}_{q,k}\right] \tag{3-73}$$

式中，标量$T\left(P_{\mathrm{d}}^{q,k},\boldsymbol{\Sigma}_{q,k}\right)=\left[\sum_{m_{q,k}=1}^{\infty}p\left(m_{q,k}\right)t_{q,k}\left(m_{q,k}\right)\right]$表示信息损失因子（Information Reduction Factor，IRF）。

3.4.2 资源分配的目标函数

功率分配需要系统具有预测性：融合中心获取$k-1$时刻各个目标状态的 BIM $\boldsymbol{J}\left(\xi_{k-1}^q\right)$后，在给定下一个时刻各个波束发射功率$\boldsymbol{P}_k=\left[P_{1,k},\cdots,P_{Q,k}\right]^{\mathrm{T}}$的情况下，可通过式（3-73）迭代计算$k$时刻目标状态的预测 BIM $\boldsymbol{J}\left(P_{q,k}\right)\big|_{\xi_k^q}$，即

$$\boldsymbol{J}\left(P_{q,k}\right)\big|_{\xi_k^q}=\left[\boldsymbol{Q}_{\xi,k-1}^q+\boldsymbol{F}_\xi^q\boldsymbol{J}^{-1}\left(\xi_{k-1}^q\right)\left(\boldsymbol{F}_\xi^q\right)^{\mathrm{T}}\right]^{-1}+ \\ \left[\overline{T}_{q,k}\left(P_{q,k}\right)\boldsymbol{H}_{q,k}^{\mathrm{T}}\boldsymbol{\Sigma}_{q,k}^{-1}\left(P_{q,k}\right)\boldsymbol{H}_{q,k}\right]\big|_{\xi_{k|k-1}^q} \tag{3-74}$$

对其求逆，可得到相应的预测 BCRLB 矩阵[110]，即

$$\boldsymbol{C}_{\mathrm{BCRLB}}\left(P_{q,k}\right)\big|_{\xi_k^q}=\left(\boldsymbol{J}\left(P_{q,k}\right)\big|_{\xi_k^q}\right)^{-1} \tag{3-75}$$

$\boldsymbol{C}_{\text{BCRLB}}\left(P_{q,k}\right)\big|_{\xi_k^q}$ 的对角线元素给出了目标状态向量各个分量估计方差的下界，而且也是每部雷达发射功率的函数，因此功率分配的代价函数为

$$\mathbb{F}\left(\boldsymbol{P}_k\right)=\max_q\sqrt{\text{Tr}\left(\left[\boldsymbol{C}_{\text{BCRLB}}\left(P_{q,k}\right)\big|_{\xi_k^q}\right]_{4\times 4}\right)} \tag{3-76}$$

式中，$\mathbb{F}\left(\boldsymbol{P}_k\right)$ 体现了 k 时刻最差情况下的目标跟踪精度。

3.4.3　资源分配的求解算法

通过式（3-46）所描述的目标函数可以看出，目标的跟踪精度与很多因素有关，比如雷达的布阵形式、目标的 RCS、各个波束的使用情况和发射功率等。本节考虑的变量为各个波束的发射功率 $\boldsymbol{P}_k$。在给定每一时刻总发射功率 P_{total} 的情况下，本节的目的是最优化参数 $\boldsymbol{P}_k$，使最差情况下的跟踪精度最好，即使 $\mathbb{F}\left(\boldsymbol{P}_k\right)$ 最小，数学模型可描述为

$$\begin{cases}\min\limits_{P_{q,k},q=1,\cdots,Q}\left[\mathbb{F}\left(\boldsymbol{P}_k\right)\right] \\ \text{s.t.}\ \ \overline{P}_{q\min}\leqslant P_{q,k}\leqslant\overline{P}_{q\max}\quad q=1,\cdots,Q \\ \boldsymbol{1}_Q^{\text{T}}\boldsymbol{P}_k=P_{\text{total}}\end{cases} \tag{3-77}$$

式中，$\boldsymbol{1}_Q^{\text{T}}=\left[1,1,\cdots,1\right]_{1\times Q}$；$\overline{P}_{q\max}$ 和 $\overline{P}_{q\min}$ 为各个波束发射功率的上下限。

由于 IRF $\overline{T}_{q,k}\left(P_{q,k}\right)$ 的引入，因此式（3-77）是一个非线性、非凸优化问题。根据文献[48]和文献[108]的结果可知，IRF $\overline{T}_{q,k}\left(P_{q,k}\right)$ 和 $\text{Tr}\left(\boldsymbol{H}_{q,k}^{\text{T}}\boldsymbol{\Sigma}_{q,k}^{-1}\left(P_{q,k}\right)\boldsymbol{H}_{q,k}\big|_{\xi_{k|k-1}^q}\right)$ 随功率 $P_{q,k}$ 的增加而单调递增。因此，发射功率 $P_{q,k}$ 越高，跟踪误差的 BCRLB 越小。根据这个性质，本节提出了一种改进的 GP 算法，如表 3.5 所示。

表 3.5　改进的 GP 算法

（1）任取初始可行点 $\boldsymbol{P}_{k,0}=\boldsymbol{P}_0$，设置搜索步长 Δp，终止门限 ε，并令 $n=0$（$\boldsymbol{P}_0$ 表示均匀分配的情况）。
（2）将原问题的不等式约束分解为两部分：$\boldsymbol{A}_1\boldsymbol{P}_{k,n}=\boldsymbol{b}_1$ 和 $\boldsymbol{A}_2\boldsymbol{P}_{k,n}>\boldsymbol{b}_2$，那么原问题的积极约束可以表示为 $\boldsymbol{A}_a\boldsymbol{P}_{k,n}=\left(\boldsymbol{A}_1^{\text{T}},\boldsymbol{l}\right)^{\text{T}}\cdot\boldsymbol{P}_{k,n}=\left(\boldsymbol{b}_1^{\text{T}},P_{\text{total}}\right)^{\text{T}}$。

续表

（3）定义投影矩阵：$\boldsymbol{\Lambda}=\boldsymbol{I}_{N\times N}-\boldsymbol{A}_a^{\mathrm{T}}\left(\boldsymbol{A}_a\boldsymbol{A}_a^{\mathrm{T}}\right)^{-1}\boldsymbol{A}_a$。
（4）取 $\hat{\boldsymbol{P}}_{k,l+1}=\underset{\left(\boldsymbol{P}_{k,l}^q\right)^+}{\arg\min}\left\{\mathbb{F}\left[\left(\boldsymbol{P}_{k,l}^q\right)^+\right]\right\}$，其中 $\left(\boldsymbol{P}_{k,l}^q\right)^+=\boldsymbol{P}_{k,l}+\boldsymbol{\Lambda}\cdot\left(\boldsymbol{e}_q^Q\cdot\Delta p\right)$，$q=1,\cdots,Q$。
（5）归一化：$\boldsymbol{P}_{k,l+1}=\hat{\boldsymbol{P}}_{k,l+1}\cdot\dfrac{P_{\mathrm{total}}}{\boldsymbol{1}^{\mathrm{T}}\hat{\boldsymbol{P}}_{k,l+1}}$。
（6）若 $\left\|\mathbb{F}\left(\boldsymbol{P}_{k,l+1}\right)-\mathbb{F}\left(\boldsymbol{P}_{k,l}\right)\right\|\leqslant\varepsilon$，$\boldsymbol{P}_{k,\mathrm{opt}}=\boldsymbol{P}_{k,l+1}$，则停；否则，$l=l+1$，转（2）。

3.4.4 状态估计算法

由于多个目标在空间上是分开的，因此本节的多目标跟踪问题可简化为多个单目标的跟踪问题。一般来说，式（3-25）给出了密集杂波环境下目标的观测模型。k 时刻，跟踪波门内虽然有 m_k 个过门限的量测，但每个数据的来源是未知的（可能来源于目标，也可能来源于虚警）。解决此类目标跟踪问题的算法有很多，其中比较有代表性的是 PDA 算法，见图 2.1。一般来说，PDA 算法是先利用目标前一时刻的状态估计及其运动模型确定目标预测点的位置，然后以预测点为中心建立跟踪波门。当跟踪波门内有多个过门限的量测时，数据关联就是确定各个量测来源于目标的概率，并利用这些概率对新息进行加权以获得目标的状态估计。

假设在 $k-1$ 时刻获取了滤波后的目标状态 $\hat{\boldsymbol{x}}_{k-1|k-1}$ 及相应的状态协方差矩阵 $\boldsymbol{P}_{k-1|k-1}$。当给定 k 时刻一系列的观测值 $\boldsymbol{Z}_k$ 时，PDA 算法的流程描述[17]如下。

步骤 1 预测 k 时刻目标的状态，即

$$\boldsymbol{\xi}_{k|k-1}^q=\boldsymbol{F}_\xi^q\boldsymbol{\xi}_{k-1|k-1}^q \tag{3-78}$$

步骤 2 给定 P_{fa}，通过式（3-21）和式（3-23）求取检测概率 $P_{\mathrm{d}}^{q,k}$ 和检测门限 $\overline{\eta}_{q,\mathrm{BD}}$ 后，将跟踪波门内过门限 $\overline{\eta}_{q,\mathrm{BD}}$ 点的集合表示为 $\boldsymbol{Z}_{q,k}$。跟踪波门内的虚警密度为

$$\lambda_{q,k}=N_{q,k}P_{\mathrm{fa}}/V_{q,k} \tag{3-79}$$

式中，$N_{q,k}$ 表示跟踪波门内检测单元的个数。

步骤 3　计算第 $i(i=1,\cdots,m_k)$ 个量测对应的新息，即

$$\boldsymbol{v}_{q,k}^{i}=\boldsymbol{z}_{k|k-1}^{q}-\boldsymbol{h}_{q,k}\left(\boldsymbol{\xi}_{k|k-1}^{q}\right) \tag{3-80}$$

计算真实新息协方差矩阵[20]，即

$$\boldsymbol{S}_{q,k}=\boldsymbol{H}_{q,k}\boldsymbol{C}_{k|k-1}^{q}\boldsymbol{H}_{q,k}^{\mathrm{T}}+\boldsymbol{\Sigma}_{q,k} \tag{3-81}$$

步骤 4　计算第 i 个量测源于目标的条件概率 β_i^q（关联概率）[17]，即

$$\beta_i^q=\begin{cases}\zeta\cdot\dfrac{\left(1-P_{\mathrm{d}}^{q,k}\right)\lambda_{q,k}}{P_{\mathrm{d}}^{q,k}}\sqrt{2\pi\boldsymbol{S}_{q,k}} & i=0\\ \zeta\cdot\exp\left(-\dfrac{1}{2}\boldsymbol{v}_{q,k}^{i\ T}\boldsymbol{S}_{q,k}\boldsymbol{v}_{q,k}^{i}\right) & 1\leqslant i\leqslant m_k\end{cases} \tag{3-82}$$

式中，ζ 是一个保证 $\sum_{i=0}^{m_k}\beta_i^q=1$ 的常数。当 $i=0$ 时，β_i^q 表示所有数据都来源于虚警概率。

步骤 5　根据计算的条件概率 β_i^q，将新息组合，获取目标状态的估计 $\hat{\boldsymbol{\xi}}_{k|k}^{q}$ [17]。

步骤 6　根据式（3-76）计算代价函数，并按 3.4.3 节给出的方法进行功率分配。

步骤 7　$k=k+1$，转步骤 1。

3.4.5　实验结果分析

为了验证多波束资源分配算法的有效性，并对其进行进一步的分析，本节考虑了两种 RCS 模型（见图 3.16），记为（$\boldsymbol{H}_1,\boldsymbol{H}_2$），以及两种不同精确程度的运动模型，记为（$\boldsymbol{S}_1,\boldsymbol{S}_2$），即

$$\boldsymbol{S}_1:\ r_q=100\quad q=1,2,\cdots,Q$$

$$\boldsymbol{S}_2:\ r_q=\begin{cases}100000 & q=3\\ 100 & \text{其他}\end{cases}$$

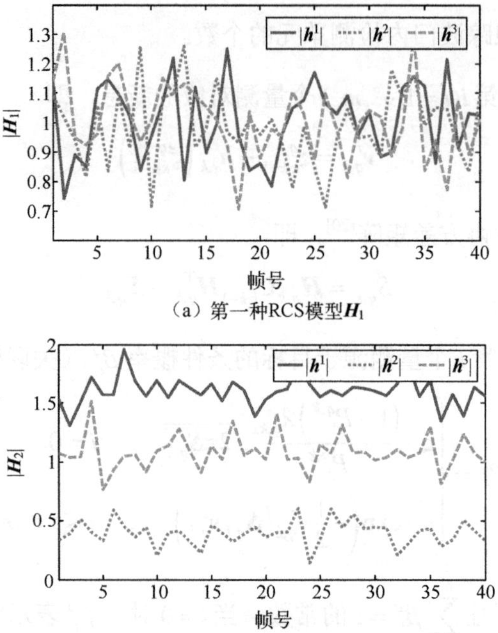

（a）第一种RCS模型$\boldsymbol{H}_1$

（b）第二种RCS模型$\boldsymbol{H}_2$

图 3.16　两种不同的 RCS 模型

将几种不同的模型组合，本节总共考虑了三种情况下的参数配置。假设集中式 MIMO 雷达位于坐标（112.75,−7）km 处，各个波束发射信号的基本参数都相同，有效带宽为 2MHz，有效时宽 $T_{q,k}=1\,\text{ms}$，波长设为 0.3m，重访时间间隔 $T_0=3\text{s}$，虚警概率设置为 $P_{\text{fa}}=10^{-4}$，共有 40 帧数据用于本次仿真，空间有 $Q=3$ 个目标，各个目标的参数如表 3.6 所示，各个波束发射功率的上下限分别设置为 $\overline{P}_{q\min}=0.01P_{\text{total}}$ 和 $\overline{P}_{q\max}=0.8P_{\text{total}}$。

表 3.6　各个目标的参数

目标	1	2	3
位置（km）	（47.5,8）	（56.75,−12）	（42.75,42）
距离（km）	122.8	72.3	93.3
速度（m/s）	（200,0）	（100,−50）	（150,−100）

雷达与目标的空间位置分布示意图如图 3.17 所示。仿照 3.3.5 节，本节的性能仍然以最差情况下的目标精度来衡量，即

$$\mathrm{RMSE}_k=\max_q\left(\sqrt{\mathbb{E}_i\left[\left\|\boldsymbol{x}_k^q-\left(\hat{\boldsymbol{x}}_k^q\right)_i\right\|^2\right]}\right) \tag{3-83}$$

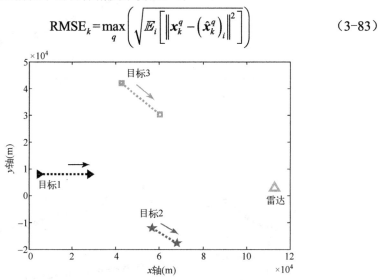

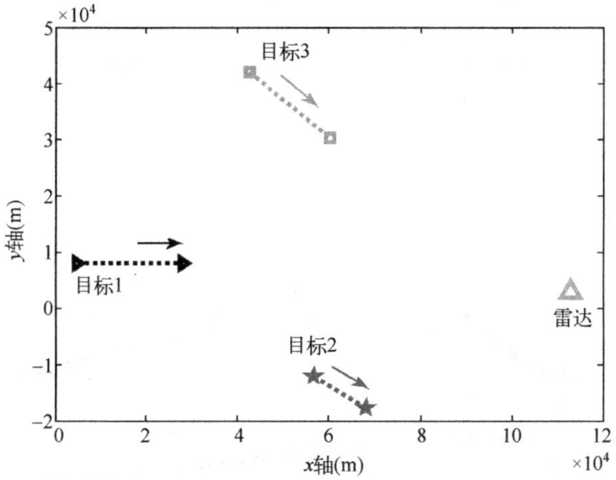

图 3.17　雷达与目标的空间位置分布示意图

1. 第一种情况：H_1 和 S_1

在这种情况下，目标 RCS 和运动模型的精确程度对资源分配的影响可以忽略。雷达系统的资源分配情况只由目标与雷达的空间位置分布来确定。图 3.18 给出了功率分配前后，跟踪性能随时间变化的关系。结果显示，随着时间的推移，跟踪误差的 RMSE 逐渐逼近 BCRLB，且功率优化分配后，目标的跟踪精度较均匀分配时有明显提升。

图 3.19 为第一种情况下目标的跟踪精度。结果表明，功率分配前，各个目标跟踪精度差异较大，资源分配过程能使各个目标的跟踪精度相互接近，达到优化最差目标跟踪精度的目的。

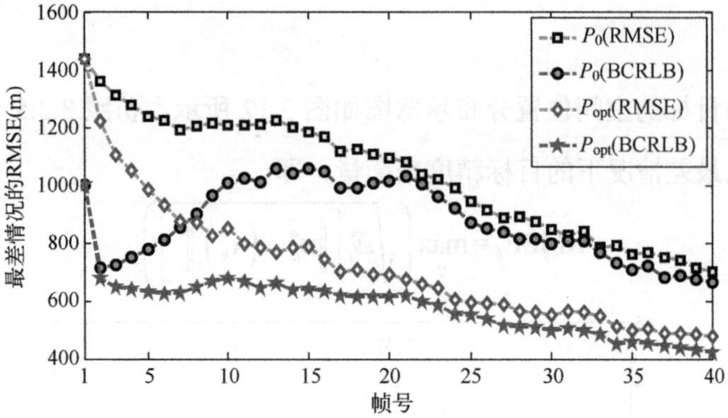

图 3.18　第一种情况下最差目标的跟踪精度

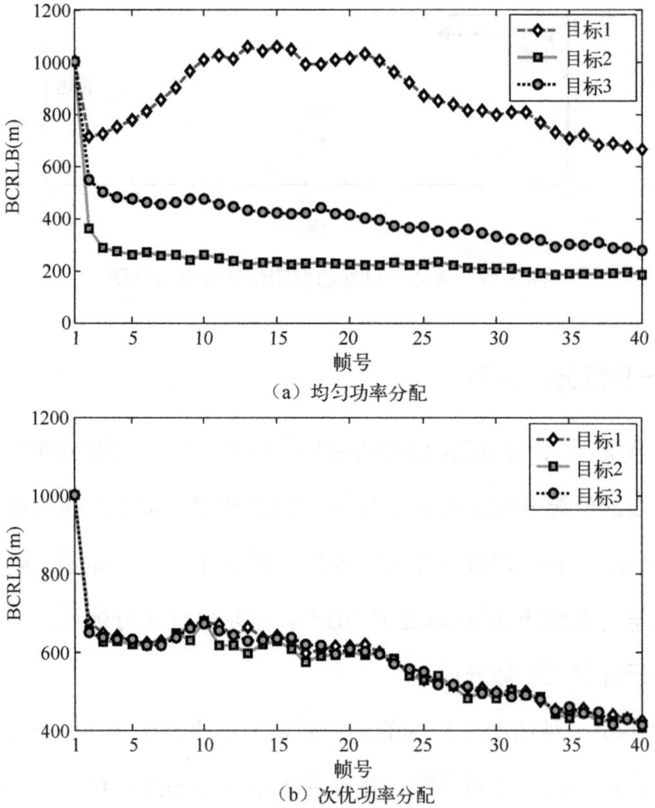

图 3.19　第一种情况下目标的跟踪精度

为了分析目标和雷达相对位置关系对功率分配结果的影响，图 3.20 给出了 100 次蒙特卡罗实验平均后每一时刻的资源分配结果。图 3.20 中，由于目标 1 距离雷达最远，因此大部分的功率都分配给了目标 1。

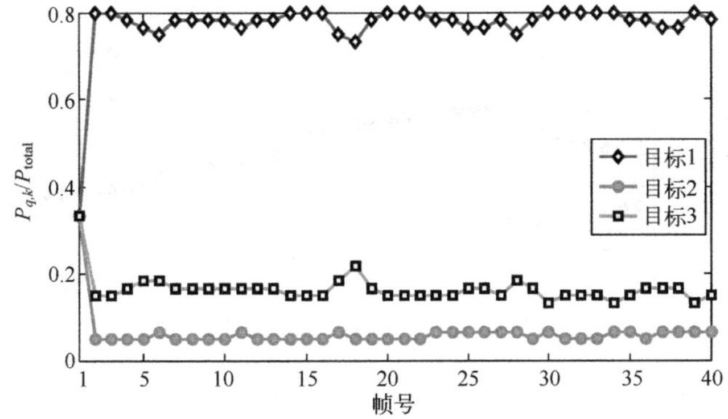

图 3.20　第一种情况下的功率分配结果

2．第二种情况：H_2 和 S_1

在这种情况下，主要分析目标 RCS 起伏对资源分配结果的影响。图 3.21 给出了由最优发射参数得到的跟踪性能随时间变化的关系，由此可以验证算法的优越性。

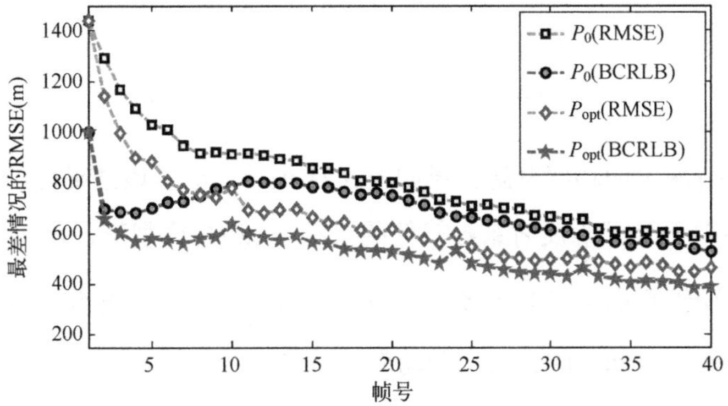

图 3.21　第二种情况下最差目标的跟踪精度

图 3.22 为第二种情况下目标的跟踪精度。结果显示，资源均匀分配时，目

标 1 为跟踪精度最差的目标，功率分配过程能有效提升最差目标的跟踪精度，使各个目标的跟踪精度接近。

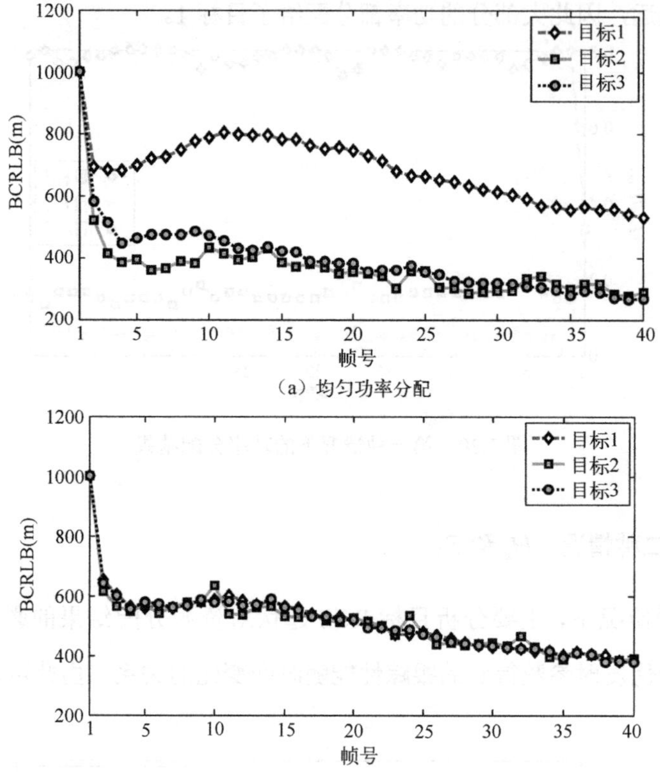

（a）均匀功率分配

（b）次优功率分配

图 3.22　第二种情况下目标的跟踪精度

第二种情况下的功率分配结果如图 3.23 所示。根据该结果可以发现，大部分的功率倾向于分配给反射系数较低的目标。在 $\boldsymbol{H}_2$ 模型下，与第一种情况相比，系统分配给目标 2 相对更多的资源。但由于目标 1 距离雷达很远，仍然是跟踪精度最差的目标，因此大部分功率还是分配给了目标 1。

3．第三种情况：H_1 和 S_2

在第三种情况下，主要研究了状态转移模型精确程度对资源分配结果的影响。图 3.24 给出了算法的跟踪性能随时间变化的关系，体现了本节提出算法的优越性。

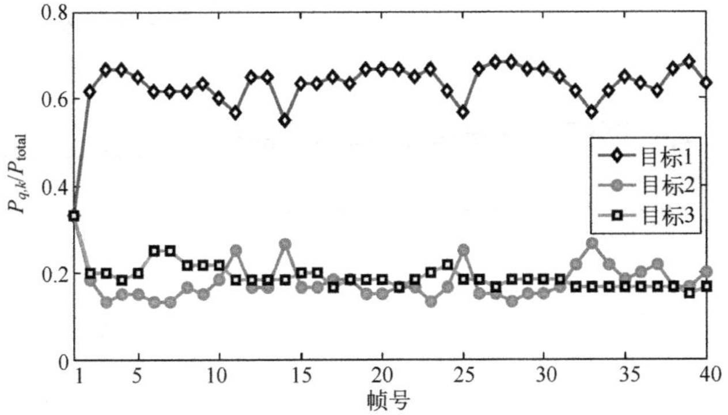

图 3.23　第二种情况下的功率分配结果

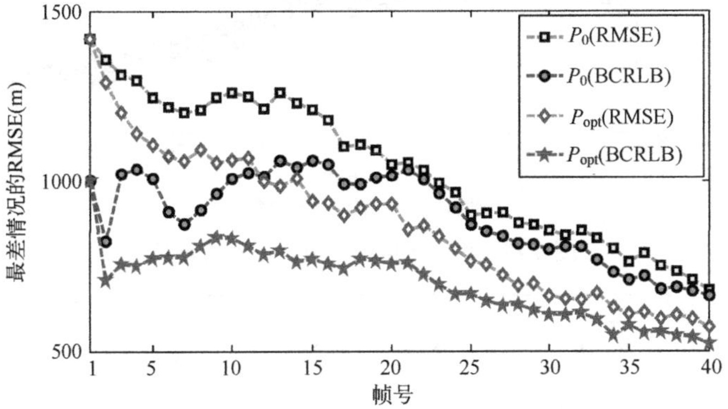

图 3.24　第三种情况下最差目标的跟踪精度

第三种情况下目标的跟踪精度如图 3.25 所示。在分配过程中，大部分的功率会分配给均匀分配情况下跟踪精度差的目标，由此来提升最差目标的跟踪精度。

第三种情况下的功率分配结果如图 3.26 所示。由于目标 3 的运动模型精确度很低，与第一种情况相比，更多的功率分配给了目标 3，因此可以得出结论：功率倾向于分配给运动模型精确度低的目标。

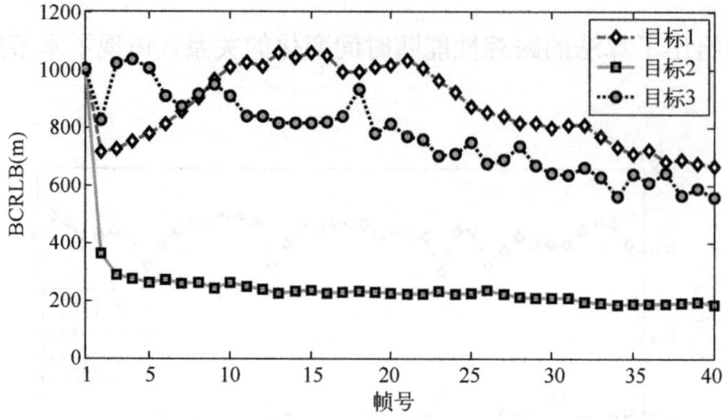

(a) 均匀功率分配

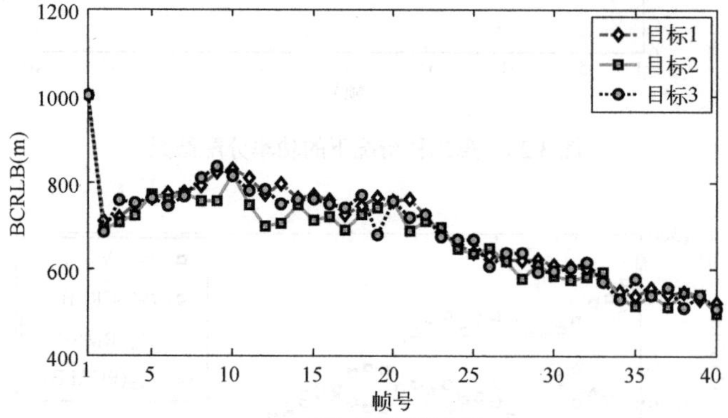

(b) 次优功率分配

图 3.25　第三种情况下目标的跟踪精度

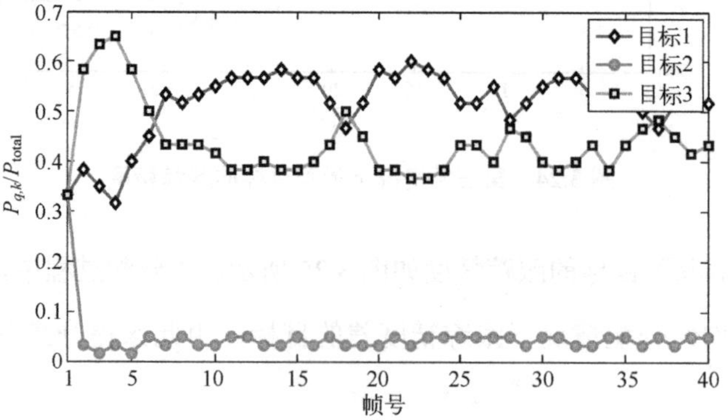

图 3.26　第三种情况下的功率分配结果

综上所述，无资源分配时的目标跟踪误差要比功率优化分配时大。资源分配的原则可描述为：在功率分配过程中，与雷达距离更近、相对位置更好、反射系数和运动模型精确度更高的目标会得到相对较少的功率。

4．物理意义解释

为了更好地理解资源分配的过程，图 3.27 和图 3.28 分别给出了同时多波束功率分配的物理意义示意图和检测门限。图 3.27 中，不同颜色的扇形区域表示不同目标的量测误差范围；椭圆部分表示预测信息的准确程度；两者的交集表示目标的跟踪误差；ρ_1 和 ρ_2 是两个常数，用于放大误差区域。

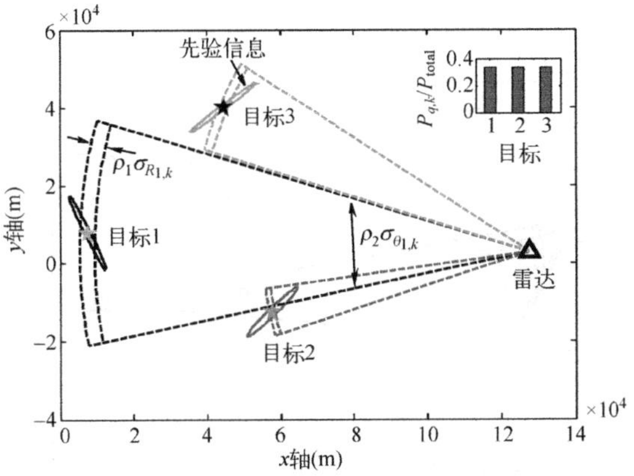

（a）第一种情况，均匀分配

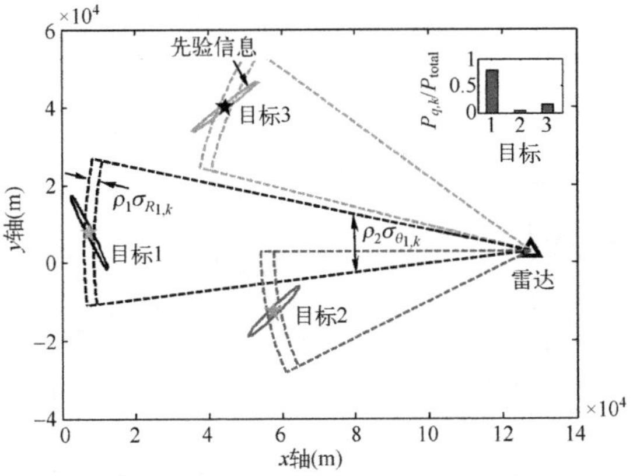

（b）第一种情况，次优分配

图 3.27　同时多波束功率分配的物理意义示意图

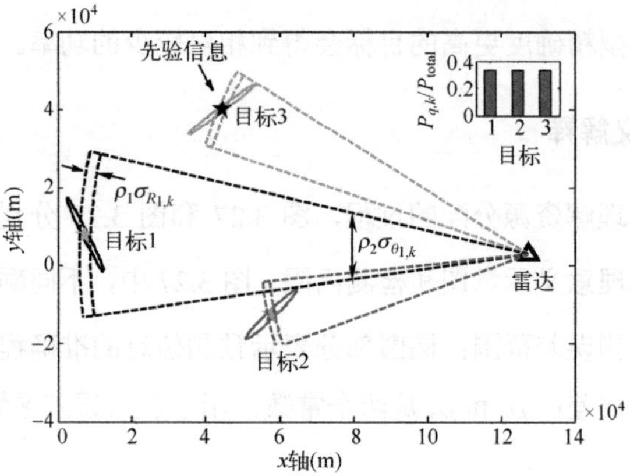

（c）第二种情况，均匀分配

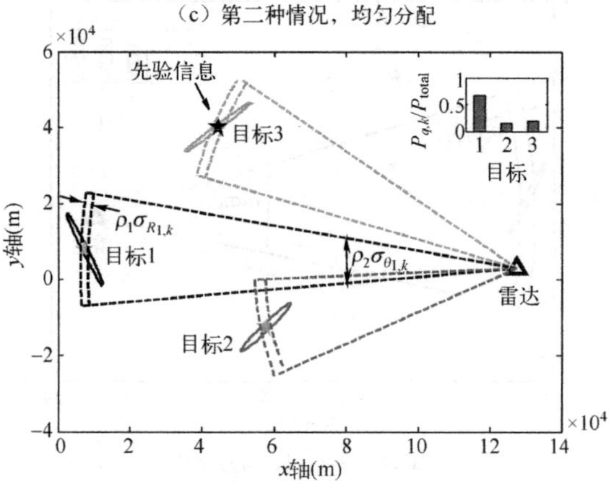

（d）第二种情况，次优分配

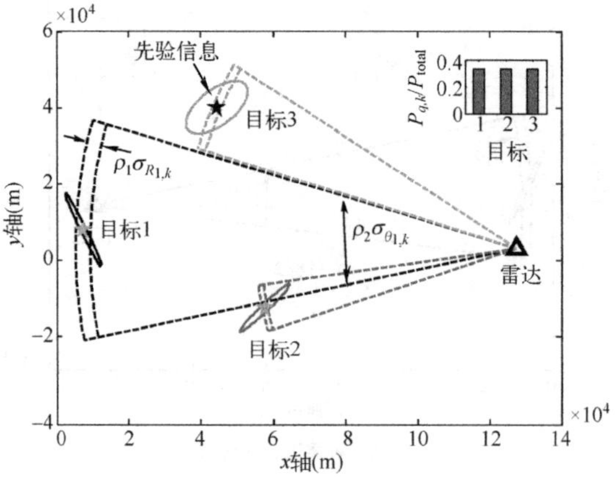

（e）第三种情况，均匀分配

图 3.27　同时多波束功率分配的物理意义示意图（续）

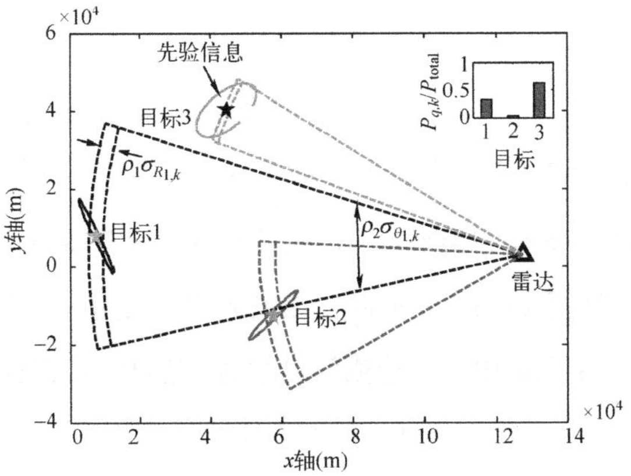

（f）第三种情况，次优分配

图 3.27　同时多波束功率分配的物理意义示意图（续）

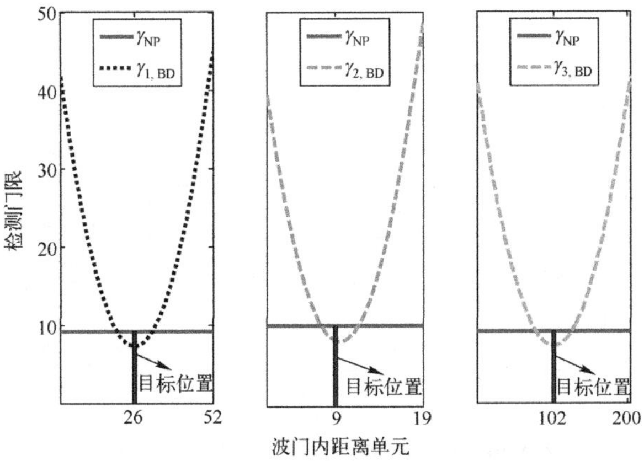

图 3.28　同时多波束功率分配的检测门限

图 3.27 中，在第一种情况下，目标 1 的扇形和椭圆交叉区域在功率均匀分配时最大（所有目标的动态模型都相同，目标 1 的观测误差最大）。因此，为了使最差目标的跟踪精度最好，系统将大部分功率分配给了目标 1。在第二种情况下，目标 2 的扇形区域较第一种情况略大，因为其反射系数较低，因此目标 2 得到相对第一种情况更多的功率。由第三种情况的结果可知，不精确的目标运动模型会导致很大的椭圆面积。为了使最差目标交叉区域面积最小，系统需要给目标 3 分配更多的功率。通常，图 3.27 中扇形区域的面积是随发射功率的变化而变化

的。因此，通过调节发射功率即可调节交叉部分的面积（目标的跟踪精度）。由图 3.27 的结果可知，功率分配过后，各个目标的交叉部分面积几乎相同，意味着本节提出的算法对各个目标的跟踪误差进行了平均。

图 3.28 对传统 NP 检测器与本节应用的贝叶斯检测器的检测门限进行了比较。结果显示，在整个波门内，检测门限设置的原则为：越靠近预测中心，检测门限越低；越远离预测中心，检测门限越高。因此，在保证平均虚警概率相同的前提下，本节提出的多目标认知跟踪算法能提升各个目标的平均检测概率。

图 3.29 为检测性能对比，由图可知，贝叶斯检测器优于传统 NP 检测器。

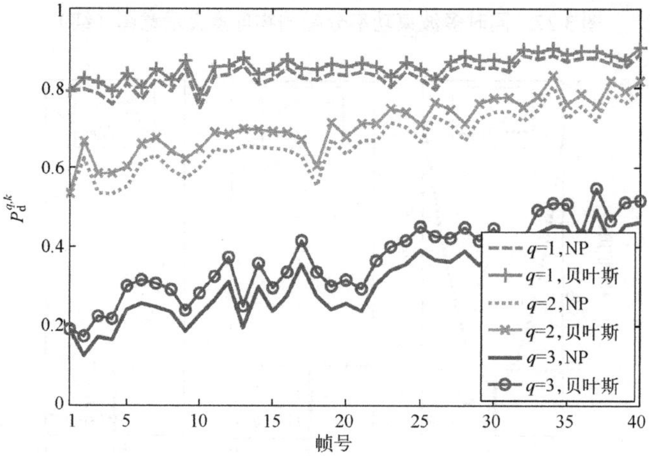

图 3.29　贝叶斯检测器优于传统 NP 检测器

3.5　小结

本章研究了在理想和非理想检测条件下的单雷达多目标认知跟踪算法，以 BCRLB 为目标函数，建立了资源分配的数学模型。针对理想检测条件的情况，本章考虑了功率和波束联合分配的优化问题，并证明了该优化问题等效于求解多个凸优化问题。针对非理想检测条件的情况，本章利用了系统反馈的目标信息对接收端的检测门限和发射端的发射功率进行联合优化设计。

第 4 章 多雷达单目标认知跟踪算法

4.1 引言

近年来，现代雷达面临的作战环境越来越复杂，先进的反辐射导弹、电子干扰、目标隐身和低空突防构成了现代雷达的四大威胁[41-46]。在这种背景下，仅依靠单部雷达难以连续探测和跟踪现代飞行目标。若能针对各种雷达的特点进行合理的战术配置，那么 MRS 所表现出来的优良性能将是单雷达所无法比拟的[15]。MRS 具有两个突出特性：（1）具备几个空间分开的测量站；（2）接收目标信息的联合处理。正是这两个突出特性的组合，使得 MRS 具有许多优于单雷达的性质[123]：

（1）多雷达情报资源共享，增加了实战的可靠性[124]。

（2）不同的雷达可从不同的视角观察目标，提升检测和识别性能[41]。

（3）多雷达覆盖范围互有重叠，可获得比单雷达质量更好的目标航迹，提升空情检测质量[125]。

（4）可以扩大系统时域、频域、空域的覆盖能力[126]。

一般来说，所谓 MRS，就是对多部不同频段、不同体制的雷达进行适当的、合理的资源管理和优化布站，对网内每部雷达的信息（原始信号、点迹、航迹数据等）以“网”的形式收集和传递后，再由中心站进行综合处理、控制和管理，形成统一的、有机的、整体的新体制雷达系统[126]。它已经成为当今世界各国雷达发展的一个重大趋势，在航空、航天、航海等领域得到了较为广泛的应用[123-128]。在它广阔的发展前景中，如何利用雷达组网的冗余信息，提高目标的定位和跟踪精度[128-129]已经成为一个重要的研究方向：文献[128]研究了利用MRS 进行目标定位时误差的 CRLB；文献[129]给出了 MRS 跟踪目标时的BCRLB。这些结果表明，基于 MRS 的目标定位和跟踪精度与 MRS 中雷达的数量和每部雷达的发射功率等很多因素有关。理论上，MRS 中包含的雷达数目越多、发射功率越大，对目标的定位和跟踪精度就越高。

但在实际应用中，MRS 包含的雷达数目越多，意味着需要传输的数据量越大，融合中心的计算复杂度越高[47]。通常，融合中心有限的实时处理能力制约了每部雷达传输到融合中心的数据量。根据 Nyquist 采样定理，每部雷达的数据传输量是与自身发射信号带宽成正比的。因此，在集中式框架下，融合中心的实时处理能力约束了每部雷达的信号带宽。此外，对于一些特定的应用场合，比如利用总能量有限的雷达网络进行目标跟踪，或者军事应用中低截获的需求等，则需要限制 MRS 的总发射功率。因此，如何合理分配 MRS 的有限资源，获取更好的系统性能，已经成为实际应用的关键问题。在此背景下，认知雷达概念的提出，指明了未来雷达的智能化发展趋势[58]。认知技术能够根据目标和环境的特点自适应地选择雷达发射机配置[59]，并能够利用各种先验信息提高对目标的跟踪性能[57,130]。因此，本章聚焦 MRS 的认知跟踪算法，针对不同的应用背景提出了多种多雷达单目标认知跟踪算法，目的是使雷达网络能动态地协调每部雷达的发射参数，进而在资源有限的约束下达到更好的性能。

4.2 节将认知跟踪的思想应用于 UCW 雷达网络平台，提出了一种单目标认知跟踪算法。具体过程可简要地描述为：首先，系统在当前时刻获取目标状态的估计；然后，跟踪器将预测的跟踪信息（下一时刻的 BCRLB）反馈至融合中心作为代价函数进行功率分配；最后，每部雷达根据优化结果自适应地调节发射功率。

经推导发现，这样的功率分配过程是一个凸优化问题（详见附录 B，类似本书 3.3.3 节引理 2 的证明），通过 GP 算法即可快速获得分配结果，能够满足实时性的需求。

对于集中式融合框架下的 MRS，所有雷达的测量数据都要被传送到一个融合中心进行处理和融合。在这种融合框架下，融合中心可利用所有雷达的原始测量数据，由于没有任何信息损失，因而融合结果是最优的。融合中心的实时处理能力和 MRS 每一时刻的总发射功率通常是有限的。这里，融合中心的实时处理能力等价于每一时刻传输到融合中心的数据总量。根据 Nyquist 采样定理，当过采样系数为ρ时，第i部雷达的采样频率$f_s = \rho B_i$，其中B_i为第i部雷达发射信号带宽。在给定过采样系数的情况下，信号带宽越宽，采样频率越高，传输至融合中心的数据量越大。因此，当融合中心实时处理能力有限时，需要控制每部雷达传输的数据量，即对信号带宽进行约束。针对这个问题，4.3 节在集中式工作模式的 MRS 平台上，提出了一种功率和带宽联合分配的认知跟踪算法。

实际中经常会遇到异步 MRS 的目标跟踪问题[131-133]，因为每部雷达可能具有不同的采样频率（数据率）、预处理时间和传输时延等。对此，4.4 节提出了一种针对异步 MRS 的认知目标跟踪算法。首先，引入了一种集中式融合框架下最优的异步目标跟踪算法[131]，并推导出该算法跟踪误差的 BCRLB。然后，本节将该下界作为代价函数进行功率分配，并用凸松弛方法结合 GP 算法对此非凸优化问题求解。最后，仿真实验表明，相对于功率均匀分配的情况，本节提出的功率分配方法能明显提高目标的跟踪精度。扩展实验表明，大部分的功率倾向于分配给那些空间位置较好、距离目标较近，以及在融合周期内采样次数较多的雷达。

现有 MRS 资源分配算法都假设目标的 RCS 信息先验已知，在此条件下才能预测下一时刻跟踪误差的 BCRLB，用作功率分配的代价函数[89-91]。然而，在实际目标跟踪时，下一时刻目标的 RCS 信息是无法在当前时刻获取的，因为它不仅与目标的种类、姿态和位置有关，还与视角、极化和入射波波长等因素有关[2]。针对这种情况，文献[92]提出了一种针对多目标跟踪的天线选择与功率分配算法。该算法将目标 RCS 加入待估计的状态变量，并将其转移模型设定为一阶马尔可夫过程。通过状态变量的递推，可在当前时刻对下一时刻的目标 RCS 进行预测，进而迭代计算出下一时刻的 BCRLB，并将其用作功率分配的代价函数。这种算法虽然克服了目标 RCS 不可预测的问题，但却强制将其转移模型限定为确定性模型——一阶马尔可夫过程。在实际中，精确的目标姿态及视角等信息是不可获取的，导致了目标 RCS 具有随机性[2]。在不确定的条件下，将资源分配构建为确定性模型，会很难保证算法的稳健性。当转移模型失配时，该算法的性能可能会急剧下降。因此，最好使用统计概念来描述目标的 RCS。在通信领域中，针对此类问题，一些学者将机会约束规划（Chance Constraint Programming，CCP）[134]这个不确定性规划方法引入资源分配模型[135-136]，用于处理参数的不确定性。其主要思想就是允许所做决策虽然可在一定程度上不满足约束条件，但该决策要使约束条件成立的概率不小于某一置信水平[137]。文献[135]在认知无线电的应用背景中，将时变无线信道建立为随机变量，提出一种基于 CCP 的接入控制和功率分配算法。文献[136]将 CCP 应用于无线网格网络的拥塞控制与功率控制的背景下。在此基础上，4.5 节将目标的 RCS 建模为分布未知的随机变量，提出了一种稳健的单目标认知跟踪算法，用于处理 RCS 参数的不确定性。该算法以最小化 MRS 每一时刻发射功率为目标，在满足 BCRLB 不大于给定误差的概率超过某一置信水平的条件下建立 NCCP 模型，用条件风险价值（Conditional Value of Risk，CVaR）松弛结合抽样平均近似（Sampling Average Approximation，SAA）算法对此问题进行求解。

通常，上述认知跟踪方法都是面向二维目标的，针对三维目标的研究相对比较薄弱。在考虑工程应用中传输带宽和融合中心处理能力的前提下，4.6 节研究了在分布式处理结构[138]下 2D 雷达组网对单个目标进行三维跟踪的问题。首先，从集中式框架下融合中心的广义量测方程出发，推导出融合中心的更新方程。然后，将更新方程中的量测用每部雷达的局部跟踪信息来代替，得出目标的三维状态。由推导过程可知，本节提出的算法是量测扩维的集中式融合算法通过矩阵变换得到的，只是在变换过程中对单雷达跟踪模型进行了近似，因此是次优的。最后，对提出的算法进行了有针对性的仿真，并将结果与文献[87]进行了比较。结果表明，该算法收敛速度很快，跟踪精度很高，可以满足实际需求。

4.7 节提出了一种针对目标三维跟踪的 MRS 功率分配算法。与二维情况不同，本节推导了目标三维跟踪的 BCRLB，并将其用作功率分配的代价函数。结果显示，在三维情况下，本节提出的认知跟踪算法仍然能有效提升目标的跟踪精度。

4.2　基于单频连续波雷达网络的功率分配算法

与脉冲体制雷达不同，连续波雷达可发射连续信号对目标进行探测。它的优点包括：（1）成本低廉；（2）降低了发射设备的复杂度等。目前，连续波雷达在实际中已经得到了广泛应用，包括目标跟踪[139]、目标识别[140-141]及成像[142]等。本节所研究的非调制连续波雷达，又名 UCW 雷达，是连续波雷达中最简单的一种体制。这种雷达不能测距，能通过测量回波的多普勒频移得到目标的速度信息。本节基于 UCW 雷达网络，提出了一种认知目标跟踪算法，目的是合理分配系统有限的功率资源，使目标跟踪精度最高。

4.2.1　系统建模

假设空间中一个 UCW 雷达网络包含 N 部雷达，其中第 i 部雷达的坐标可以表示为$\left(x_i, y_i\right)$。目标的初始位置为(x_0, y_0)，初始速度为$\left(\dot{x}_0, \dot{y}_0\right)$。假设 T_0 为

重访时间间隔，那么在k时刻，目标的位置和速度分别可写为(x_k, y_k)和$(\dot{x}_k, \dot{y}_k)$。UCW雷达网络示意图如图4.1所示。

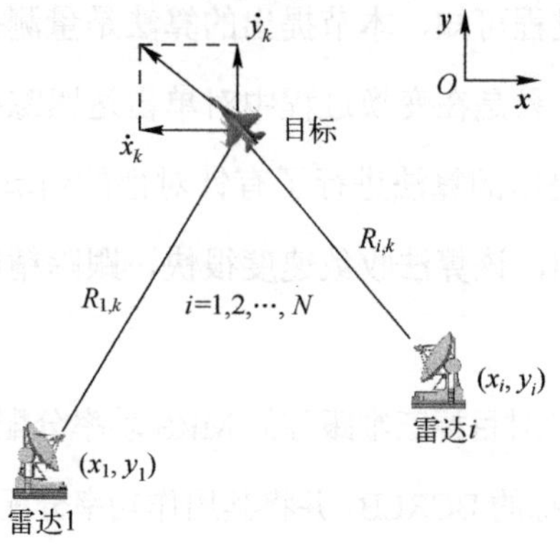

图4.1　UCW雷达网络示意图

1. 观测模型

对于移动目标，回波信号的时延近似[143]为

$$\tau_{i,k}(t) \approx \frac{2}{c}\left(R_{i,k} - v_{i,k}t\right) \tag{4-1}$$

式中，$R_{i,k}$表示第i部雷达与目标的距离；$v_{i,k}$表示相应的径向速度。此时，接收信号的基带形式可写为

$$r_{i,k}(t) = h_{i,k}\sqrt{\alpha_{i,k}P_{i,k}}\exp\left(\mathrm{j}2\pi f_{i,k}t\right) + w_{i,k}(t) \tag{4-2}$$

式中，$w_{i,k}(t)$表示自相关函数为$\sigma_{\mathrm{w}}^2\delta(\tau)$的零均值白高斯过程；衰减系数$\alpha_{i,k}$与发射天线增益、传输损耗，以及接收天线孔径有关[143]；$h_{i,k} = h_{i,k}^{\mathrm{R}} + \mathrm{j}h_{i,k}^{\mathrm{I}}$表示目标的RCS，$h_{i,k}^{\mathrm{R}}$和$h_{i,k}^{\mathrm{I}}$分别表示实部和虚部。为了使用方便，本节先定义一个RCS向量$\boldsymbol{h}_k = \left[h_{1,k}^{\mathrm{R}}, \cdots, h_{N,k}^{\mathrm{R}}, h_{1,k}^{\mathrm{I}}, \cdots, h_{N,k}^{\mathrm{I}}\right]^{\mathrm{T}}$。

式（4-2）中，目标的真实多普勒频移$f_{i,k}$与目标状态的关系可写为

$$f_{i,k} = -\frac{2}{\lambda_i}\left(\dot{x}_k, \dot{y}_k\right)\begin{pmatrix} x_k - x_i \\ y_k - y_i \end{pmatrix} \Big/ R_{i,k} \tag{4-3}$$

式中，λ_i表示第i部雷达的波长。将N部雷达提供的多普勒频移写成向量的形式，即

$$\boldsymbol{f}_k=\left[f_{1,k},f_{2,k},\cdots,f_{N,k}\right]^{\mathrm{T}} \tag{4-4}$$

在实际中，由于UCW雷达在工作时都必须将模拟信号数字化[144]，因此式（4-2）给出的接收信号必须通过采样间隔为$T_{\mathrm{s},i}$的 A/D 转换器。此时，由Nyquist采样定理可知，采样频率$f_{\mathrm{s},i}$必须满足

$$f_{\mathrm{s},i}=\frac{1}{T_{\mathrm{s},i}}\geqslant 2W_i \tag{4-5}$$

式中，W_i表示回波频域最大的非零频率。UCW 雷达的工作流程图如图 4.2 所示。

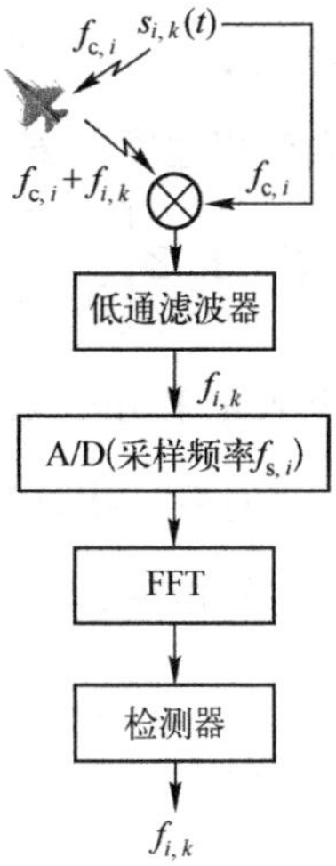

图4.2 UCW雷达的工作流程图

对于给定的驻留时间$T_{\mathrm{p},i}$，第i部雷达的采样点个数为

$$N_{\mathrm{s},i}={T_{\mathrm{p},i}}/{T_{\mathrm{s},i}} \tag{4-6}$$

第n次采样的离散信号形式可写为

$$r_{i,k}(n)=h_{i,k}\sqrt{\alpha_{i,k}P_{i,k}}\exp\left(\mathrm{j}2\pi f_{i,k}nT_{\mathrm{s},i}\right)+w_{i,k}(n) \tag{4-7}$$

式中，$n = 0,1,\cdots,N_{s,i}-1$；$w_{i,k}(n)$表示零均值的高斯白噪声，标准差为σ_w。

这时，k时刻的观测向量$\boldsymbol{r}_k$可表示为

$$\boldsymbol{r}_k = \left[r_{1,k}(0),\cdots,r_{i,k}\left(N_{s,i}-1\right),r_{i+1,k}(0),\cdots,r_{N,k}\left(N_{s,N}-1\right)\right]^{\mathrm{T}} \tag{4-8}$$

非线性观测方程表示为

$$\boldsymbol{r}_k = \boldsymbol{\psi}\left(\boldsymbol{f}_k,\boldsymbol{h}_k\right)+\boldsymbol{w}_k \tag{4-9}$$

式中，$\boldsymbol{\psi}(\cdot)$表示非线性观测函数。

2. 目标状态模型

假设目标服从匀速运动模型，目标的运动方程可写为

$$\boldsymbol{x}_k = \boldsymbol{F}\boldsymbol{x}_{k-1}+\boldsymbol{u}_{k-1} \tag{4-10}$$

式（4-10）中，$\boldsymbol{x}_k = [x_k,\dot{x}_k,y_k,\dot{y}_k]^{\mathrm{T}}$表示$k$时刻目标的状态向量，$[x_k,y_k]$和$[\dot{x}_k,\dot{y}_k]$分别表示$k$时刻目标的位置和速度；$\boldsymbol{F}$为目标状态转移矩阵，即

$$\boldsymbol{F} = \boldsymbol{I}_2 \otimes \begin{bmatrix} 1 & T_0 \\ 0 & 1 \end{bmatrix} \tag{4-11}$$

式中，T_0表示重访时间间隔；$\otimes$表示 Kronecker 乘积。

式（4-10）中，$\boldsymbol{u}_{k-1}$表示$k-1$时刻，零均值的高斯白噪声序列，用于衡量目标状态转移的不确定性，其协方差矩阵$\boldsymbol{Q}_{k-1}$可以写为[110]

$$\boldsymbol{Q}_{k-1} = q_1\boldsymbol{I}_2 \otimes \begin{bmatrix} \frac{1}{3}T_0^3 & \frac{1}{2}T_0^2 \\ \frac{1}{2}T_0^2 & T_0 \end{bmatrix} \tag{4-12}$$

式中，q_1表示在各个坐标轴上的过程噪声强度[110]。

同时，本节将目标反射系数建模为一阶马尔可夫过程[92]，即

$$\boldsymbol{h}_k = \boldsymbol{h}_{k-1}+\boldsymbol{\mu}_{k-1} \tag{4-13}$$

式中，过程噪声$\boldsymbol{\mu}_{k-1}$为零均值的高斯白噪声，其协方差矩阵为$\boldsymbol{Q}_{h,k-1}$。

将目标状态向量和反射系数向量组合，可得到一个长度为$4+2N$的混合状态向量$\boldsymbol{\xi}_k = \left(\boldsymbol{x}_k^{\mathrm{T}},\boldsymbol{h}_k^{\mathrm{T}}\right)^{\mathrm{T}}$（注：本节后续内容所提到的状态向量均指$\boldsymbol{\xi}_k$）。其状态

转移方程可表示为

$$\boldsymbol{\xi}_k=\boldsymbol{F}_{\xi}\boldsymbol{\xi}_{k-1}+\boldsymbol{\eta}_{k-1} \tag{4-14}$$

式中，$\boldsymbol{F}_{\xi}$ 表示混合状态的转移矩阵，即

$$\boldsymbol{F}_{\xi}=\begin{bmatrix} \boldsymbol{F} & \boldsymbol{0}_{4\times 2N} \\ \boldsymbol{0}_{2N\times 4} & \boldsymbol{I}_{2N} \end{bmatrix} \tag{4-15}$$

$\boldsymbol{\eta}_{k-1}$ 表示联合过程噪声，其协方差矩阵 $\boldsymbol{Q}_{\xi,k-1}=\mathrm{diag}\left\{\boldsymbol{Q}_{x,k-1},\boldsymbol{Q}_{h,k-1}\right\}$。在不同时刻，利用式（4-14）和式（4-9）可迭代计算目标状态的 PDF，由于目标的运动模型和雷达的测量值都含有随机误差，因此估计的目标状态也会有误差。如何分配系统有限的资源，以减小目标的跟踪误差，将是下一节的主要研究内容。

4.2.2　BCRLB 的推导

文献[129]指出，BCRLB 给离散非线性滤波问题的 MSE 提供了一个下界。本节将推导出仅用多普勒频移跟踪目标时误差的 BCRLB。一般来说，用观测向量 $\boldsymbol{z}_k$ 估计目标状态 $\boldsymbol{\xi}_k$ 时，无偏估计量 $\hat{\boldsymbol{\xi}}_{k|k}\left(\boldsymbol{r}_k\right)$ 必须满足

$$\mathbb{E}_{\boldsymbol{\xi}_k,\boldsymbol{r}_k}\left\{\left(\hat{\boldsymbol{\xi}}_{k|k}\left(\boldsymbol{r}_k\right)-\boldsymbol{\xi}_k\right)\left(\hat{\boldsymbol{\xi}}_{k|k}\left(\boldsymbol{r}_k\right)-\boldsymbol{\xi}_k\right)^{\mathrm{T}}\right\}=\boldsymbol{C}_{k|k}\geqslant \boldsymbol{J}^{-1}(\boldsymbol{\xi}_k) \tag{4-16}$$

式中，$\mathbb{E}_{\boldsymbol{\xi}_k,\boldsymbol{r}_k}(\cdot)$ 表示对目标状态和观测求数学期望；$\boldsymbol{C}_{k|k}$ 为协方差矩阵；$\boldsymbol{J}(\boldsymbol{\xi}_k)$ 表示目标状态 $\boldsymbol{\xi}_k$ 的 BIM[114]，即

$$\boldsymbol{J}(\boldsymbol{\xi}_k)=-\mathbb{E}_{\boldsymbol{\xi}_k,\boldsymbol{r}_k}\left[\Delta_{\boldsymbol{\xi}_k}^{\boldsymbol{\xi}_k}\ln p\left(\boldsymbol{r}_k,\boldsymbol{\xi}_k\right)\right] \tag{4-17}$$

式中，$\Delta_{\eta}^{\kappa}=\Delta_{\eta}\Delta_{\kappa}^{\mathrm{T}}$，$\Delta_{\eta}$ 表示求向量 η 的一阶偏导；$p(\boldsymbol{r}_k,\boldsymbol{\xi}_k)$ 表示状态与观测的联合 PDF，即

$$p\left(\boldsymbol{r}_k,\boldsymbol{\xi}_k\right)=p\left(\boldsymbol{\xi}_k\right)p\left(\boldsymbol{r}_k\middle|\boldsymbol{\xi}_k\right) \tag{4-18}$$

式中，$p\left(\boldsymbol{\xi}_k\right)$ 表示目标状态的 PDF；$p\left(\boldsymbol{r}_k\middle|\boldsymbol{\xi}_k\right)$ 表示目标状态关于观测的似然函数，即

$$p\left(\boldsymbol{r}_k \mid \xi_k\right)=\frac{1}{\left(\pi\sigma_w^2\right)^{\sum_{i=1}^{N} N_{s,i}/2}}\exp\left\{-\frac{1}{\sigma_w^2}\sum_{i=1}^{N}\sum_{n=0}^{N_{s,i}-1}\left|r_{i,k}(n)-h_{i,k}\sqrt{\alpha_{i,k}P_{i,k}}A_{i,k}\exp\left(\mathrm{j}2\pi f_{i,k}nT_{s,i}\right)\right|^2\right\} \tag{4-19}$$

将式（4-18）和式（4-19）代入式（4-17），可得

$$\begin{aligned}\boldsymbol{J}(\xi_k)&=-\mathbb{E}_{\xi_k,\boldsymbol{r}_k}\left\{\Delta_{\xi_k}^{\xi_k}\ln\left[p\left(\xi_k\right)p\left(\boldsymbol{r}_k|\xi_k\right)\right]\right\}\\&=-\mathbb{E}_{\xi_k,\boldsymbol{r}_k}\left[\Delta_{\xi_k}^{\xi_k}\ln p\left(\xi_k\right)+\Delta_{\xi_k}^{\xi_k}\ln p\left(\boldsymbol{r}_k|\xi_k\right)\right]\\&=\boldsymbol{J}_P\left(\xi_k\right)+\boldsymbol{J}_\gamma\left(\xi_k\right)\end{aligned} \tag{4-20}$$

式中，$\boldsymbol{J}_P\left(\xi_k\right)$和$\boldsymbol{J}_\gamma\left(\xi_k\right)$分别表示先验信息和数据的 FIM。

根据文献[110]，结合本节的目标运动模型，$\boldsymbol{J}_P\left(\xi_k\right)$可写为

$$\boldsymbol{J}_P\left(\xi_k\right)=\left(\boldsymbol{Q}_{\xi,k-1}+\boldsymbol{F}_\xi\boldsymbol{J}^{-1}\left(\xi_{k-1}\right)\boldsymbol{F}_\xi^{\mathrm{T}}\right)^{-1} \tag{4-21}$$

数据的 FIM 可以计算为[114]

$$\begin{aligned}\boldsymbol{J}_\gamma\left(\xi_k\right)&=\mathbb{E}_{\xi_k}\left\{\boldsymbol{G}^{\mathrm{T}}\left(\xi_k\right)\mathbb{E}_{\boldsymbol{r}_k|\xi_k}\left[\Delta_{\gamma_k}^{\gamma_k}\left[-\ln p\left(\boldsymbol{r}_k|\xi_k\right)\right]\right]\boldsymbol{G}\left(\xi_k\right)\right\}\\&=\mathbb{E}_{\xi_k}\left\{\boldsymbol{G}^{\mathrm{T}}\left(\xi_k\right)\boldsymbol{J}_\gamma\left(\gamma_k\right)\boldsymbol{G}\left(\xi_k\right)\right\}\end{aligned} \tag{4-22}$$

式（4-22）中，$\gamma_k=\left(\boldsymbol{f}_k^{\mathrm{T}},\boldsymbol{h}_k^{\mathrm{T}}\right)^{\mathrm{T}}$；$\boldsymbol{G}\left(\xi_k\right)$为$3N\times\left(4+2N\right)$的雅可比矩阵，即

$$\begin{aligned}\boldsymbol{G}\left(\xi_k\right)&\triangleq\left(\Delta_{\xi_k}\gamma_k^{\mathrm{T}}\right)^{\mathrm{T}}\\&=\left[\Delta_{\xi_k}\boldsymbol{f}_k^{\mathrm{T}},\Delta_{\xi_k}\boldsymbol{h}_k^{\mathrm{T}}\right]^{\mathrm{T}}\\&=\left[\cdots,\Delta_{\xi_k}f_{i,k},\cdots,\Delta_{\xi_k}h_{i,k}^{\mathrm{R}},\cdots,\Delta_{\xi_k}h_{i,k}^{\mathrm{I}},\cdots\right]^{\mathrm{T}}\end{aligned} \tag{4-23}$$

式中，$\Delta_{\xi_k}f_{i,k}$表示多普勒频移对目标状态ξ_k的一阶偏导。因此，$\boldsymbol{G}\left(\xi_k\right)$可简写为

$$\boldsymbol{G}\left(\xi_k\right)=\begin{bmatrix}\Delta_{\boldsymbol{x}_k}\boldsymbol{f}_k^{\mathrm{T}} & \boldsymbol{0}_{4\times2N}\\ \boldsymbol{0}_{2N\times N} & \boldsymbol{I}_{2N}\end{bmatrix}^{\mathrm{T}} \tag{4-24}$$

式中，

$$\Delta_{\boldsymbol{x}_k}\boldsymbol{f}_k^{\mathrm{T}}=\left[\Delta_{\boldsymbol{x}_k}f_{1,k},\Delta_{\boldsymbol{x}_k}f_{2,k},\cdots,\Delta_{\boldsymbol{x}_k}f_{N,k}\right] \tag{4-25}$$

式中，$\left[\Delta_{\boldsymbol{x}_k}f_{i,k}\right]_{4\times1}$表示多普勒频移对目标位置和速度的一阶偏导，即

$$\Delta_{\boldsymbol{x}_k}f_{i,k}=\left[\Delta_{x_k}f_{i,k},\Delta_{\dot{x}_k}f_{i,k},\Delta_{y_k}f_{i,k},\Delta_{\dot{y}_k}f_{i,k}\right]^{\mathrm{T}} \tag{4-26}$$

式（4-22）中，$J_{\gamma}(\gamma_k)$表示$3N\times 1$的测量向量γ_k的 FIM，推导见附录 D。

将式（4-21）和式（4-23）代入式（4-20），可求得 BIM，即

$$J(\xi_k)=\left(Q_{\xi,k-1}+F_{\xi}J^{-1}(\xi_{k-1})F_{\xi}^{\mathrm{T}}\right)^{-1}+\mathbb{E}_{\xi_k}\left\{G^{\mathrm{T}}(\xi_k)J_{\gamma}(\gamma_k)G(\xi_k)\right\} \quad (4\text{-}27)$$

式（4-27）的第二项需要用蒙特卡罗技术求解，实际中，为了满足算法的实时性，可将式（4-27）近似为[109]

$$J(\xi_k)=\left(Q_{\xi,k-1}+F_{\xi}J^{-1}(\xi_{k-1})F_{\xi}^{\mathrm{T}}\right)^{-1}+\left[G^{\mathrm{T}}(\xi_k)J_{\gamma}(\gamma_k)G(\xi_k)\right]\Big|_{\xi_{k|k-1}} \quad (4\text{-}28)$$

式中，$\xi_{k|k-1}$表示零过程噪声时的预测状态。

4.2.3　功率分配优化算法

本节将考虑功率分配具体的求解算法。从数学上来讲，功率分配就是在满足每部雷达发射功率约束的前提下优化一个代价函数的问题。由 4.2.2 节结果可知，在每个融合时刻，目标的 BIM $J(\xi_k)$都是每部雷达发射功率的函数，由 BIM 求逆而得到的 BCRLB 给目标的跟踪精度提供一个衡量尺度[129]。因此，本节将 BCRLB 用作代价函数进行功率分配，并用 GP 算法[121-122]对此凸优化问题求解。

1．功率分配的目标函数

功率分配需要系统具有预测性：融合中心获取$k-1$时刻目标状态的 BIM $J(\xi_{k-1})$后，在给定下一时刻每部雷达发射功率$P_k=\left[P_{1,k},P_{2,k},\cdots,P_{N,k}\right]^{\mathrm{T}}$的情况下，可通过式（4-28）迭代计算第$k$个融合时刻目标状态的预测 BIM $J(P_k)\big|_{\xi_k}$，对其求逆，得到相应的预测 BCRLB 矩阵[129]为

$$C_{\mathrm{BCRLB}}(P_k)\big|_{\xi_k}=\left(J(P_k)\big|_{\xi_k}\right)^{-1} \quad (4\text{-}29)$$

$C_{\mathrm{BCRLB}}(P_k)\big|_{\xi_k}$的对角线元素给出了目标状态向量各个分量估计方差的下界，是每部雷达发射功率的函数，功率分配代价函数为

$$\mathbb{F}\left(\boldsymbol{P}_k\right)\Big|_{\xi_k}=\operatorname{Tr}\left[\boldsymbol{C}_{\mathrm{BCRLB}}\left(\boldsymbol{P}_k\right)\Big|_{\xi_k}\right] \tag{4-30}$$

式中，$\mathbb{F}\left(\boldsymbol{P}_k\right)\big|_{\xi_k}$ 体现了第 k 个融合时刻目标的总体跟踪精度。

2. 功率分配的求解方法

通过式（4-30）所描述的目标函数可以看出，目标的跟踪精度与很多因素有关，比如雷达的布阵形式、目标的 RCS、雷达的发射功率等。本节考虑的可变参数为每部雷达在不同时刻的发射功率，目的是在 UCW 雷达网络总发射功率 P_{total} 一定的情况下，提升目标的跟踪精度。具体优化过程可以描述为

$$\begin{cases}\min\limits_{P_{i,k},i=1,\cdots,N}\left(\mathbb{F}\left(\boldsymbol{P}_k\right)\big|_{\xi_k}\right)\\ \text{s.t.}\ P_{i,k}-\overline{P}_{i\min}\geqslant 0\quad i=1,\cdots,N\\ -P_{i,k}+\overline{P}_{i\max}\geqslant 0\\ \boldsymbol{1}^{\mathrm{T}}\boldsymbol{P}_k=P_{\text{total}}\end{cases} \tag{4-31}$$

式中，$\boldsymbol{1}^{\mathrm{T}}=[1,1,\cdots,1]_{1\times N}$；$\overline{P}_{i\max}$ 和 $\overline{P}_{i\min}$ 分别表示第 i 部雷达发射功率的上下限。

文献[48]将式（4-31）看作一个非线性、非凸优化问题。它先对原问题进行松弛，求解出松弛后问题的最优解后，再将这个最优解作为原问题的初始解进行局部搜索。经证明（详见附录 B，类似 3.3.3 节引理 2 的证明），式（4-31）是一个凸优化问题，通过 3.3.3 节给出的 GP 算法[122]进行搜索，即可获得 k 时刻功率分配的最优解。

一般而言，功率分配的过程可以描述为：融合中心在 $k-1$ 时刻通过最小化预测的 BCRLB，计算 k 时刻每部雷达的功率分配情况并反馈，各雷达站再根据反馈信息自适应地调节 k 时刻的发射功率。

3. 目标状态的估计

假设 UCW 雷达网络采取间接集中式工作模式[145]。每一时刻，每部雷达将测量得到的多普勒频移以及 RCS 信息传输到融合中心，进而可得出目标状态的估计。求解这种非线性滤波问题常用的算法是扩展 Kalman 滤波器[110]（Extend Kalman

Filter，EKF)。下面将结合本节提出的资源分配算法，给出算法的具体步骤。

步骤 1　初始化 $\hat{\xi}_{k-1|k-1}$， $\boldsymbol{C}_{k-1|k-1}=\boldsymbol{J}_P^{-1}\left(\xi_{k-1|k-1}\right)$， $\boldsymbol{P}_{k,\mathrm{opt}}=\boldsymbol{P}_0$， $k=1$。

步骤 2　UCW 雷达按优化的发射功率 $\boldsymbol{P}_{k,\mathrm{opt}}$ 对目标进行照射，得到多普勒频移 $\tilde{f}_{i,k}$ 和目标 RCS $\tilde{h}_{i,k}$，以及对应的观测协方差 $\sigma_{f_{i,k}}^2$ 和 $\boldsymbol{\sigma}_h^2=\mathrm{diag}\left\{\sigma_{h_{i,k}^{\mathrm{R}}}^2,\ \sigma_{h_{i,k}^{\mathrm{I}}}^2\right\}$。

步骤 3　将融合中心接收的信息整合，即

$$\begin{cases}\tilde{\boldsymbol{\gamma}}_k=\left[\tilde{\boldsymbol{f}}_k^{\mathrm{T}},\tilde{\boldsymbol{h}}_k^{\mathrm{T}}\right]^{\mathrm{T}}\\ \tilde{\boldsymbol{f}}_k=\left[\tilde{f}_{1,k},\tilde{f}_{2,k},\cdots,\tilde{f}_{N,k}\right]^{\mathrm{T}}\\ \tilde{\boldsymbol{h}}_k=\left[\tilde{h}_{1,k}^{\mathrm{R}},\cdots,\tilde{h}_{N,k}^{\mathrm{I}}\right]^{\mathrm{T}}\\ \boldsymbol{W}_k=\mathrm{diag}\left\{\sigma_{f_{1,k}}^2,\cdots,\sigma_{f_{N,k}}^2,\sigma_{h_{1,k}^{\mathrm{R}}}^2,\cdots,\sigma_{h_{N,k}^{\mathrm{I}}}^2\right\}\end{cases}\tag{4-32}$$

步骤 4　预测目标状态及协方差，即

$$\begin{cases}\hat{\xi}_{k|k-1}=\boldsymbol{F}_\xi\hat{\xi}_{k-1|k-1}\\ \boldsymbol{C}_{k|k-1}=\boldsymbol{Q}_{\xi,k-1}+\boldsymbol{F}_\xi\boldsymbol{C}_{k-1|k-1}\boldsymbol{F}_\xi^{\mathrm{T}}\end{cases}\tag{4-33}$$

步骤 5　更新目标状态及协方差，即

$$\begin{cases}\hat{\xi}_{k|k}=\hat{\xi}_{k|k-1}+\boldsymbol{K}_k\left(\tilde{\boldsymbol{\gamma}}_k-\boldsymbol{\gamma}\left(\hat{\xi}_{k|k-1}\right)\right)\\ \boldsymbol{C}_{k|k}=\boldsymbol{C}_{k|k-1}-\boldsymbol{K}_k\boldsymbol{S}_k\boldsymbol{K}_k^{\mathrm{T}}\end{cases}\tag{4-34}$$

式中，$\boldsymbol{S}_k$ 表示信息的协方差；$\boldsymbol{K}_k$ 表示增益矩阵，即

$$\begin{cases}\boldsymbol{S}_k=\boldsymbol{G}\left(\hat{\xi}_{k|k-1}\right)\boldsymbol{C}_{k|k-1}\boldsymbol{G}^{\mathrm{T}}\left(\hat{\xi}_{k|k-1}\right)+\boldsymbol{W}_k\\ \boldsymbol{K}_k=\boldsymbol{C}_{k|k-1}\boldsymbol{G}^{\mathrm{T}}\left(\hat{\xi}_{k|k-1}\right)\boldsymbol{S}_k^{-1}\end{cases}\tag{4-35}$$

步骤 6　按表 3.1 的步骤进行功率分配，并将优化结果 $\boldsymbol{P}_{k+1,\mathrm{opt}}$ 反馈到雷达发射端，指导雷达下一时刻的发射。

步骤 7　$k=k+1$，转步骤 2。

4.2.4　实验结果分析

为了验证功率分配算法的有效性，并进一步分析系统参数对功率分配结果

的影响，本节针对一匀速运动的目标场景进行了仿真。目标的初始位置位于$(12.75,3)$ km，并以速度$(100,0)$ m/s 匀速飞行。假设共有 23 帧数据用于本次仿真，每部雷达发射信号的参数都相同，有效带宽为 1MHz，相参脉冲个数为 64，观测间隔T_0=6s。为了避免多站雷达间的相互串扰，每部雷达的载频设为$f_{c,i}=(1+0.01i)\text{GHz}$，$i=1,2,\cdots,N$。本节考虑了两种不同的布阵情况，如图 4.3 所示。每部雷达的功率上下界分别设为$\overline{P}_{i\max}=0.5P_{\text{total}}$和$\overline{P}_{i\min}=P_{\text{total}}/20$。

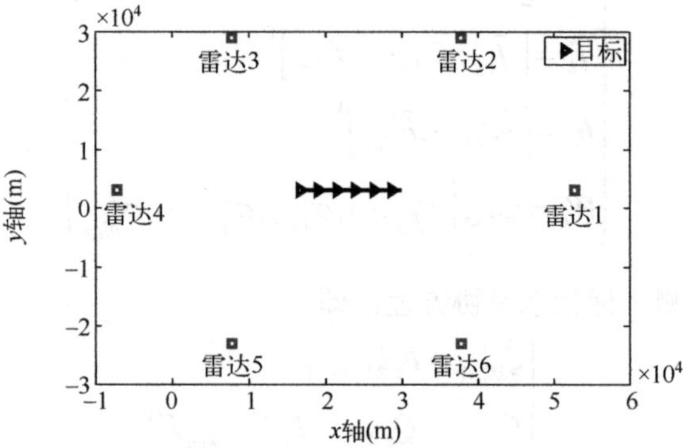

（a）情况1

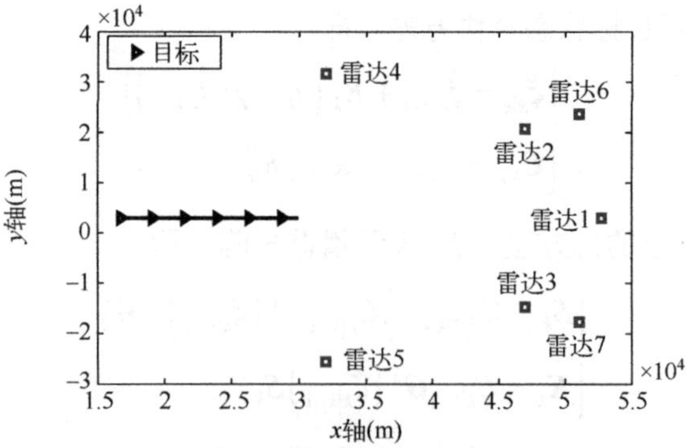

（b）情况2

图 4.3 雷达与目标的空间分布示意图

本节考虑了两种目标 RCS 模型$\boldsymbol{H}_1$和$\boldsymbol{H}_2$。其中，第一种 RCS 模型为$\boldsymbol{H}_1=\left[\boldsymbol{h}_1^{\mathrm{T}},\boldsymbol{h}_2^{\mathrm{T}},\cdots,\boldsymbol{h}_N^{\mathrm{T}}\right]^{\mathrm{T}}=[1,1,\cdots,1]^{\mathrm{T}}$，$\boldsymbol{h}_i=\left[h_{i,1},h_{i,2},\cdots,h_{i,k}\right]^{\mathrm{T}},i=1,2,\cdots,N$。在这种非起伏的目标 RCS 模型下，功率分配的结果只同目标与雷达的距离及其之间的

相对位置有关。为了进一步分析目标 RCS 对功率分配结果的影响，本节还考虑了第二种 RCS 模型 $\boldsymbol{H}_2$，如图 4.4 所示。

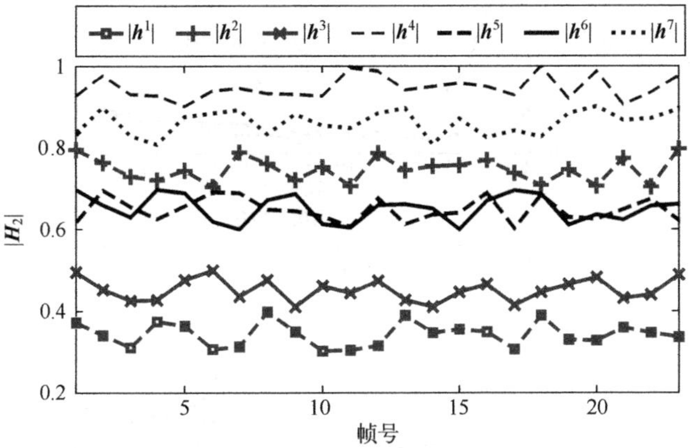

图 4.4　第二种 RCS 模型 $\boldsymbol{H}_2$

各种情况下的目标跟踪误差及相应的 BCRLB 如图 4.5 所示。本节中，目标的跟踪精度用空间位置的 RMSE 来描述，即

$$\mathrm{RMSE}_k = \sqrt{\frac{1}{\mathrm{Num}}\sum_{j=1}^{\mathrm{Num}}\left[\left(x_k - \hat{x}_k^j\right)^2 + \left(y_k - \hat{y}_k^j\right)^2\right]} \tag{4-36}$$

式中， Num 表示计算均方根误差时所用的蒙特卡罗实验次数，本节取 $\mathrm{Num}=50$； $\left(\hat{x}_k^j, \hat{y}_k^j\right)$ 为 k 时刻第 j 次实验估计出的目标位置。

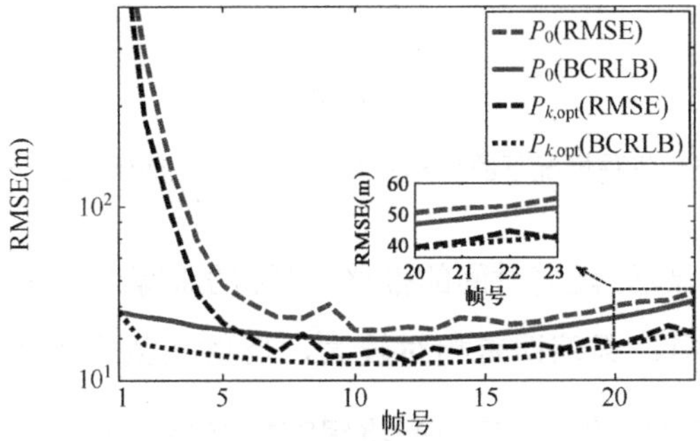

（a）情况1和$\boldsymbol{H}_1$

图 4.5　各种情况下的目标跟踪误差及相应的 BCRLB

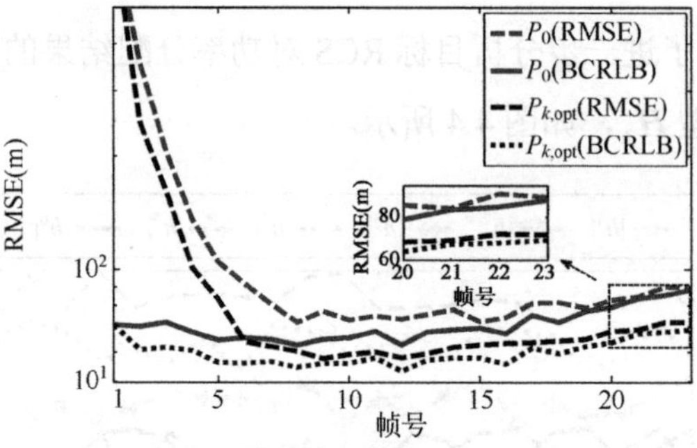

（b）情况1和$\boldsymbol{H}_2$

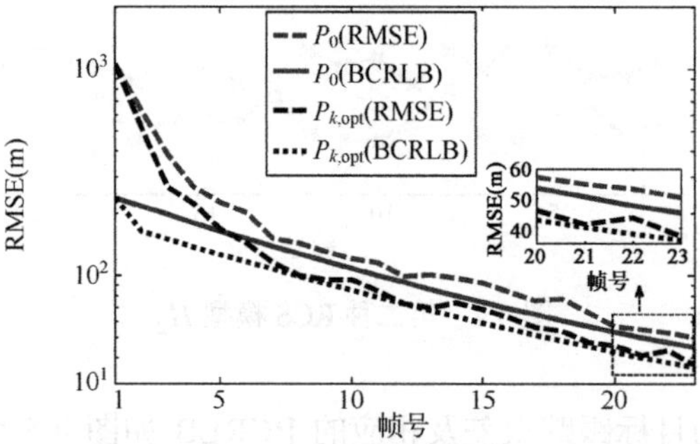

（c）情况2和$\boldsymbol{H}_1$

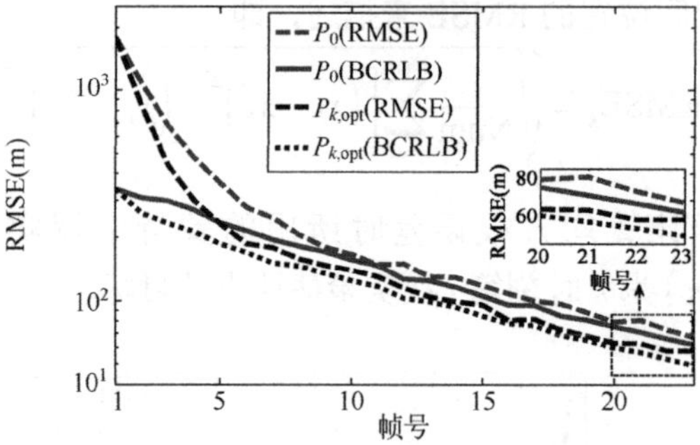

（d）情况2和$\boldsymbol{H}_2$

图 4.5　各种情况下的目标跟踪误差及相应的 BCRLB（续）

图 4.5 的结果显示，随着时间的推移，目标的跟踪误差逐渐收敛于 BCRLB；第二种 RCS 模型中，跟踪误差相对较大，反射系数小于第一种模型 $\boldsymbol{H}_1$。由图 4.5 的结果还可以发现，功率分配将跟踪精度提升了 10%～20%，提升的程度与 UCW 雷达的布阵形式有关。不同情况下的功率分配结果如图 4.6 所示。在

图 4.6（a）中，雷达 1 和雷达 4 几乎没有分配到发射功率，原因是目标沿着这两部雷达的径向飞行。换句话说，大部分的功率倾向于分配给多普勒频移变化率大的雷达。由图 4.6（c）给出的分配结果发现，大部分的功率倾向于分配给距离目标更近或空间分布位置更好的雷达。因此，第二种布阵情况中的雷达 6 和雷达 7 发射相对较少的功率。虽然雷达 1 距离目标较近，但由于目标相对其径向飞行，因此系统几乎不给雷达 1 分配功率。此外，结果还表明，当雷达数量较多时，功率会分配给其中几部雷达（满足 $\boldsymbol{J}_{\gamma}\left(\xi_k\right)$ 满秩即可）。而在这几部被选中的雷达中，较多功率会分配给距离相对较远的雷达。以图 4.6（a）为例，在帧号 $k<11$ 时，目标远离雷达 3 和雷达 5，靠近雷达 2 和雷达 6，因此雷达 3 和雷达 5 分配更多的功率。

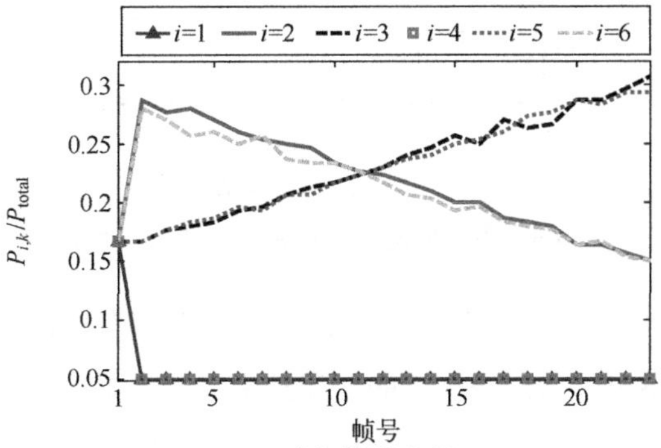

（a）情况1和$\boldsymbol{H}_1$

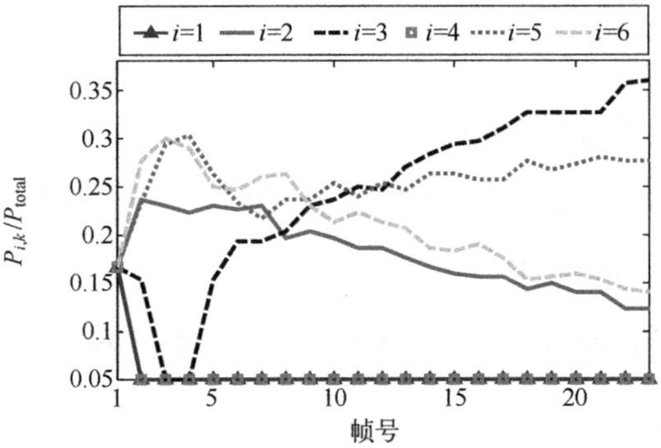

（b）情况1和$\boldsymbol{H}_2$

图 4.6　不同情况下的功率分配结果

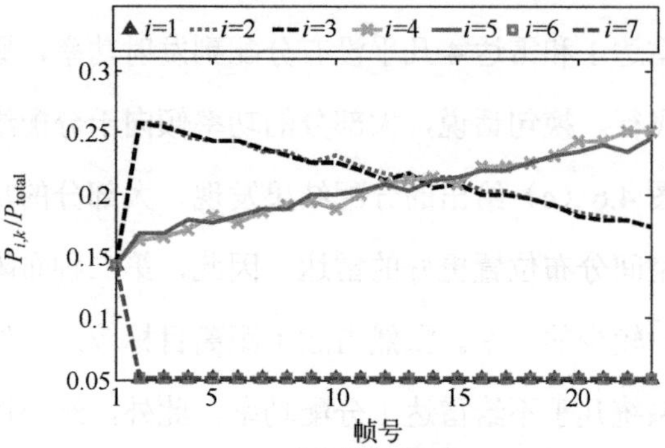

（c）情况2和$\boldsymbol{H}_1$

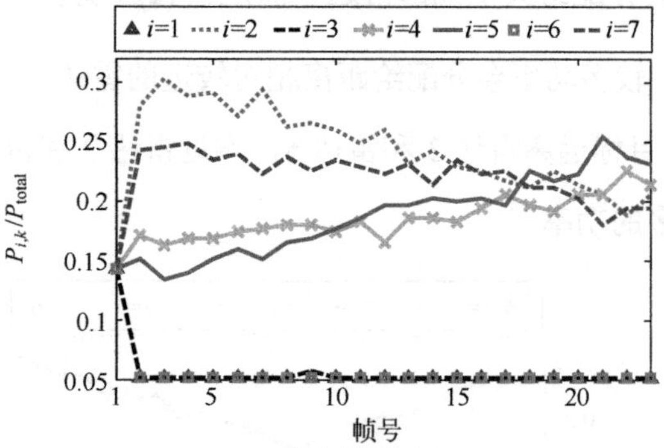

（d）情况2和$\boldsymbol{H}_2$

图 4.6　不同情况下的功率分配结果（续）

为了进一步分析目标 RCS 对功率分配结果的影响，图 4.6（b）和图 4.6（d）给出了第二种 RCS 模型 $\boldsymbol{H}_2$ 条件下的分配结果。结果显示，反射系数高的雷达会分配到更多的发射功率。在 $\boldsymbol{H}_2$ 模型下，第二种情况中的雷达 7 代替雷达 3 对目标进行跟踪。图 4.6（b）的结果显示，目标沿其径向飞行的雷达无法代替反射系数低的雷达对目标进行跟踪。

综上可得，功率分配后，目标跟踪的 RMSE 明显优于均匀分配的情况。整个分配过程中，功率倾向于分配给那些距离目标较近、反射系数较高、多普勒频移变化率较快的雷达，能更好地提升目标的跟踪性能。

4.2.5　小结

本节针对分布式融合框架下的 UCW 雷达网络系统，提出了一种基于功率分配思想的单目标认知跟踪算法，目的是使雷达网络能动态地协调每部雷达的发射参数，进而在资源有限的约束下达到更好的性能。实验仿真表明，相对于不进行资源分配的情况，本节提出的算法能有效提升目标的跟踪性能。扩展实验表明，更多的功率资源倾向于分配给距离目标较近、反射系数较高、多普勒频移变化率较快的雷达。

4.3 基于集中式 MRS 的功率带宽联合分配算法

对于集中式融合框架下的 MRS，所有雷达的测量数据都需要传送到融合中心进行处理和融合。在该结构中，由于融合中心可以利用所有雷达的原始测量数据，没有任何信息损失，因而融合结果是最优的。融合中心的实时处理能力和系统每一时刻的总发射功率通常是有限的。这里，实时处理能力意味着每一时刻传输到融合中心的数据总量必须是有限的。根据 Nyquist 采样定理，当过采样系数为ρ时，第i部雷达的采样频率$f_s = \rho B_i$，其中B_i为第i部雷达发射信号带宽。在给定过采样系数的情况下，信号带宽越宽，采样频率越高，该部雷达传输至融合中心的数据量越大。因此，当融合中心实时处理能力有限时，需要控制每部雷达传输的数据量，即对信号带宽进行约束。综上，为了提升集中式融合框架下系统有限资源的利用率，本节提出了一种动态分配 MRS 功率和带宽资源的认知跟踪算法。

4.3.1 系统建模

考虑一个集中式雷达网络包含N部空间上分开的雷达和一个融合中心。每部雷达独立地对目标进行观测，并将测得的原始数据送至融合中心。而后，融合中心将每部雷达的数据融合，进而实现对目标的跟踪。假设第i部雷达位于(x_i, y_i)，目标的初始位置和初始速度分别为(x_0, y_0)和$(\dot{x}_0, \dot{y}_0)$。以T_0为重访时间间隔，那么kT_0时目标的位置和速度可表示为(x_k, y_k)和$(\dot{x}_k, \dot{y}_k)$。假设k时刻每部雷达发射功率的集合$\boldsymbol{P}_k = \left[P_{1,k}, P_{2,k}, \cdots, P_{N,k}\right]^{\mathrm{T}}$，其中$P_{i,k}$表示第$i$部雷达$k$时刻的发射功率。同理，每部雷达发射信号的等效带宽表示为$\boldsymbol{\beta}_k = \left[\beta_{1,k}, \beta_{2,k}, \cdots, \beta_{N,k}\right]^{\mathrm{T}}$。

1．观测模型

假设第i部雷达的发射信号为M个线性调频相干脉冲串，信号脉冲宽度为$T_{i,k}$，脉冲重复周期为$T_{\mathrm{p},i,k}$，则整个脉冲串信号的时长为

$$T_{\mathrm{d},i,k} = (M-1)T_{\mathrm{p},i,k} + T_{i,k} \tag{4-37}$$

发射信号的复包络可近似写为[116]

$$s_{i,k}(t) = \sqrt{P_{i,k}} \sum_{m=-\frac{M-1}{2}}^{\frac{M-1}{2}} a_{m,i,k}\left(t - mT_{\mathrm{p},i,k}\right) \tag{4-38}$$

式中，$a_{m,i,k}\left(t - mT_{\mathrm{p},i,k}\right)$表示第$m$个脉冲的包络，通常建模为时宽为$T_{i,k}$的线性调频矩形脉冲，即

$$a_{m,i,k}(t) = \begin{cases} \left(1\big/\sqrt{T_{i,k}}\right)\exp\left(\mathrm{j}\mu_{i,k}t^2\right) & \left|t\big/T_{i,k}\right| \leqslant \dfrac{1}{2} \\ 0 & \left|t\big/T_{i,k}\right| > \dfrac{1}{2} \end{cases} \tag{4-39}$$

式中，$\mu_{i,k}$表示调频率[116]。

信号等效带宽可表示为[116]

$$\beta_{i,k} = \frac{\mu_{i,k}T_{i,k}}{\pi} \tag{4-40}$$

由式（4-40）可知，信号等效带宽与脉冲宽度$T_{i,k}$以及调频率$\mu_{i,k}$有关。

通常，接收信号可表示为

$$r_{i,k}(t) = h_{i,k}\sqrt{\alpha_{i,k}}\, s_{i,k}\left(t - \tau_{i,k}\right)\exp\left(\mathrm{j}2\pi f_{i,k}t\right) + w_{i,k}(t) \tag{4-41}$$

式中，$\tau_{i,k}$ 和 $f_{i,k}$ 分别表示传输时延和多普勒频移；衰减系数 $\alpha_{i,k}$ 与发射天线增益、传输损耗及接收天线孔径有关[143]；$h_{i,k} = h_{i,k}^{\mathrm{R}} + \mathrm{j}h_{i,k}^{\mathrm{I}}$ 为目标的 RCS，$h_{i,k}^{\mathrm{R}}$ 和 $h_{i,k}^{\mathrm{I}}$ 分别表示实部和虚部，为了使用方便，可以先定义一个 RCS 向量 $\boldsymbol{h}_k = \left[h_{1,k}^{\mathrm{R}},\cdots,h_{N,k}^{\mathrm{R}},h_{1,k}^{\mathrm{I}},\cdots h_{N,k}^{\mathrm{I}}\right]^{\mathrm{T}}$；观测噪声 $w_{i,k}(t)$ 为单边功率谱密度为 N_0 的零均值白高斯过程。

传输时延和多普勒频移与目标位置和速度的关系为

$$\tau_{i,k} = \frac{2}{c}\sqrt{(x_k - x_i)^2 + (y_k - y_i)^2} \tag{4-42}$$

$$f_{i,k} = -\frac{2}{\lambda_i}\left(\dot{x}_k, \dot{y}_k\right)\begin{pmatrix} x_k - x_i \\ y_k - y_i \end{pmatrix}\Big/ R_{i,k} \tag{4-43}$$

式中，λ_i 表示发射信号波长；$R_{i,k}$ 为第 i 部雷达到目标的距离，即

$$R_{i,k} = \sqrt{(x_k - x_i)^2 + (y_k - y_i)^2} \tag{4-44}$$

此时，定义一个维数为 $2N \times 1$ 的观测参数向量，即

$$\boldsymbol{\theta}_k = \left[\boldsymbol{\tau}_k^{\mathrm{T}}, \boldsymbol{f}_k^{\mathrm{T}}\right]^{\mathrm{T}} \tag{4-45}$$

式中，T 表示矩阵或向量的转置；$\boldsymbol{\tau}_k$ 和 $\boldsymbol{f}_k$ 分别为所有雷达传输时延和多普勒观测向量，即

$$\begin{cases} \boldsymbol{\tau}_k = \left[\tau_{1,k}, \tau_{2,k}, \cdots, \tau_{N,k}\right]^{\mathrm{T}} \\ \boldsymbol{f}_k = \left[f_{1,k}, f_{2,k}, \cdots, f_{N,k}\right]^{\mathrm{T}} \end{cases} \tag{4-46}$$

这时，k 时刻的非线性观测方程可写为

$$\boldsymbol{r}_k = \boldsymbol{\psi}\left(\boldsymbol{\theta}_k, \boldsymbol{h}_k\right) + \boldsymbol{w}_k \tag{4-47}$$

式中，$\boldsymbol{w}_k$ 表示高斯白噪声向量。

在如下假设条件下：（1）每部雷达的发射信号载频各不相同。（2）每部雷达的匹配滤波器只能匹配自身的发射信号，只能接收自身的信号，并将原始信号传输至融合中心，避免了多雷达站间相互串扰的问题。

给定采样频率 $f_{\mathrm{s},i,k} = \rho\beta_{i,k}$，$\rho \geqslant 1$，表示过采样系数，在给定观测区域面积 V_i 的前提下，第 i 部雷达需要传输至融合中心的数据量 $N_{i,k}$ 为

$$N_{i,k} = \frac{\rho\beta_{i,k}}{c} V_i M \tag{4-48}$$

式中，c 表示光速。

观测模型的直观示意图如图 4.7 所示。

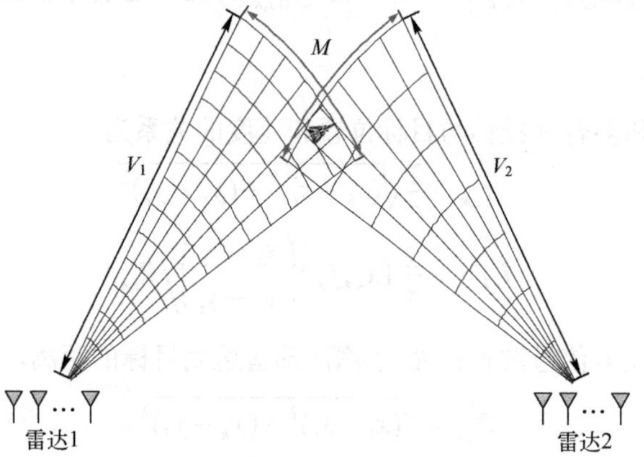

图 4.7　观测模型的直观示意图

2. 目标运动模型

参考 4.2.1 节的内容，下面直接给出扩展目标状态 $\boldsymbol{\xi}_k$ 的转移方程，即

$$\boldsymbol{\xi}_k = \boldsymbol{F}_{\xi}\boldsymbol{\xi}_{k-1} + \boldsymbol{\eta}_{k-1} \tag{4-49}$$

式中，$\boldsymbol{\eta}_{k-1}$ 表示联合过程噪声，协方差矩阵 $\boldsymbol{Q}_{\xi,k-1} = \mathrm{diag}\left\{\boldsymbol{Q}_{x,k-1}, \boldsymbol{Q}_{h,k-1}\right\}$；$\boldsymbol{\xi}_k = \left[\boldsymbol{x}_k^{\mathrm{T}}, \boldsymbol{h}_k^{\mathrm{T}}\right]^{\mathrm{T}}$ 表示由目标位置向量和反射系数向量合成的状态向量。在不同时刻，利用式（4-49）和式（4-47）即可迭代计算目标状态的 PDF，由于目标的运动模型和雷达的测量值都含有随机误差，因此估计的目标状态也会有误差。如何分配系统有限的资源，以减小目标的跟踪误差，将是下一节的主要研究内容。

4.3.2　功率带宽联合分配算法

本节将在满足约束条件的基础上，动态地对每部雷达发射信号的功率和带宽进行调节。从数学上来讲，资源分配就是在满足每部雷达功率带宽约束的前提下优化一个代价函数的问题。由于目标的 BIM $\boldsymbol{J}\left(\xi_k\right)$ 是每部雷达发射功率的函数，而由 BIM 求逆而得到的 BCRLB 给目标的跟踪精度提供一个衡量尺度[129]，因此本节将 BCRLB 用作代价函数进行功率分配，并用 CMA 和 GP 算法[121-122]对此双变量优化问题求解。

1. BIM 的推导

参考 4.2.2 节的内容，下面直接给出目标状态 BIM 的具体形式，即

$$\begin{aligned}\boldsymbol{J}(\xi_k) &= -\mathbb{E}_{\xi_k,\boldsymbol{r}_k}\left\{\Delta_{\xi_k}^{\xi_k}\ln\left[p\left(\xi_k\right)p\left(\boldsymbol{r}_k|\xi_k\right)\right]\right\}\\ &= -\mathbb{E}_{\xi_k,\boldsymbol{r}_k}\left[\Delta_{\xi_k}^{\xi_k}\ln p\left(\xi_k\right)+\Delta_{\xi_k}^{\xi_k}\ln p\left(\boldsymbol{r}_k|\xi_k\right)\right]\\ &= \boldsymbol{J}_P\left(\xi_k\right)+\boldsymbol{J}_\gamma\left(\xi_k\right)\end{aligned} \tag{4-50}$$

式中，$\boldsymbol{J}_P\left(\xi_k\right)$ 表示先验信息的 FIM，即

$$\boldsymbol{J}_P\left(\xi_k\right)=\left(\boldsymbol{Q}_{\xi,k-1}+\boldsymbol{F}_\xi\boldsymbol{J}^{-1}\left(\xi_{k-1}\right)\boldsymbol{F}_\xi^{\mathrm{T}}\right)^{-1} \tag{4-51}$$

$\boldsymbol{J}_\gamma\left(\xi_k\right)$ 的推导详见附录 D，代入可得 BIM 为

$$\boldsymbol{J}\left(\xi_k\right)=\left(\boldsymbol{Q}_{\xi,k-1}+\boldsymbol{F}_\xi\boldsymbol{J}^{-1}\left(\xi_{k-1}\right)\boldsymbol{F}_\xi^{\mathrm{T}}\right)^{-1}+\mathbb{E}_{\xi_k}\left\{\boldsymbol{G}^{\mathrm{T}}\left(\xi_k\right)\boldsymbol{J}_\gamma\left(\gamma_k\right)\boldsymbol{G}\left(\xi_k\right)\right\} \tag{4-52}$$

式中的第二项需要用蒙特卡罗技术求解，实际中，为了满足算法的实时性，可将式（4–52）近似为

$$\boldsymbol{J}\left(\xi_k\right)=\left(\boldsymbol{Q}_{\xi,k-1}+\boldsymbol{F}_\xi\boldsymbol{J}^{-1}\left(\xi_{k-1}\right)\boldsymbol{F}_\xi^{\mathrm{T}}\right)^{-1}+\left[\boldsymbol{G}^{\mathrm{T}}\left(\xi_k\right)\boldsymbol{J}_\gamma\left(\gamma_k\right)\boldsymbol{G}\left(\xi_k\right)\right]\Big|_{\xi_{k|k-1}} \tag{4-53}$$

式中，$\xi_{k|k-1}$ 表示零过程噪声时的预测状态。

2. 功率带宽分配的目标函数

仿照 4.2.3 节的推导过程，在给定下一时刻每部雷达发射功率 $\boldsymbol{P}_k=\left[P_{1,k},P_{2,k},\cdots,P_{N,k}\right]^{\mathrm{T}}$ 的情况下，可通过式（4–53）迭代计算第 k 个融合时刻目标状态的预测 BIM $\boldsymbol{J}\left(\boldsymbol{P}_k,\boldsymbol{\beta}_k\right)\Big|_{\xi_k}$。对其求逆，可得到相应的预测 BCRLB 矩阵[129]，即

$$\boldsymbol{C}_{\mathrm{BCRLB}}\left(\boldsymbol{P}_k,\boldsymbol{\beta}_k\right)\Big|_{\xi_k}=\left(\boldsymbol{J}\left(\boldsymbol{P}_k,\boldsymbol{\beta}_k\right)\Big|_{\xi_k}\right)^{-1} \tag{4-54}$$

$\boldsymbol{C}_{\mathrm{BCRLB}}\left(\boldsymbol{P}_k,\boldsymbol{\beta}_k\right)\big|_{\xi_k}$ 的对角线元素给出了目标状态向量各个分量估计方差的下界，是每部雷达发射功率的函数，功率分配的代价函数为

$$\mathbb{F}\left(\boldsymbol{P}_k,\boldsymbol{\beta}_k\right)\Big|_{\xi_k}=\mathrm{Tr}\left(\left[\boldsymbol{C}_{\mathrm{BCRLB}}\left(\boldsymbol{P}_k,\boldsymbol{\beta}_k\right)\Big|_{\xi_k}\right]_{4\times4}\right) \tag{4-55}$$

式中，$\mathbb{F}\left(\boldsymbol{P}_k,\boldsymbol{\beta}_k\right)\big|_{\xi_k}$ 为第 k 个融合时刻目标的总体跟踪精度。

3．功率带宽联合分配算法的求解过程

通过式（4–53）和式（4–55）可以发现，所有目标的总体跟踪精度与很多因素有关，比如雷达的发射功率、信号带宽、布阵情况以及目标的 RCS 等。本节的优化变量为每一时刻雷达的发射功率和信号带宽，具体优化模型可以描述为

$$\begin{cases}\min\limits_{P_{i,k},\beta_{i,k},i=1,\cdots,N}\left(\mathbb{F}\left(\boldsymbol{P}_k,\boldsymbol{\beta}_k\right)\Big|_{\xi_k}\right)\\ \text{s.t.}\quad \bar{P}_{i\min}\leqslant P_{i,k}\leqslant \bar{P}_{i\max}\\ \beta_{i\min}\leqslant\beta_{i,k}\leqslant\beta_{i\max}\quad i=1,\cdots,N\\ \mathbf{1}^{\mathrm{T}}\boldsymbol{P}_k=P_{\mathrm{total}}\ \boldsymbol{V}^{\mathrm{T}}\boldsymbol{\beta}_k=\dfrac{ct_0}{\rho M}\varepsilon=\gamma\varepsilon\end{cases} \tag{4-56}$$

式中，$\boldsymbol{V}=\left[V_1,\cdots,V_N\right]^{\mathrm{T}}$；$1/t_0$ 表示融合中心的数据处理率；$\bar{P}_{i\max}$ 和 $\bar{P}_{i\min}$ 分别表示第 i 部雷达发射功率的上下限；第 i 部雷达发射信号的带宽在 $\left(\beta_{i\min},\beta_{i\max}\right)$ 区间。

很明显，式（4–56）是一个含有两个变量的优化问题。另一种求解这类问题比较好的方法是，利用 CMA 结合 GP 算法对问题求解。在此，本节对这个问题的求解过程简要描述如下。

步骤 1 对每部雷达的发射信号带宽设置一个初始值 $\boldsymbol{\beta}_{k,\mathrm{opt}}=\bar{\boldsymbol{\beta}}$（$\bar{\boldsymbol{\beta}}$ 为均匀分配，也可先令 $\boldsymbol{P}_{k,\mathrm{opt}}=\bar{\boldsymbol{P}}$，但需要将下面的步骤倒置进行）。

步骤 2 固定发射信号带宽 $\boldsymbol{\beta}_{k,\mathrm{opt}}$，目标函数可以写为

$$\begin{cases} \min\limits_{P_{i,k},i=1,\cdots N} \left(\mathbb{F}\left(\boldsymbol{P}_k\right)\Big|_{\boldsymbol{\beta}_{k,\mathrm{opt}},\xi_k} \right) \\ \text{s.t.} \quad P_{i,k} - \overline{P}_{i\min} \geqslant 0 \quad i=1,\cdots,N \\ -P_{i,k} + \overline{P}_{i\max} \geqslant 0 \\ \mathbf{1}^{\mathrm{T}} \boldsymbol{P}_k = P_{\mathrm{total}} \end{cases} \tag{4-57}$$

文献[48]将式（4-57）看作一个非线性、非凸优化问题。首先，它将原问题松弛，求解出松弛后问题的最优解，再将这个最优解作为原问题的初始解进行局部搜索。然后，式（4-57）是一个凸优化问题（详见附录 B，类似 3.3.3 节引理 2 的证明），通过 3.3.3 节给出的 GP 算法[121]进行搜索，即可获得 k 时刻 $\boldsymbol{\beta}_{k,\mathrm{opt}}$ 固定时，功率分配的一个最优解 $\boldsymbol{P}_{k,\mathrm{opt}}$。

步骤 3　固定发射功率 $\boldsymbol{P}_k = \boldsymbol{P}_{k,\mathrm{opt}}$，目标函数可以重新写为

$$\begin{cases} \min\limits_{\beta_{i,k},i=1,\cdots N} \left(\mathbb{F}\left(\boldsymbol{\beta}_k\right)\Big|_{\boldsymbol{P}_{k,\mathrm{opt}},\xi_k} \right) \\ \text{s.t.} \quad \beta_{i,k} - \beta_{i\min} \geqslant 0 \quad i=1,\cdots,N \\ -\beta_{i,k} + \beta_{i\max} \geqslant 0 \\ \boldsymbol{V}^{\mathrm{T}} \boldsymbol{\beta}_k = \gamma\varepsilon \end{cases} \tag{4-58}$$

此时，只需将表 3.1 中的变量 $\boldsymbol{P}_k$ 替换为 $\boldsymbol{\beta}_k$，即可获取带宽分配的优化结果 $\boldsymbol{\beta}_{k,\mathrm{opt}}$。

步骤 4　跳转步骤 3，直到连续两次得到的跟踪精度之差小于一个固定的值，即可获得功率分配和带宽分配的优化结果 $\boldsymbol{\beta}_{k,\mathrm{opt}}$ 和 $\boldsymbol{P}_{k,\mathrm{opt}}$。

4．目标状态的估计

本节中，雷达网络采取直接集中式工作模式[145]。每一时刻，每部雷达将测量得到的原始数据传输到融合中心后，通过联合处理每部雷达传送的接收数据，即可获取目标状态的概率密度。通常，目标状态概率密度的获取需要如下两个步骤。

（1）预测

$$p\left(\boldsymbol{\xi}_k \mid \boldsymbol{r}_{k-1}\right)=\int p\left(\boldsymbol{\xi}_k \mid \boldsymbol{\xi}_{k-1}\right) p\left(\boldsymbol{\xi}_{k-1} \mid \boldsymbol{r}_{k-1}\right) \mathrm{d} \boldsymbol{\xi}_{k-1} \tag{4-59}$$

（2）滤波

$$p\left(\xi_k \mid \boldsymbol{r}_k\right)=\frac{1}{r} p\left(\boldsymbol{r}_k \mid \xi_k\right) p\left(\xi_k \mid \boldsymbol{r}_{k-1}\right) \tag{4-60}$$

式中，r 表示归一化常数。由于概率密度的递推通常是无法获取解析解的，因此常用的方法便是 PF[146]。表 4.1 给出了集中式融合框架下，利用 PF 实现的多站认知贝叶斯跟踪过程。

表 4.1　多站认知贝叶斯跟踪过程

（1）令 $k=1$，给定初始 PDF $p(\xi_0)$ 和粒子数目 L，并将初始发射功率和带宽设置为 $\boldsymbol{P}_k=\overline{\boldsymbol{P}}$，$\boldsymbol{\beta}_k=\overline{\boldsymbol{\beta}}$。
（2）根据转移函数 $p\left(\xi_k \middle\| \xi_{k-1}\right)$ 进行粒子采样 $\left\{\xi_k^i\right\}_{i=1}^L$。
（3）给定观测 $\boldsymbol{r}_k(\boldsymbol{P}_k,\boldsymbol{\beta}_k)$，计算权值 $\omega_k^i=p\left(\boldsymbol{r}_k \mid \xi_k^i\right)$，$i=1,2,\cdots,L$。
（4）权值归一化：$\omega_k^i=\omega_k^i \Big/ \sum_{i=1}^L \omega_k^i$。
（5）对 $\left\{\xi_k^i,\omega_k^i\right\}_{i=1}^L$ 重采样，获取 $\left\{\xi_k^i,1/L\right\}_{i=1}^L$。
（6）计算估计的状态 $\hat{\xi}_k \approx \sum_{i=1}^L\left(\frac{1}{L}\cdot \xi_k^i\right)$。
（7）根据式（4-53）和式（4-55）计算资源分配的目标函数，并进行功率和带宽的联合分配。
（8）将分配结果反馈，进而指导每部雷达进行下一时刻的发射。
（9）令 $k=k+1$，根据 $\xi_k^i=\boldsymbol{F}_\xi \xi_{k-1}^i+\boldsymbol{\eta}_{k-1}^i$ 转移粒子 $\left\{\xi_{k-1}^i\right\}_{i=1}^L$，转（3）。

4.3.3　实验结果分析

为了验证本节提出的功率带宽联合分配算法的有效性，并进一步分析系统参数对资源分配结果的影响，本节进行了如下仿真。雷达与目标的空间分布示意图如图 4.8 所示。在两种布阵情况下，目标初始位置都在$(12.75,3)$km，并以速度$(100,0)$m/s 做匀速运动。假设共有 23 帧数据用于本次仿真，每部雷达发射信号的观测空间 V_i 都相同，观测间隔 T_0=10s，每部雷达的发射功率上下界分别为 $\overline{P}_{i\max}=0.8P_{\text{total}}$ 和 $\overline{P}_{i\min}=P_{\text{total}}/10$，带宽上下界分别设置为 $\beta_{i\max}=0.8\gamma\varepsilon$ 和 $\beta_{i\min}=\gamma\varepsilon/10$。

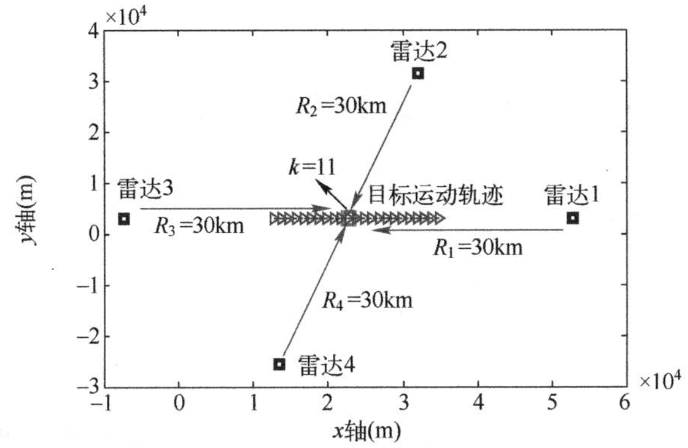

（a）情况1

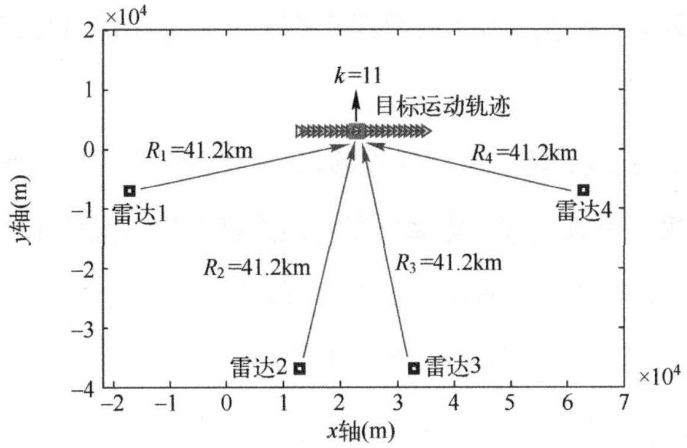

（b）情况2

图 4.8　雷达与目标的空间分布示意图

本节考虑了两种目标 RCS 模型 $\boldsymbol{H}_1$ 和 $\boldsymbol{H}_2$。其中，$\boldsymbol{H}_1=\left[\boldsymbol{h}_1^{\text{T}},\boldsymbol{h}_2^{\text{T}},\cdots,\boldsymbol{h}_N^{\text{T}}\right]^{\text{T}}=\left[1,1,\cdots,1\right]^{\text{T}}$，$\boldsymbol{h}_i=\left[h_{i,1},h_{i,2},\cdots,h_{i,k}\right]^{\text{T}}$，$i=1,2,\cdots,N$。在这种非起伏的目标 RCS 模型下，功率分配的结果只和目标与雷达的距离以及它们之间的相对位置有关。为了进一步分析目标 RCS 对功率分配结果的影响，本节还考虑了第二种 RCS 模型 $\boldsymbol{H}_2$，如图 4.9 所示。

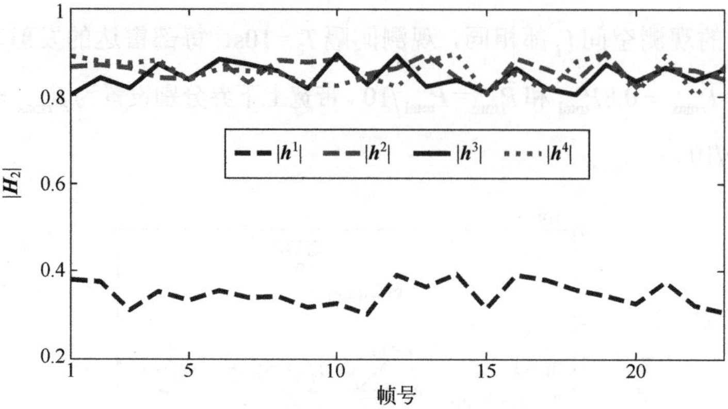

图 4.9　第二种 RCS 模型

仿照 4.2.4 节的结论，目标的跟踪精度用空间位置的 RMSE 来描述，见式（4-36）。式中，Num 表示计算均方根误差时所用的蒙特卡罗实验次数，本节中取 Num = 50；$\left(\hat{x}_k^j, \hat{y}_k^j\right)$为 k 时刻第 j 次实验估计出的目标位置。目标的跟踪精度如图 4.10 所示。

图4.10的结果显示，随着时间的推移，目标的跟踪误差逐渐收敛于BCRLB。由图 4.10 的结果还可以发现，功率分配将跟踪精度提升大约 15%，而功率带宽联合分配则能将性能提升 30%左右。功率和带宽分配结果如图 4.11 所示。在图 4.11（a）和图 4.11（b）中，当$k \geqslant 11$时，由于目标远离雷达 3 和雷达 4 飞行，因此雷达 1 和雷达 2 代替雷达 3 和雷达 4 对目标进行跟踪。这些结果表明，功率和带宽资源倾向于分配给距离目标较近的雷达。

而后，本节考虑了起伏 RCS 模型下的资源分配结果。结果显示，第二种布阵情况下，由于目标对雷达 1 的反射系数较低，因此雷达 1 几乎不工作，此时 MRS 选择目标反射系数高的雷达代替。例如，对于第一种布阵情况，$\boldsymbol{f}_k = \left[f_{1,k}, f_{2,k}, \cdots, f_{N,k}\right]^{\mathrm{T}}$ 条件下，系统选择雷达 3 代替雷达 1 对目标进行跟踪。综上可知，资源分配的结果是由目标与雷达相对位置和目标 RCS 等因素共同决定的。

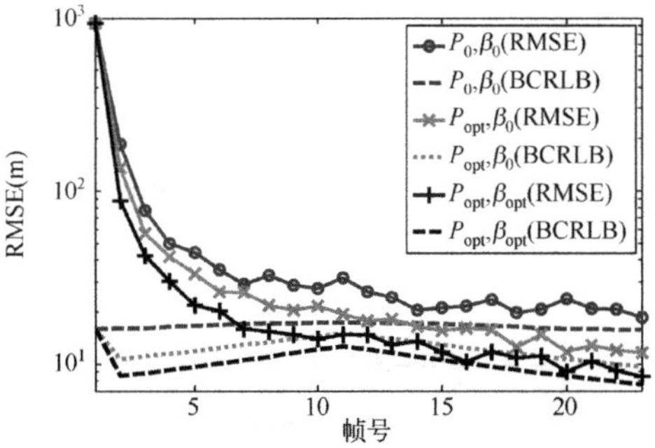

（a）情况1和$\boldsymbol{H}_1$

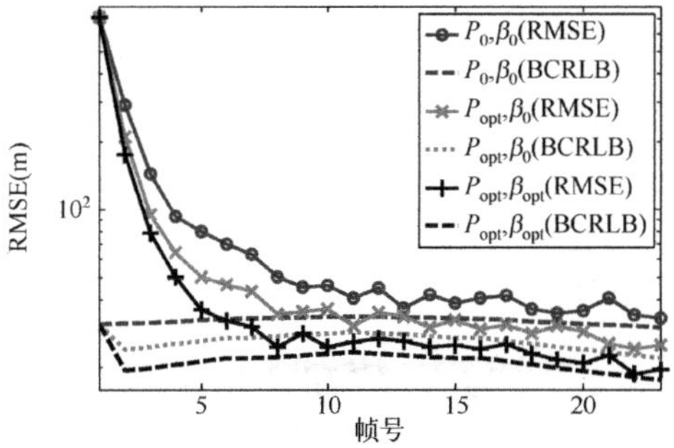

（b）情况2和$\boldsymbol{H}_1$

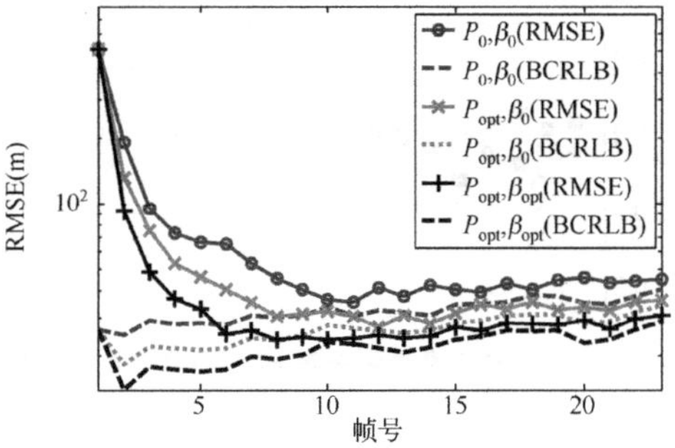

（c）情况1和$\boldsymbol{H}_2$

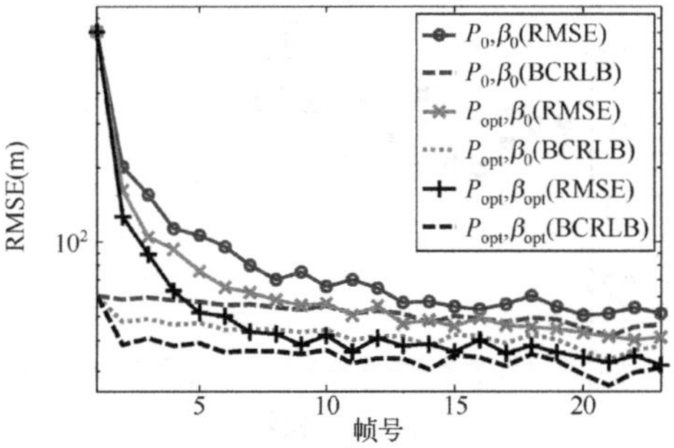

（d）情况2和$\boldsymbol{H}_2$

图4.10　目标的跟踪精度

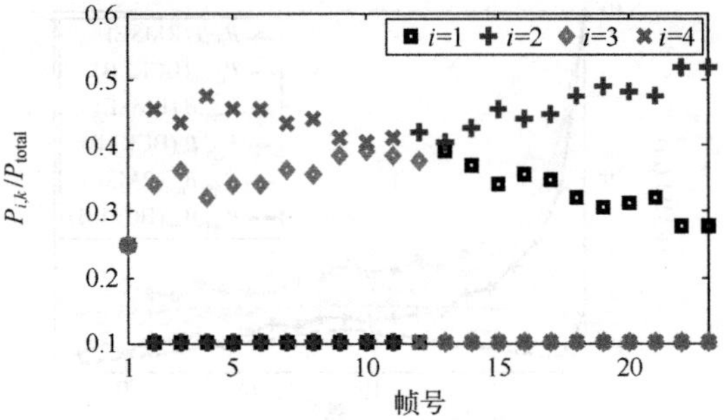

（a）情况1和$\boldsymbol{H}_1$，功率分配结果

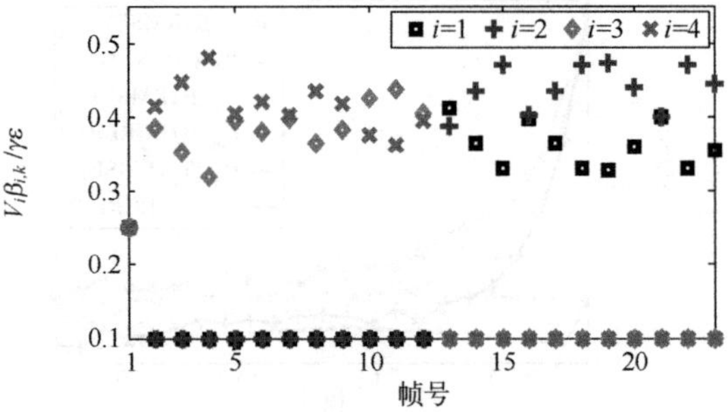

（b）情况1和$\boldsymbol{H}_1$，带宽分配结果

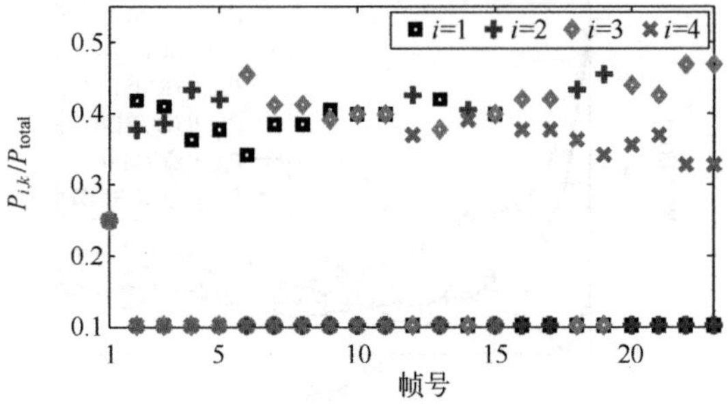

（c）情况2和$\boldsymbol{H}_1$，功率分配结果

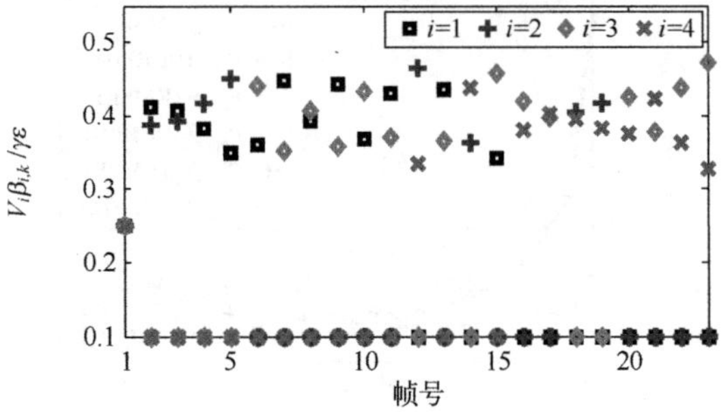

（d）情况2和$\boldsymbol{H}_1$，带宽分配结果

图 4.11　功率和带宽分配结果

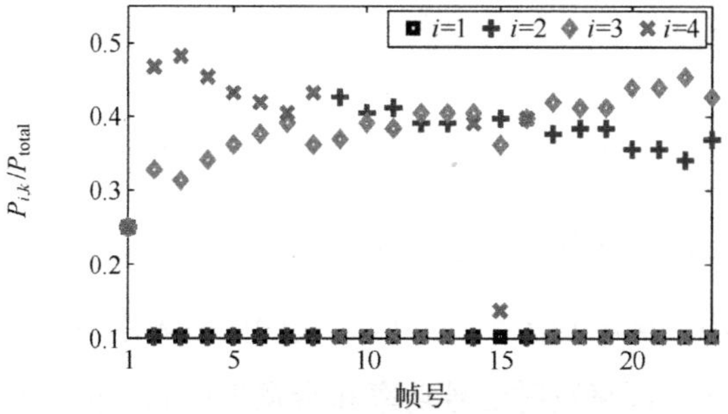

（e）情况1和$\boldsymbol{H}_2$，功率分配结果

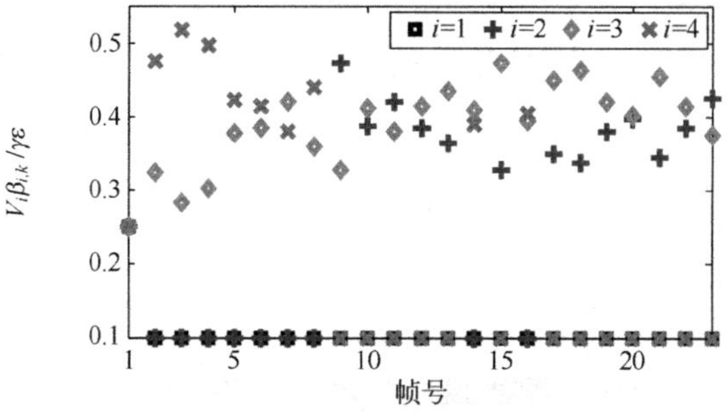

（f）情况1和$\boldsymbol{H}_2$，带宽分配结果

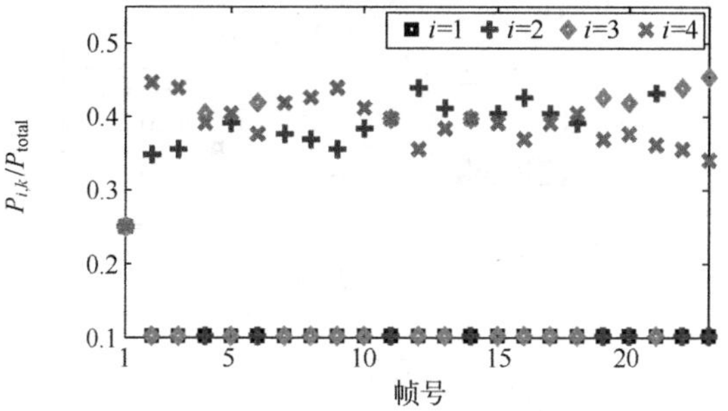

（g）情况2和$\boldsymbol{H}_2$，功率分配结果

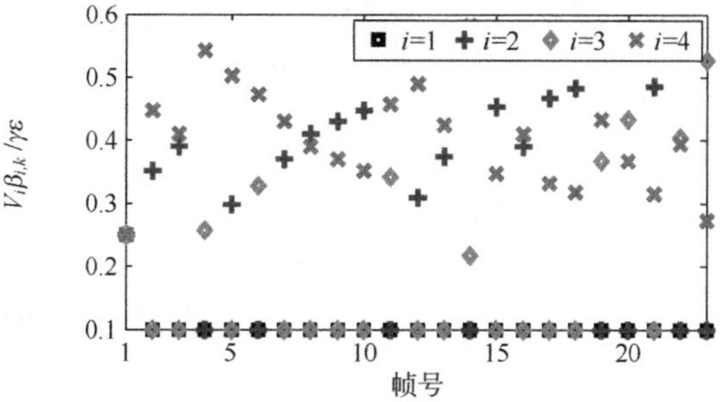

（h）情况2和$\boldsymbol{H}_2$，带宽分配结果

图 4.11 功率和带宽分配结果（续）

为了更好地理解资源分配的过程，图 4.12 给出了联合功率带宽分配过程的物理意义示意图，以 $\boldsymbol{H}_1$ 条件下，$k=2$ 为例。图中，不同颜色的同心圆表示每部雷达的测距误差（同心圆大小为 $3\sigma_{i,R,k}$，$\sigma_{i,R,k}=\frac{1}{2}c\sigma_{\tau_{i,k}}$，$c$ 表示光速）。

图 4.12 中，将 $\boldsymbol{H}_1$ 条件下每部雷达的测距误差用同心圆的形式表示，椭圆表示预测误差大小，椭圆和多个同心圆相交的区域表示目标的跟踪精度。由于同心圆的大小可通过调整发射信号功率和带宽来控制，因此目标的跟踪精度也取决于这些发射参数。在情况 1 时，少部分的功率和带宽资源倾向于分配给雷达 1 和雷达 2；在情况 2 时，大部分的功率和带宽分配给雷达 1 和雷达 2。结合图 4.12（a）和图 4.12（c）的结果可发现，有限的资源倾向于分配给资源均匀分配时，相交区域更小的两部雷达，使资源优化后的目标精度更高。

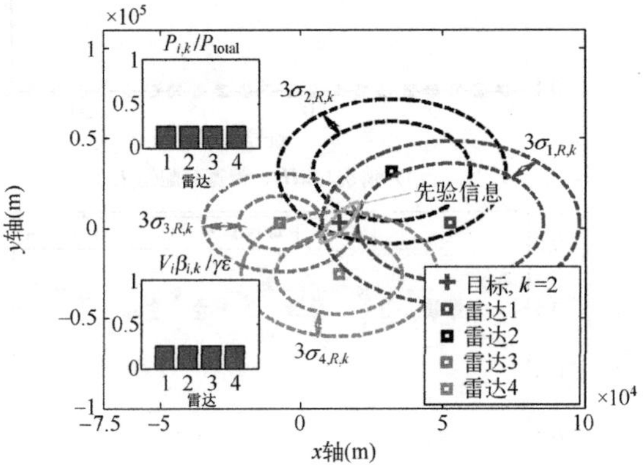

（a）情况1，均匀分配

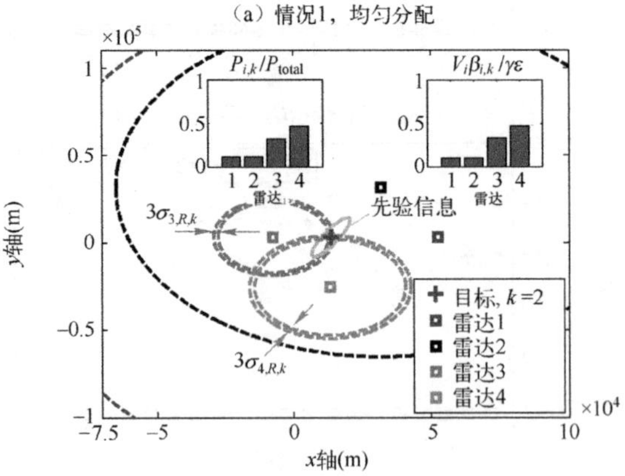

（b）情况1，最优分配

图 4.12　联合功率带宽分配过程的物理意义示意图

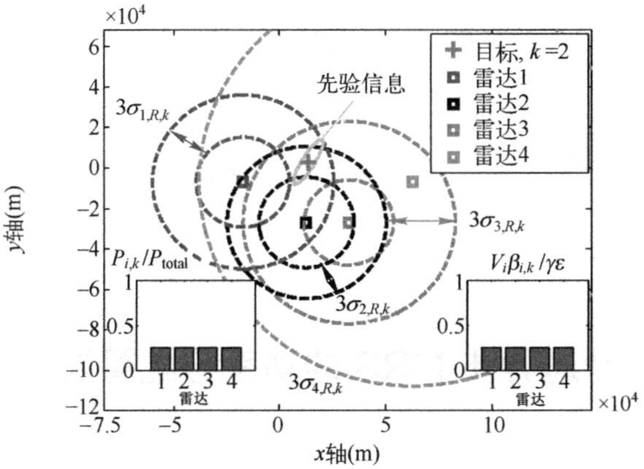

（c）情况2，均匀分配

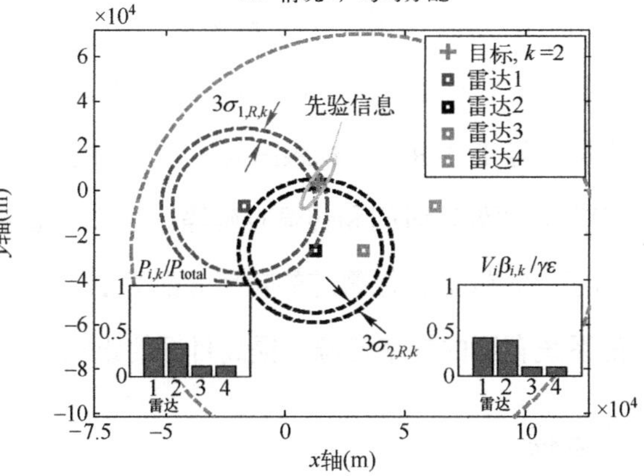

（d）情况2，最优分配

图 4.12 联合功率带宽分配过程的物理意义示意图（续）

4.3.4 小结

本节针对集中式融合框架下的 MRS 系统，提出了一种功率和带宽联合分配的认知跟踪算法，目的是使雷达网络能动态地协调每部雷达的发射参数，进而在资源有限的约束下达到更好的性能。实验仿真表明，相对于不进行资源分配的情况，本节提出的算法能有效提升目标的跟踪性能。扩展实验表明，更多的功率和带宽资源倾向于分配给距离目标较近、相对位置较好、反射系数较高的雷达。一般来说，4.2 节和 4.3 节主要考虑了同步目标跟踪时雷达网络的资源管理问题，即每部雷达能同步地对目标进行测量，并且同步传送数据到融合中心。4.4 节在扩展已有工作的基础上，提出了一种针对异步 MRS 的功率分配算法。

4.4 一种针对异步 MRS 的功率分配算法

目前，在 MRS 信息融合理论中，研究较多的是同步目标跟踪问题[123, 147]，即假设每部雷达同步地对目标进行测量，并且同步地传送数据到融合中心。然而在实际中，经常遇到异步 MRS 目标跟踪问题，因为每部雷达可能具有不同的采样频率（数据率）、预处理时间和传输时延等。针对上述情况，本节在异步 MRS 平台下，提出了一种针对目标跟踪的功率分配算法，目的是在给定的一段时间内，合理分配系统有限的功率资源，提高目标的跟踪精度。

4.4.1 系统建模

1. 目标运动模型

考虑对一个运动目标进行跟踪的情况，其状态方程可以用随机微分方程表示[75]为

$$\dot{\boldsymbol{x}}(t)=\boldsymbol{A}\boldsymbol{x}(t)+\boldsymbol{w}(t) \tag{4-61}$$

式中，t 表示连续时间变量；$\boldsymbol{x}(t)$ 为连续的目标状态向量；$\boldsymbol{A}$ 是系统矩阵；$\boldsymbol{w}(t)$ 是零均值的高斯随机过程，且有

$$\mathbb{E}\left[\boldsymbol{w}(t)\boldsymbol{w}^{\mathrm{T}}(\tau)\right]=\boldsymbol{q}(t)\delta(t-\tau) \tag{4-62}$$

式中，$\mathbb{E}(\cdot)$ 表示求数学期望；上标 T 表示矩阵或向量的转置；$\boldsymbol{q}(t)$ 为噪声的协

方差矩阵。

设$\boldsymbol{\Phi}(k,k-1)=\exp\left[\boldsymbol{A}(t_k-t_{k-1})\right]$是目标的状态转移矩阵，则对式（4-61）所描述的连续时间系统进行采样离散化[75]可得

$$\boldsymbol{x}_k=\boldsymbol{\Phi}(k,k-1)\boldsymbol{x}_{k-1}+\boldsymbol{w}(k,k-1) \tag{4-63}$$

式中，k 是采样时刻t_k的离散标记；$\boldsymbol{x}_k=[x_k,\dot{x}_k,y_k,\dot{y}_k]^{\mathrm{T}}$表示$k$时刻目标的状态向量，$(x_k,y_k)$和$(\dot{x}_k,\dot{y}_k)$分别表示$k$时刻目标的位置和速度；由随机积分的性质可知，离散化后得到的过程噪声$\boldsymbol{w}(k,k-1)$是均值为零的高斯白噪声序列，其协方差矩阵[75]为

$$\boldsymbol{Q}(k,k-1)=\int_{t_{k-1}}^{t_k}\boldsymbol{\Phi}(t_k,\tau)\boldsymbol{q}(\tau)\boldsymbol{\Phi}^{\mathrm{T}}(t_k,\tau)\mathrm{d}\tau \tag{4-64}$$

2. 异步观测模型

假定有N部具有不同采样频率的雷达对目标的运动状态进行独立测量，第l部雷达位于(x_l,y_l)，采样周期为$T_l, l=1,2,\cdots,N$，融合中心的融合周期为T_0，T_0等于每部雷达采样周期的最小公倍数。在融合中心的第 k 个采样周期间隔$(t_{k-1},t_k]$内，所有雷达共测量到N_k个量测。在这个融合周期内，某部给定的雷达可能提供一个或多个量测，也有可能不提供量测。此时，根据采样时间的先后顺序可对第 k 个融合周期内，N 部雷达提供的数据按照时间先后顺序排序，采样标记可以写为

$$k-1\leqslant k_1\leqslant k_2\cdots\leqslant k_{N_k}\leqslant k \tag{4-65}$$

以融合中心采样时间为基准，将每部雷达的采样时刻映射到该基准轴上，如图 4.13 所示。$k_1,k_2,\cdots,k_{N_k}$分别表示每部雷达在第k个融合周期内采样时刻的离散标记。

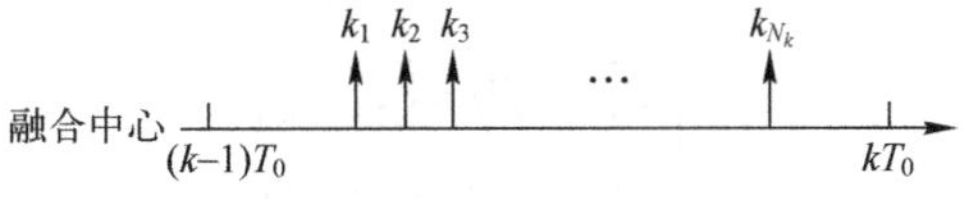

图 4.13　映射后的 MRS 采样示意图

这时，目标的量测方程可以写为

$$\boldsymbol{z}_{k_i}^l = \boldsymbol{h}^l\left(\boldsymbol{x}_{k_i}\right) + \boldsymbol{v}_{k_i}^l \quad i = 1,2,\cdots,N_k \tag{4-66}$$

式（4-66）中，$\boldsymbol{z}_{k_i}^l$ 表示 k_i 时刻来自第 l 部雷达的测量数据，可以表示为

$$\boldsymbol{z}_{k_i}^l = \left[\tilde{R}_{k_i}^l, \tilde{\theta}_{k_i}^l, \tilde{f}_{k_i}^l\right]^{\mathrm{T}} \tag{4-67}$$

式中，$\tilde{R}_{k_i}^l$、$\tilde{\theta}_{k_i}^l$ 和 $\tilde{f}_{k_i}^l$ 分别表示 k_i 时刻第 l 部雷达测得的距离、方位和多普勒频移。

式（4-66）中，$\boldsymbol{h}^l(\bullet)$ 表示第 l 部雷达的非线性观测函数，即

$$\boldsymbol{h}^l\left(\boldsymbol{x}_{k_i}\right) = \left[R^l\left(\boldsymbol{x}_{k_i}\right), \theta^l\left(\boldsymbol{x}_{k_i}\right), f^l\left(\boldsymbol{x}_{k_i}\right)\right]^{\mathrm{T}} \tag{4-68}$$

式中，

$$\begin{cases} R^l\left(\boldsymbol{x}_{k_i}\right) = \sqrt{(x_{k_i} - x_l)^2 + (y_{k_i} - y_l)^2} \\ \theta^l\left(\boldsymbol{x}_{k_i}\right) = \arctan\dfrac{\left(y_{k_i} - y_l\right)}{\left(x_{k_i} - x_l\right)} \\ f^l\left(\boldsymbol{x}_{k_i}\right) = -\dfrac{2}{\lambda_l}\left[\dot{x}_{k_i}\left(x_{k_i} - x_l\right) + \dot{y}_{k_i}\left(y_{k_i} - y_l\right)\right] \Big/ R^l\left(\boldsymbol{x}_{k_i}\right) \end{cases} \tag{4-69}$$

式中，λ_l 表示第 l 部雷达的工作波长。

式（4-66）中，$\boldsymbol{v}_{k_i}^l$ 表示 k_i 时刻第 l 部雷达的测量误差，服从零均值的高斯分布，协方差矩阵可以写为

$$\boldsymbol{W}_{k_i}^l = \mathrm{diag}\left\{\sigma_{R_{k_i}^l}^2, \sigma_{\theta_{k_i}^l}^2, \sigma_{f_{k_i}^l}^2\right\} \tag{4-70}$$

式中，$\sigma_{R_{k_i}^l}^2$、$\sigma_{\theta_{k_i}^l}^2$ 和 $\sigma_{f_{k_i}^l}^2$ 分别表示 k_i 时刻第 l 部雷达的距离、方位和多普勒频移的测量误差。根据文献[116]，这些误差的大小与当前时刻的回波 SNR 有关，不管雷达采取何种估计方式获取这些测量，均存在一个下界，即

$$\begin{cases} \sigma_{R_{k_i}^l}^2 \propto \alpha \Big/ \alpha_{k_i}^l P_k^l \left|h_{k_i}^l\right|^2 \\ \sigma_{\theta_{k_i}^l}^2 \propto \beta \Big/ \alpha_{k_i}^l P_k^l \left|h_{k_i}^l\right|^2 \\ \sigma_{f_{k_i}^l}^2 \propto \gamma \Big/ \alpha_{k_i}^l P_k^l \left|h_{k_i}^l\right|^2 \end{cases} \tag{4-71}$$

式中，α 与雷达发射信号的有效带宽有关[116]；变量 β 与雷达的工作波长和接收天线的孔径有关[116]；γ 取决于相干积累的时间长度[116]；$\alpha_{k_i}^l p_k^l |h_{k_i}^l|^2$ 表示 k_i 时刻第 l 部雷达的回波 SNR；衰减因子 $\alpha_{k_i}^l \propto 1/\left[R^l\left(\boldsymbol{x}_{k_i}\right)\right]^4$；$h_{k_i}^l$ 表示目标的 RCS 参数。假设每部雷达的发射功率在各个融合时刻可调，在融合周期的间隔内恒定，那么可以用 P_k^l 来表示第 l 部雷达在第 k 个融合周期内的发射功率。

4.4.2　异步采样系统的最优顺序融合

文献[131]提出了一种异步采样系统的最优顺序融合算法。该算法根据先来先处理的原则，利用 Kalman 滤波器结合融合周期内按序到达的观测值依次对目标状态的估计值进行更新。与文献[131]不同，本节中雷达的观测与目标状态之间的关系是非线性的，需要用 EKF[110]。这时，异步采样系统的最优非线性顺序融合的具体步骤如下：

步骤 1　获得第 $k-1$ 个融合时刻目标状态的全局估计值 $\hat{\boldsymbol{x}}_{k-1|k-1}$ 以及相应的协方差矩阵 $\boldsymbol{P}_{k-1|k-1}$。

步骤 2　在第 k 个融合周期内，当第 k_i 时刻的观测值 $\boldsymbol{z}_{k_i}^l$ 来到以后，可用其对目标状态 $\hat{\boldsymbol{x}}_{k_i|k_{i-1}}$ 进行滤波，得到不同时刻的估计值 $\hat{\boldsymbol{x}}_{k_i|k_i}$ 及相应的误差协方差矩阵 $\boldsymbol{P}_{k_i|k_i}$，即

$$\begin{cases}\hat{\boldsymbol{x}}_{k_i|k_{i-1}}=\boldsymbol{\Phi}\left(k_i,k_{i-1}\right)\hat{\boldsymbol{x}}_{k_{i-1}|k_{i-1}}\\ \boldsymbol{P}_{k_i|k_{i-1}}=\boldsymbol{Q}\left(k_i,k_{i-1}\right)+\boldsymbol{\Phi}\left(k_i,k_{i-1}\right)\boldsymbol{P}_{k_{i-1}|k_{i-1}}\boldsymbol{\Phi}^{\mathrm{T}}\left(k_i,k_{i-1}\right)\\ \hat{\boldsymbol{x}}_{k_i|k_i}=\hat{\boldsymbol{x}}_{k_i|k_{i-1}}+\boldsymbol{K}_{k_i}\left(\boldsymbol{z}_{k_i}^l-\boldsymbol{h}^l\left(\hat{\boldsymbol{x}}_{k_i|k_{i-1}}\right)\right)\\ \boldsymbol{P}_{k_i|k_i}=\boldsymbol{P}_{k_i|k_{i-1}}-\boldsymbol{K}_{k_i}\boldsymbol{S}_{k_i}\boldsymbol{K}_{k_i}^{\mathrm{T}}\end{cases}\tag{4-72}$$

式中，$i=1,2,\cdots,N_k$，$k_0=k-1$，

$$\begin{cases}\boldsymbol{S}_{k_i}=\boldsymbol{H}^l\left(\hat{\boldsymbol{x}}_{k_i|k_{i-1}}\right)\boldsymbol{P}_{k_i|k_{i-1}}\left[\boldsymbol{H}^l\left(\hat{\boldsymbol{x}}_{k_i|k_{i-1}}\right)\right]^{\mathrm{T}}+\boldsymbol{W}_{k_i}^l\\ \boldsymbol{K}_{k_i}=\boldsymbol{P}_{k_i|k_{i-1}}\left[\boldsymbol{H}^l\left(\hat{\boldsymbol{x}}_{k_i|k_{i-1}}\right)\right]^{\mathrm{T}}\boldsymbol{S}_{k_i}^{-1}\end{cases}\tag{4-73}$$

式中，$\boldsymbol{S}_{k_i}$ 和 $\boldsymbol{K}_{k_i}$ 分别表示新息的协方差矩阵和滤波器的增益矩阵；$\boldsymbol{H}^l\left(\hat{\boldsymbol{x}}_{k_i|k_{i-1}}\right)$ 是在预测点处所求得的非线性观测函数 $\boldsymbol{h}^l\left(\boldsymbol{x}_{k_i}\right)$ 的雅克比矩阵，具体形式可表示为

$$\begin{aligned}\boldsymbol{H}^l\left(\boldsymbol{x}_{k_i}\right)&=\left(\varDelta_{\boldsymbol{x}_{k_i}}\left[\boldsymbol{h}^l\left(\boldsymbol{x}_{k_i}\right)\right]^{\mathrm{T}}\right)^{\mathrm{T}}\\&=\left(\varDelta_{\boldsymbol{x}_{k_i}}R^l\left(\boldsymbol{x}_{k_i}\right),\varDelta_{\boldsymbol{x}_{k_i}}\theta^l\left(\boldsymbol{x}_{k_i}\right),\varDelta_{\boldsymbol{x}_{k_i}}f^l\left(\boldsymbol{x}_{k_i}\right)\right)^{\mathrm{T}}\end{aligned}\tag{4-74}$$

式中，$\varDelta_{\boldsymbol{x}_{k_i}}$ 表示对向量 $\boldsymbol{x}_{k_i}$ 的一阶偏导。

步骤 3 将 k_{N_k} 时刻的 $\hat{\boldsymbol{x}}_{k_{N_k}|k_{N_k}}$ 和 $\boldsymbol{P}_{k_{N_k}|k_{N_k}}$ 进行一步预测，可得到第 k 个融合时刻的目标状态估计结果 $\hat{\boldsymbol{x}}_{k|k}$ 及相应的误差协方差矩阵 $\boldsymbol{P}_{k|k}$，即

$$\begin{cases}\hat{\boldsymbol{x}}_{k|k}=\boldsymbol{\Phi}\left(k,k_{N_k}\right)\hat{\boldsymbol{x}}_{k_{N_k}|k_{N_k}}\\\boldsymbol{P}_{k|k}=\boldsymbol{Q}\left(k,k_{N_k}\right)+\boldsymbol{\Phi}\left(k,k_{N_k}\right)\boldsymbol{P}_{k_{N_k}|k_{N_k}}\boldsymbol{\Phi}^{\mathrm{T}}\left(k,k_{N_k}\right)\end{cases}\tag{4-75}$$

通过上述步骤即可实现异步采样系统的最优非线性顺序融合。由于目标的运动模型和雷达的测量值都含有随机误差，因此估计的目标状态也会有误差。下节将给出异步 MRS 目标跟踪误差的 BCRLB。

4.4.3 BCRLB 的推导

文献[148]指出，BCRLB 给离散非线性滤波问题的 MSE 提供了一个下界。仿照 4.2.2 节的推导，k_i 时刻目标状态的 BIM 可表示为

$$\begin{aligned}\boldsymbol{J}\left(\boldsymbol{x}_{k_i}\right)=&\left[\boldsymbol{Q}\left(k_i,k_{i-1}\right)+\boldsymbol{\Phi}\left(k_i,k_{i-1}\right)\boldsymbol{J}^{-1}\left(\boldsymbol{x}_{k_{i-1}}\right)\boldsymbol{\Phi}^{\mathrm{T}}\left(k_i,k_{i-1}\right)\right]^{-1}+\\&\mathbb{E}\left\{\left[\boldsymbol{H}^l\left(\boldsymbol{x}_{k_i}\right)\right]^{\mathrm{T}}\left(\boldsymbol{W}_{k_i}^l\right)^{-1}\boldsymbol{H}^l\left(\boldsymbol{x}_{k_i}\right)\right\}\end{aligned}\tag{4-76}$$

由式（4-76）可以看出，$\boldsymbol{J}(\boldsymbol{x}_{k_i})$ 的第一项不仅依赖于目标的运动模型，还与第 k 个融合周期内提供前 $i-1$ 个测量值的雷达的发射功率有关。由式（4-70）和式（4-71）可以发现，观测数据的 FIM 与雷达的发射功率成正比。由于式（4-76）的第二项含有求期望的过程，因此需要用蒙特卡罗方法

求解 BIM $\boldsymbol{J}(\boldsymbol{x}_{k_i})$[110]。

4.4.4　功率分配优化算法

本节将考虑功率分配的具体求解算法。从数学上来讲，功率分配就是在满足每部雷达发射功率约束的前提下优化一个代价函数的问题。由 4.4.3 节的结果可以发现，在每个融合时刻，目标的 BIM $\boldsymbol{J}(\boldsymbol{x}_k)$ 是每部雷达发射功率的函数，由 BIM 求逆得到的 BCRLB 给目标的跟踪精度提供了一个衡量尺度[129]。因此，本节将 BCRLB 用作代价函数进行功率分配，并用凸松弛法结合 GP 算法[121-122]对此非凸优化问题求解。

1. 功率分配的目标函数

仿照 4.2.3 节的推导过程，在给定下一时刻每部雷达发射功率 $\boldsymbol{P}_k=\left[P_k^1,P_k^2,\cdots,P_k^N\right]^{\mathrm{T}}$ 的情况下，可通过式（4-76）迭代计算第 k 个融合时刻目标状态的预测 BIM $\boldsymbol{J}(\boldsymbol{P}_k)\big|_{\boldsymbol{x}_k}$。对其求逆，可得到相应的预测 BCRLB 矩阵[129]，即

$$\boldsymbol{C}_{\mathrm{BCRLB}}(\boldsymbol{P}_k)\big|_{\boldsymbol{x}_k}=\boldsymbol{J}^{-1}(\boldsymbol{P}_k)\big|_{\boldsymbol{x}_k} \tag{4-77}$$

$\boldsymbol{C}_{\mathrm{BCRLB}}(\boldsymbol{P}_k)\big|_{\boldsymbol{x}_k}$ 的对角线元素给出了目标状态向量各个分量估计方差的下界，也是每部雷达发射功率的函数，功率分配的代价函数为

$$\mathbb{F}\left(\boldsymbol{P}_k\right)\big|_{\boldsymbol{x}_k}=\mathrm{Tr}\left[\boldsymbol{C}_{\mathrm{BCRLB}}(\boldsymbol{P}_k)\big|_{\boldsymbol{x}_k}\right] \tag{4-78}$$

式中，$\mathbb{F}\left(\boldsymbol{P}_k\right)\big|_{\boldsymbol{x}_k}$ 表示第 k 个融合时刻目标的总体跟踪精度。

2. 功率分配的求解方法

通过式（4-77）所描述的目标函数可以看出，目标的跟踪精度与很多因素有关，比如雷达的布阵形式、目标的 RCS、雷达发射功率等。本节考虑的可变参数为每部雷达不同时刻的发射功率，目的是在 MRS 总发射功率 P_{total} 一定的情况下，提高目标跟踪精度。具体的优化过程可以描述为

$$\begin{cases}\min\limits_{P_k^l,l=1,\cdots N}\left(\mathbb{F}\left(\boldsymbol{P}_k\right)\big|_{\boldsymbol{x}_k}\right)\\ \text{s.t. } \bar{P}_{l\min}\leqslant P_k^l\leqslant \bar{P}_{l\max}\quad l=1,\cdots,N\\ \mathbf{1}^{\mathrm{T}}\boldsymbol{P}_k=P_{\text{total}}\end{cases}\tag{4-79}$$

式中，$\mathbf{1}^{\mathrm{T}}=[1,1,\cdots,1]_{1\times N}$；$\bar{P}_{l\max}$ 和 $\bar{P}_{l\min}$ 分别表示第 l 部雷达发射功率的上下限。

很明显，式（4-79）是一个非线性、非凸优化问题。求解这类问题比较好的方法是，先对原问题进行松弛，求解出松弛后问题的最优解后，再将松弛问题的最优解作为原问题的初始解，并用 GP 算法求解。在此，式（4-79）可松弛为

$$\begin{cases}\max\limits_{P_k^l,l=1,\cdots N}\left(\mathbb{S}\left(\boldsymbol{P}_k\right)\big|_{\boldsymbol{x}_k}\right)\\ \text{s.t. } \bar{P}_{l\min}\leqslant P_k^l\leqslant \bar{P}_{l\max}\quad l=1,\cdots,N\\ \mathbf{1}^{\mathrm{T}}\boldsymbol{P}_k=P_{\text{total}}\end{cases}\tag{4-80}$$

式中，$\mathbb{S}\left(\boldsymbol{P}_k\right)\big|_{\boldsymbol{x}_k}$ 表示第 k 个融合周期内数据信息的 FIM 之和，即

$$\mathbb{S}\left(\boldsymbol{P}_k\right)\big|_{\boldsymbol{x}_k}=\operatorname{Tr}\left(\sum_{i=1}^{N_k}\mathbb{E}\left\{\left[\boldsymbol{H}^l\left(\boldsymbol{x}_{k_i}\right)\right]^{\mathrm{T}}\left(\boldsymbol{W}_{k_i}^l\right)^{-1}\boldsymbol{H}^l\left(\boldsymbol{x}_{k_i}\right)\right\}\right)\tag{4-81}$$

式（4-80）是线性的凸优化问题[149-150]，可以很容易得到最优解 $\boldsymbol{P}_{k,0}$。这时，只需将 $\boldsymbol{P}_{k,0}$ 作为原问题的初始解，并仿照 3.3.3 节给出的 GP 算法[121]进行搜索，即可获得 k 时刻功率分配的一个局部最优解。总之，整个跟踪过程可描述为：融合中心在当前融合时刻，将预测的下一个融合时刻的 BCRLB 作为代价函数进行功率分配，并将分配结果反馈，每部雷达根据反馈结果自适应地调节下一个融合周期内的发射功率。

4.4.5 实验结果分析

为了验证功率分配算法的有效性，并对其进行进一步的分析，本节进行了如下仿真，共有 $N=3$ 部雷达用于本次仿真实验。假设每部雷达发射信号的基

本参数都相同，有效带宽为 1MHz，波长为 0.3m，相参脉冲个数为 64，雷达 1 的采样周期 $T_1 = 2\text{s}$，雷达 2 和雷达 3 的采样周期分别为 $T_2 = 3\text{s}$ 和 $T_3 = 6\text{s}$，融合中心的融合周期 $T_0 = 6\text{s}$，共有 40 个融合周期，在第一个融合周期内，雷达 1、雷达 2 和雷达 3 分别在距周期起始 0s、1s、2s 处采样，目标的初始位置位于 (22.75,0)km，并以速度(100,0)m/s 做匀速飞行，这时系统矩阵为

$$\boldsymbol{A} = \boldsymbol{I}_2 \otimes \begin{bmatrix} 0 & 1 \\ 0 & 0 \end{bmatrix} \tag{4-82}$$

式中，$\otimes$ 表示 Kronecker 乘积；$\boldsymbol{I}_2$ 表示 2×2 的单位矩阵。目标的状态转移矩阵为

$$\boldsymbol{\Phi}\left(k_i, k_{i-1}\right) = \boldsymbol{I}_2 \otimes \begin{bmatrix} 1 & t_{k_i} - t_{k_{i-1}} \\ 0 & 1 \end{bmatrix} \tag{4-83}$$

连续过程噪声的协方差矩阵设为

$$\boldsymbol{q}(t) = \boldsymbol{I}_2 \otimes \begin{bmatrix} 50 & 5 \\ 5 & 50 \end{bmatrix} \tag{4-84}$$

为了更好地分析雷达布阵形式对目标跟踪精度和功率分配结果的影响，本节考虑了三种不同的布阵情况，如图 4.14 所示。假设每部雷达的初始发射功率是均匀分配的，即 $P_k^1 = P_k^2 = \cdots = P_k^N = P_{\text{total}}/N$，上下界分别设为 $\overline{P}_{i\max} = 0.8P_{\text{total}}$ 和 $\overline{P}_{i\min} = P_{\text{total}}/100$。

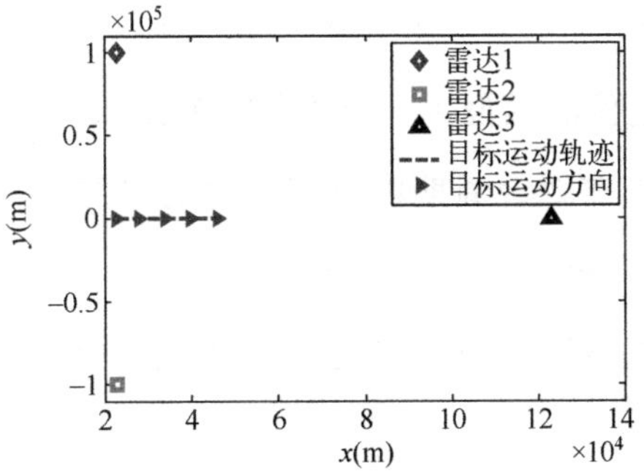

（a）情况1

图 4.14　雷达与目标的空间分布示意图

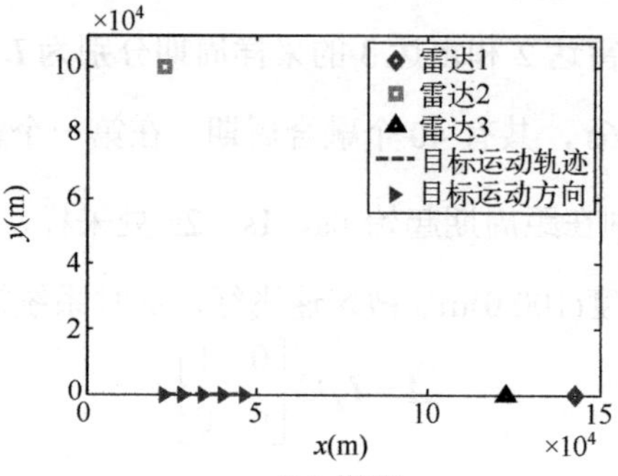

（b）情况2

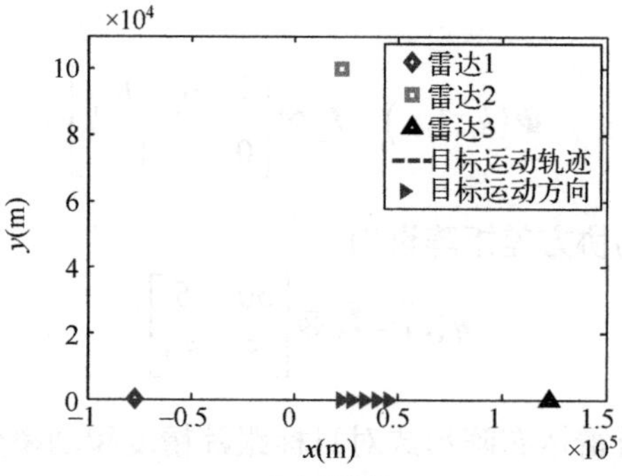

（c）情况3

图 4.14　雷达与目标的空间分布示意图（续）

本节考虑了一种非起伏的目标 RCS 模型：$\boldsymbol{H}_1=\left[\boldsymbol{h}_1^{\mathrm{T}},\boldsymbol{h}_2^{\mathrm{T}},\cdots,\boldsymbol{h}_N^{\mathrm{T}}\right]^{\mathrm{T}}=\left[1,1,\cdots,1\right]^{\mathrm{T}}$，其中 $\boldsymbol{h}_l$，$l=1,2,\cdots,N$，表示第 l 部雷达在自身采样点的目标反射系数。在这种非起伏的模型下，功率分配的结果只同目标与雷达的距离、空间相对位置以及当前融合周期内每部雷达的采样点数有关系。图 4.15 为在非起伏的目标 RCS 模型下，不同布阵形式时目标跟踪精度随时间的变化曲线。仿照 4.2.4 节的结论，目标的跟踪精度用空间位置的 RMSE 来描述，见式（4-36）。

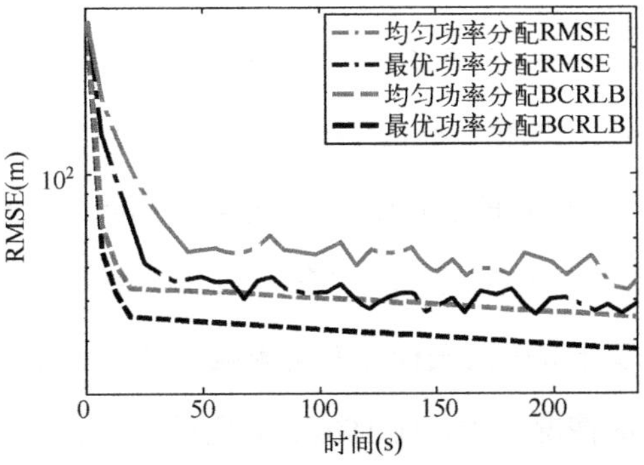

（a）情况1

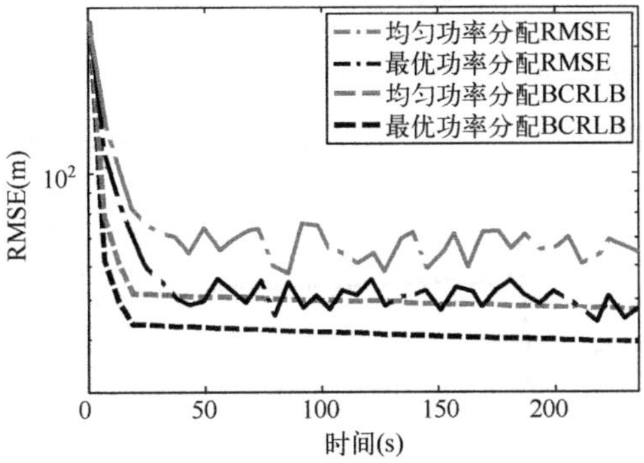

（b）情况2

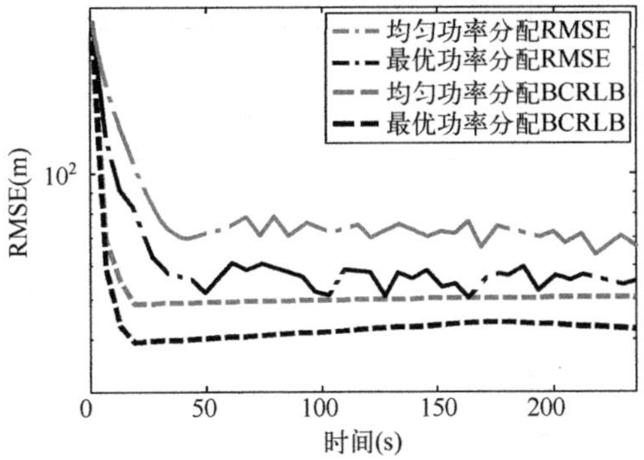

（c）情况3

图 4.15　非起伏的目标 RCS 模型下的目标跟踪精度

图 4.16 给出了非起伏的目标 RCS 模型下，每部雷达发射功率随时间的变化曲线。在图 4.16（a）所示的情况 1 中，由于雷达 1 在各个融合周期内的采样

次数都多于雷达 2，因此给予更多的发射功率；雷达 3 虽然在融合周期内采样次数最少，但与目标的空间相对位置更好，因此也处于工作状态。在图 4.16（b）所示的情况 2 中，雷达 1 和雷达 3 虽然与目标具有相同的空间相对位置，且雷达 3 距离目标更近，但由于采样次数的关系，因此距离目标更远的雷达 1 代替雷达 3 工作（此时，每部雷达的采样频率是影响功率分配结果的主要因素）。在如图 4.16（c）所示的情况 3 中，前 150s 内，雷达 1 和雷达 2 对目标进行跟踪，是因为雷达 1 的采样频率高于雷达 3；在后面的 90s 内，由于目标逐渐远离雷达 1，靠近雷达 3，因此雷达 3 代替雷达 1 对目标进行跟踪，此时，目标与雷达之间的距离代替采样频率，成为影响功率分配结果的主要因素。

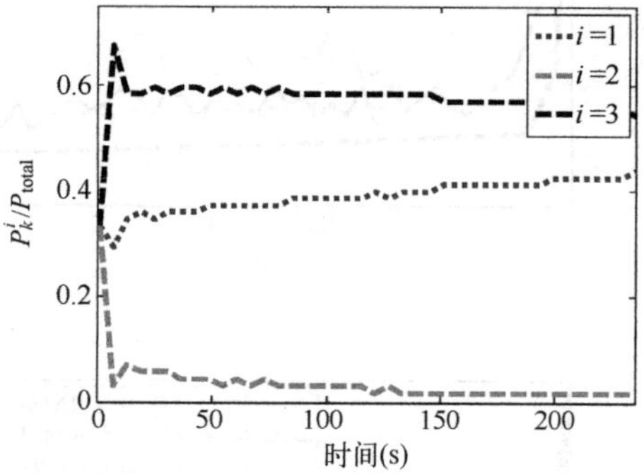

（a）情况1

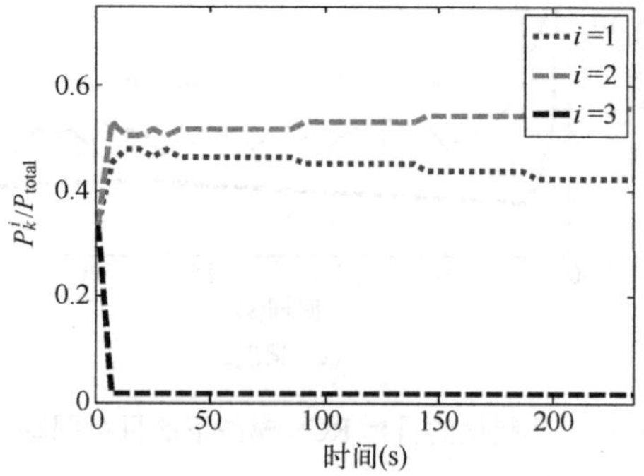

（b）情况2

图 4.16　非起伏的目标 RCS 模型下的功率分配结果

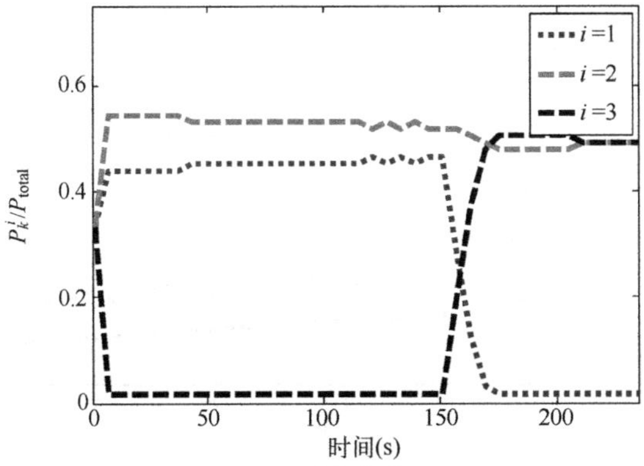

（c）情况3

图 4.16　非起伏的目标 RCS 模型下的功率分配结果（续）

前面的仿真是在非起伏的目标 RCS 模型下，分析了雷达到目标的距离、雷达与目标的空间相对位置以及每部雷达采样频率对功率分配结果的影响。为了考虑目标 RCS 对功率分配结果的影响，本节还考虑了第二种 RCS 模型：$\boldsymbol{H}_2=\left[\boldsymbol{h}_1^{\mathrm{T}},\boldsymbol{h}_2^{\mathrm{T}},\cdots,\boldsymbol{h}_N^{\mathrm{T}}\right]^{\mathrm{T}}$，如图 4.17 所示。

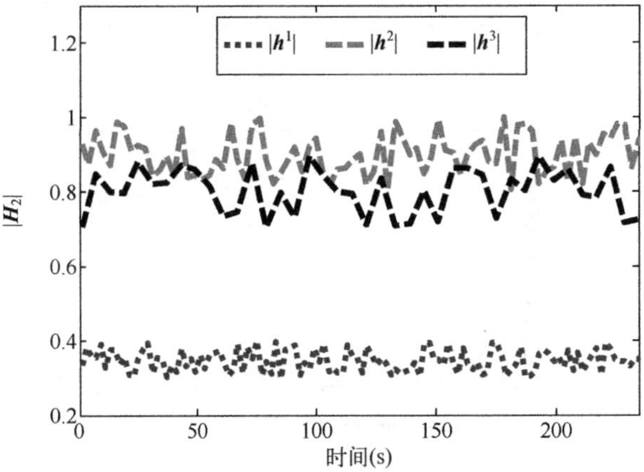

图 4.17　第二种 RCS 模型

由图 4.17 可知，在第二种 RCS 模型下，目标对雷达 1 的反射系数较低。由式（4-71）可知，雷达 1 的回波 SNR 将会受到较大影响。图 4.18 给出了第二种 RCS 模型下，不同时刻的目标跟踪精度及相应的 BCRLB。结果显示，功率分配算法也能有效提高跟踪精度。

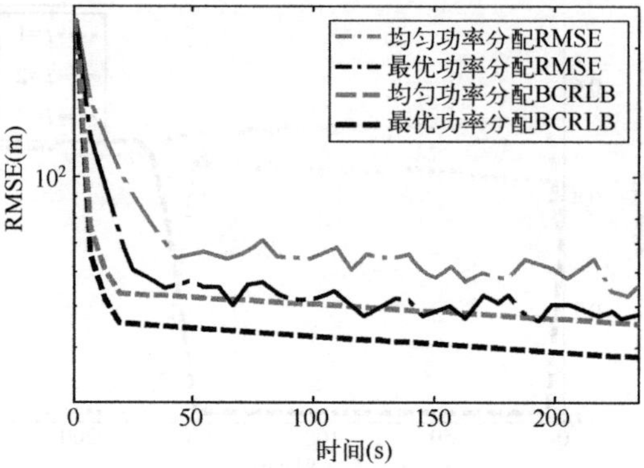

（a）情况1

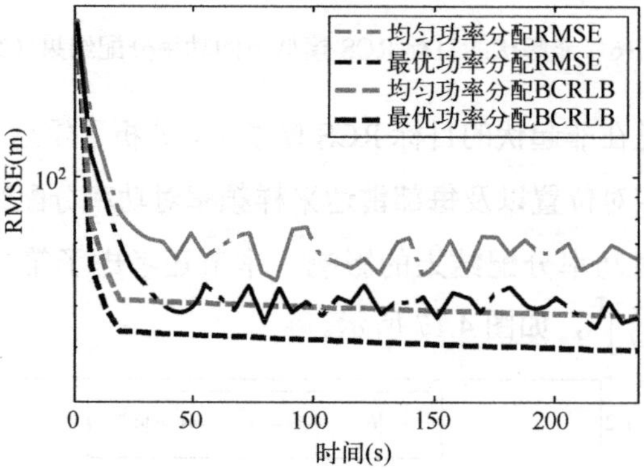

（b）情况2

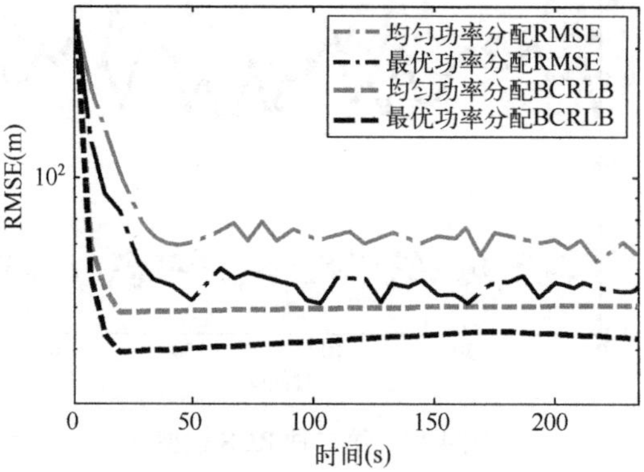

（c）情况3

图 4.18　第二种 RCS 模型下的目标跟踪精度及相应的 BCRLB

图 4.19 给出了第二种 RCS 模型下的功率分配结果。结果显示，功率倾向于分配给目标反射系数较高的雷达。三种情况下，雷达 1 的目标反射系数很低，

在跟踪过程中几乎不起作用。

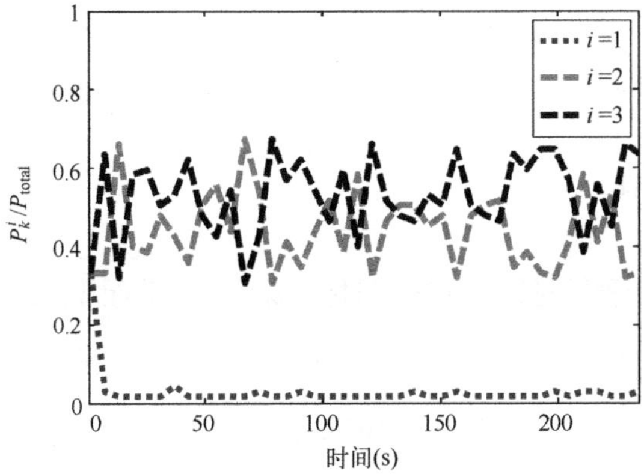

（a）情况1

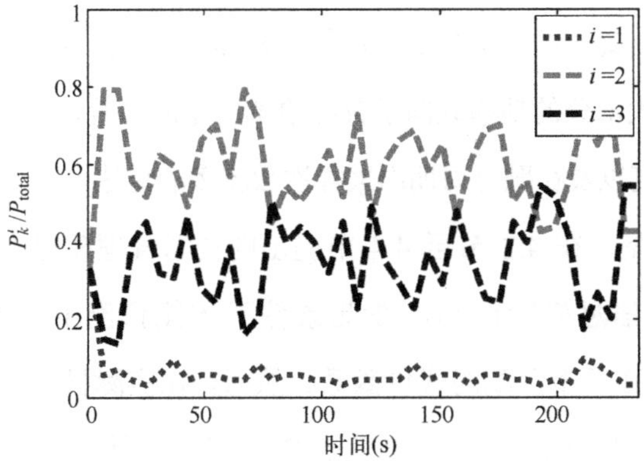

（b）情况2

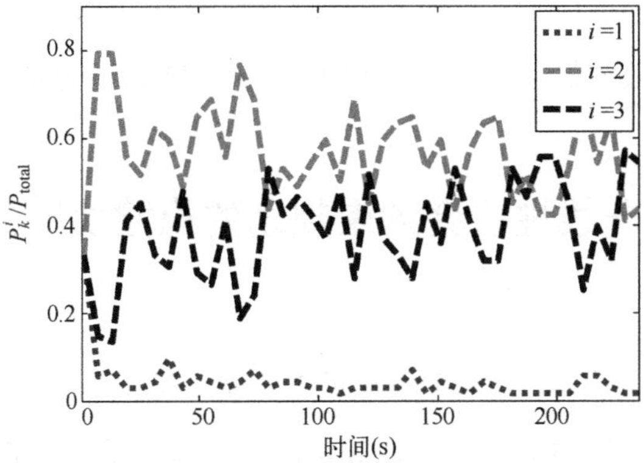

（c）情况3

图 4.19　第二种 RCS 模型下的功率分配结果

由上述结果可以看出，功率优化分配时，目标跟踪精度要比均匀分配时高，且跟踪精度的提升程度和具体的布阵形式有关系。在分配过程中，功率倾向于分配给那些空间位置较好、距离目标较近以及在融合周期内采样次数较多的雷达。

4.4.6 小结

本节提出了一种针对异步 MRS 目标跟踪的功率分配算法：首先，引入了一种集中式框架下最优的异步组网雷达目标跟踪算法，并推导出目标跟踪误差的 BCRLB；然后，将各个融合时刻的 BCRLB 用作代价函数进行功率分配，并用凸松弛方法结合 GP 算法对此非凸优化问题求解；最后，仿真结果显示，相对于均匀功率分配的情况，提出的功率分配算法能明显提升异步条件下的目标跟踪精度。扩展实验表明，大部分的功率倾向于分配给那些空间位置较好、距离目标较近、目标反射系数较高以及在融合周期内采样次数较多的雷达。

值得指出的是，在 4.2 节至 4.4 节提出的资源管理模型中，都假设每部雷达目标的 RCS 信息先验已知，在此条件下才能预测下一时刻跟踪误差的 BCRLB，进而用作功率分配的代价函数。然而，在实际目标跟踪时，下一时刻目标的 RCS 信息是无法在当前时刻获取的，因为它不仅与目标的种类、姿态和位置有关，还与视角、极化和入射波波长等因素有关。针对这个问题，4.5 节将提出一种基于非线性机会约束规划（NCCP）的 MRS 稳健功率分配算法。

4.5 基于非线性机会约束规划的稳健功率分配算法

本节针对目标跟踪时 RCS 这个随机因素，提出了一种基于 NCCP[137]的 MRS 稳健功率分配算法，目的是使 MRS 能动态地协调每部雷达的发射参数，进而在满足机会约束的条件下，尽可能地节约功率资源。本节首先推导出了目标跟踪误差的 BCRLB，然后以最小化 MRS 每一时刻发射功率为目标，在满足 BCRLB 不大于给定误差的概率超过某一置信水平的条件下建立了 NCCP 模型，用 CVaR [151]松弛结合 SAA [152]算法对此问题求解。仿真实验对 UHF 波段和 S 波段的两组模拟数据以及一组频段更高的模拟数据进行了仿真，并将本节算法与文献[92]提出的算法（将目标 RCS 的转移模型设定为一阶马尔可夫过程）进行了比较，实验结果验证了本节算法的有效性和鲁棒性。

4.5.1　系统建模

1．目标运动模型

假设一个目标在 xOy 平面内做匀速运动，目标的运动方程可写为

$$\boldsymbol{x}_k = \boldsymbol{F}\boldsymbol{x}_{k-1} + \boldsymbol{u}_{k-1} \tag{4-85}$$

式（4-85）中，$\boldsymbol{x}_k$ 表示 k 时刻目标的状态，即

$$\boldsymbol{x}_k = \left[x_k, \dot{x}_k, y_k, \dot{y}_k\right]^{\mathrm{T}} \tag{4-86}$$

式中，上标 T 表示矩阵或向量的转置；$\left(x_k, y_k\right)$ 和 $\left(\dot{x}_k, \dot{y}_k\right)$ 分别表示 k 时刻目标的位置和速度。

式（4-85）中，$\boldsymbol{F}$ 为目标状态的转移矩阵，即

$$\boldsymbol{F} = \boldsymbol{I}_2 \otimes \begin{bmatrix} 1 & T_0 \\ 0 & 1 \end{bmatrix} \tag{4-87}$$

式中，T_0 表示重访时间间隔；$\otimes$ 表示 Kronecker 乘积；$\boldsymbol{I}_2$ 表示 2×2 的单位矩阵。

式（4-85）中，$\boldsymbol{u}_{k-1}$ 表示 $k-1$ 时刻，零均值的高斯白噪声序列，用于衡量目标状态转移的不确定性，协方差矩阵 $\boldsymbol{Q}_{k-1}$ 可写为

$$\boldsymbol{Q}_{k-1} = q_0 \boldsymbol{I}_2 \otimes \begin{bmatrix} \frac{1}{3}T_0^3 & \frac{1}{2}T_0^2 \\ \frac{1}{2}T_0^2 & T_0 \end{bmatrix} \tag{4-88}$$

式中，q_0 表示过程噪声的强度[110]。

2. 观测模型

假设空间中一个 MRS 含有 N 部同步的雷达，每部雷达的采样周期都为 T_0，第 i 部雷达的坐标可以表示为 (x_i, y_i)。k 时刻，目标到第 i 部雷达的径向距离 $R_{i,k}$ 可表示为

$$R_{i,k} = \sqrt{(x_k - x_i)^2 + (y_k - y_i)^2} \tag{4-89}$$

同理，k 时刻第 i 部雷达与目标因相对运动而产生的多普勒频移 $f_{i,k}$ 为

$$f_{i,k} = -\frac{2}{\lambda_i}(\dot{x}_k, \dot{y}_k)\begin{pmatrix} x_k - x_i \\ y_k - y_i \end{pmatrix} \Big/ R_{i,k} \tag{4-90}$$

式中，λ_i 表示第 i 部雷达的工作波长。

在实际中，目标的真实距离和多普勒频移是不可获取的，雷达的测量往往含有随机误差。那么，k 时刻第 i 部雷达测量得到的目标距离和多普勒频移可表示为

$$\begin{cases} \tilde{R}_{i,k} = R_{i,k} + \Delta R_{i,k} \\ \tilde{f}_{i,k} = f_{i,k} + \Delta f_{i,k} \end{cases} \tag{4-91}$$

式中，$\Delta R_{i,k}$ 和 $\Delta f_{i,k}$ 表示这些测量信息对应的误差。根据文献[116]，这些误差的大小与当前时刻的回波 SNR 有关，不管雷达采取何种估计方式获取测量信息，均存在一个下界，即

$$\begin{cases} \sigma^2_{R_{i,k}} \propto a_i \Big/ \left(\alpha_{i,k} P_{i,k} \left|h_{i,k}\right|^2\right) \\ \sigma^2_{f_{i,k}} \propto \gamma_i \Big/ \left(\alpha_{i,k} P_{i,k} \left|h_{i,k}\right|^2\right) \end{cases} \tag{4-92}$$

式中，a_i 与第 i 部雷达发射信号的有效带宽有关；γ_i 取决于相干积累时间的长度[116]；衰减因子 $\alpha_{i,k}$ 与目标到第 i 部雷达的径向距离有关；$P_{i,k}$ 为 k 时刻第 i 部雷达的发射功率；$h_{i,k}$ 是一个复的随机变量，代表目标的 RCS。

每一时刻，每部雷达将测量得到的距离和多普勒频移传送给融合中心，融合中心在 k 时刻接收的测量集合可以表示为

$$\boldsymbol{z}_k = \left[\tilde{\boldsymbol{R}}_k^{\mathrm{T}}, \tilde{\boldsymbol{f}}_k^{\mathrm{T}}\right]^{\mathrm{T}} \tag{4-93}$$

式中，$\tilde{\boldsymbol{R}}_k$ 和 $\tilde{\boldsymbol{f}}_k$ 分别表示 k 时刻每部雷达的距离和多普勒频移。根据这些信息，融合中心可以对目标进行跟踪，目标的非线性观测方程可描述为

$$\boldsymbol{z}_k = \boldsymbol{h}(\boldsymbol{x}_k) + \left[\Delta\tilde{\boldsymbol{R}}_k^{\mathrm{T}}, \Delta\tilde{\boldsymbol{f}}_k^{\mathrm{T}}\right]^{\mathrm{T}} \tag{4-94}$$

式（4-94）中，$\Delta\tilde{\boldsymbol{R}}_k$ 和 $\Delta\tilde{\boldsymbol{f}}_k$ 分别表示 k 时刻 $N\times1$ 部雷达的距离和多普勒频移的测量误差向量。假设每一时刻，每部雷达的测量误差服从均值为零的高斯分布，且相互独立，那么 $N\times N$ 部雷达的距离和多普勒频移的测量误差的 CRLB 矩阵 $\boldsymbol{Q}_{R_k}$ 和 $\boldsymbol{Q}_{f_k}$ 可分别表示为

$$\begin{cases} \boldsymbol{Q}_{R_k} = \mathrm{diag}\left\{\sigma_{R_{1,k}}^2, \sigma_{R_{2,k}}^2, \cdots, \sigma_{R_{N,k}}^2\right\} \\ \boldsymbol{Q}_{f_k} = \mathrm{diag}\left\{\sigma_{f_{1,k}}^2, \sigma_{f_{2,k}}^2, \cdots, \sigma_{f_{N,k}}^2\right\} \end{cases} \tag{4-95}$$

式（4-94）中，$\boldsymbol{h}(\boldsymbol{x}_k) = \left[\boldsymbol{R}^{\mathrm{T}}(\boldsymbol{x}_k), \boldsymbol{f}^{\mathrm{T}}(\boldsymbol{x}_k)\right]^{\mathrm{T}}$ 是一个高度非线性函数的集合，其中 $\boldsymbol{R}(\boldsymbol{x}_k) = \left[R_{1,k}, R_{2,k}, \cdots, R_{N,k}\right]^{\mathrm{T}}$ 和 $\boldsymbol{f}(\boldsymbol{x}_k) = \left[f_{1,k}, f_{2,k}, \cdots, f_{N,k}\right]^{\mathrm{T}}$ 分别表示 k 时刻目标的距离和多普勒频移。在不同时刻，利用式（4-87）和式（4-94）即可迭代计算目标状态的 PDF，由于目标的运动模型和雷达的测量值都含有随机误差，因此估计的目标状态也会有误差。如何令 MRS 消耗最少的功率资源，在统计意义下达到预先设定的误差门限将是下节的主要研究内容。

4.5.2　基于 NCCP 的功率分配算法

从数学上来讲，本节提出的功率分配算法可描述为：以目标跟踪精度不大于给定误差的概率超过某一置信水平为前提，最小化 MRS 消耗的功率。在每个融合时刻，目标的 BIM 都是每部雷达发射功率的函数，对 BIM 求逆得到的 BCRLB 给目标的跟踪精度提供了一个衡量尺度[110]。因此，本节以跟踪误差的 BCRLB 为约束函数，建立了基于 NCCP 的功率分配模型。该模型将目标的 RCS 看作随机变化的不确定参数，在发生一定程度的波动时，仍能节省 MRS 的功率资源。

1. BIM 的推导

参考 4.2.2 节的内容，下面直接给出目标状态的 BIM，即

$$\boldsymbol{J}\left(\boldsymbol{x}_k\right)=\left(\boldsymbol{Q}_{k-1}+\boldsymbol{F}\boldsymbol{J}^{-1}\left(\boldsymbol{x}_{k-1}\right)\boldsymbol{F}^{\mathrm{T}}\right)^{-1}+\mathbb{E}\left\{\boldsymbol{H}^{\mathrm{T}}\left(\boldsymbol{x}_k\right)\left[\operatorname{diag}\left\{\boldsymbol{Q}_{R_k},\boldsymbol{Q}_{f_k}\right\}\right]^{-1}\boldsymbol{H}\left(\boldsymbol{x}_k\right)\right\} \tag{4-96}$$

式中，$\boldsymbol{H}\left(\boldsymbol{x}_k\right)$为$2N\times 4$的雅克比矩阵，定义为

$$\begin{aligned}\boldsymbol{H}\left(\boldsymbol{x}_k\right)&\triangleq\left[\Delta_{\boldsymbol{x}_k}\boldsymbol{h}^{\mathrm{T}}\left(\boldsymbol{x}_k\right)\right]^{\mathrm{T}}\\&=\left[\Delta_{\boldsymbol{x}_k}R_{1,k},\cdots,\Delta_{\boldsymbol{x}_k}R_{N,k},\Delta_{\boldsymbol{x}_k}f_{1,k},\cdots,\Delta_{\boldsymbol{x}_k}f_{N,k}\right]^{\mathrm{T}}\end{aligned} \tag{4-97}$$

式中，$\Delta_{\boldsymbol{x}_k}R_{i,k}$和$\Delta_{\boldsymbol{x}_k}f_{i,k}$分别表示 k 时刻第 i 部雷达的距离和多普勒频移对目标状态 $\boldsymbol{x}_k$ 的一阶偏导。

2. 约束函数的构建

功率分配算法需要系统具有预测性：融合中心在$k-1$时刻获取目标状态的 BIM $\boldsymbol{J}\left(\boldsymbol{x}_{k-1}\right)$后，在给定下一时刻每部雷达发射功率$\boldsymbol{P}_k=\left[P_{1,k},P_{2,k},\cdots,P_{N,k}\right]^{\mathrm{T}}$和目标 RCS $\boldsymbol{h}_k=\left[h_{1,k},h_{2,k},\cdots,h_{N,k}\right]^{\mathrm{T}}$的情况下，可通过式（4-96）预测 k 时刻的 BIM $\boldsymbol{J}(\boldsymbol{P}_k,\boldsymbol{h}_k)\big|_{\boldsymbol{x}_k}$，对其求逆，可得到相应的预测 BCRLB 矩阵[110]，即

$$\boldsymbol{C}_{\mathrm{BCRLB}}\left(\boldsymbol{P}_k,\boldsymbol{h}_k\right)\big|_{\boldsymbol{x}_k}=\boldsymbol{J}^{-1}(\boldsymbol{P}_k,\boldsymbol{h}_k)\big|_{\boldsymbol{x}_k} \tag{4-98}$$

$\boldsymbol{C}_{\mathrm{BCRLB}}\left(\boldsymbol{P}_k,\boldsymbol{h}_k\right)\big|_{\boldsymbol{x}_k}$ 的对角线元素是目标状态向量各个分量估计方差的下界，是每部雷达发射功率的函数，功率分配算法的约束函数为

$$\mathbb{F}\left(\boldsymbol{P}_k,\boldsymbol{h}_k\right)=\mathrm{Tr}\left[\boldsymbol{C}_{\mathrm{BCRLB}}\left(\boldsymbol{P}_k,\boldsymbol{h}_k\right)\big|_{\boldsymbol{x}_k}\right] \tag{4-99}$$

式中，$\mathrm{Tr}(\bullet)$表示求矩阵的迹；$\mathbb{F}\left(\boldsymbol{P}_k,\boldsymbol{h}_k\right)$体现目标在 k 时刻的跟踪精度。要满足目标跟踪精度达到预先设定的误差门限η这一条件，只需满足

$$\mathbb{F}\left(\boldsymbol{P}_k,\boldsymbol{h}_k\right)\leqslant\eta \tag{4-100}$$

即可。

3. NCCP 模型的建立

通过式（4-96）和式（4-98）可以发现，目标的跟踪精度与每部雷达的发

射功率、目标的 RCS 等很多因素有关，本节的优化变量为不同时刻每部雷达的发射功率 $\boldsymbol{P}_k$，从低截获概率角度出发，建立功率分配模型为

$$\begin{cases}\min\limits_{\boldsymbol{P}_k} \ \mathbf{1}_N^{\mathrm{T}}\boldsymbol{P}_k \\ \text{s.t.} \ \bar{P}_{i\min} \leqslant P_{i,k} \leqslant \bar{P}_{i\max} \quad i=1,\cdots,N \\ \mathbb{F}\left(\boldsymbol{P}_k,\boldsymbol{h}_k\right)\leqslant \eta \end{cases} \tag{4-101}$$

式中，$\mathbf{1}_N^{\mathrm{T}}=\left[1,1,\cdots,1\right]_{1\times N}$；$\bar{P}_{i\max}$ 和 $\bar{P}_{i\min}$ 分别表示第 i 部雷达发射功率的上下限。这个优化模型的目的可以描述为：每一时刻，在达到预先设定的跟踪精度的前提下，对系统功率资源进行合理分配，使 MRS 消耗的功率最少。由于 $\mathbb{F}\left(\boldsymbol{P}_k,\boldsymbol{h}_k\right)$ 是一个凸函数（详见附录 B，类似 3.3.3 节引理 2 的证明），因此式（4-101）是一个凸优化问题，可通过 GP 算法获取最优分配结果。值得指出的是，文献[48]假设目标的 RCS 信息先验已知，但在实际中，$\boldsymbol{h}_k$ 通常是不确定和可变的，在不确定条件下，将资源分配构建为确定性模型（代价函数与约束都是确定的），很难保证算法的稳健性。因此，本节根据式（4-101），在统计意义下建立了一个优化分配 MRS 功率资源的 NCCP 模型，即

$$\begin{cases}\min\limits_{\boldsymbol{P}_k} \ \mathbf{1}_N^{\mathrm{T}}\boldsymbol{P}_k \\ \text{s.t.} \ \bar{P}_{i\min} \leqslant P_{i,k} \leqslant \bar{P}_{i\max} \quad i=1,\cdots,N \\ \mathbb{P}\left\{\mathbb{G}\left(\boldsymbol{P}_k,\boldsymbol{h}_k\right)\leqslant 0\right\}\geqslant 1-\delta \end{cases} \tag{4-102}$$

式中，概率符号 $\mathbb{P}(\cdot)$ 是对随机变量 $\boldsymbol{h}_k$ 求取的；$1-\delta$ 表示置信水平；$\mathbb{G}\left(\boldsymbol{P}_k,\boldsymbol{h}_k\right)=\mathbb{F}\left(\boldsymbol{P}_k,\boldsymbol{h}_k\right)-\eta$。

4. NCCP 模型的求解

观察随机优化问题，即式（4-102）的结构可知，置信水平 $1-\delta$ 越小，可行解集越大，MRS 消耗的总功率 $\mathbf{1}_N^{\mathrm{T}}\boldsymbol{P}_k$ 就可能越小，不满足约束条件的概率越大；反之，置信水平 $1-\delta$ 越大，可行解集越小，MRS 消耗的总功率 $\mathbf{1}_N^{\mathrm{T}}\boldsymbol{P}_k$ 就可能越大，不满足限制条件的概率越小。也就是说，每部雷达的发射功率与置信

水平之间存在制约关系。

由于$\mathbb{P}(\cdot)$的非凸性，随机优化问题，即式（4-102）是难以求解的。在现有的近似求解方法[151, 153]中，常见的一种是先用随机函数$\mathbb{G}\left(\boldsymbol{P}_k,\boldsymbol{h}_k\right)$的CVaR对原问题松弛后，再求解。首先，给出$\mathbb{G}\left(\boldsymbol{P}_k,\boldsymbol{h}_k\right)$风险价值的定义[154]，即

$$\mathrm{VaR}_{1-\delta}\left[\mathbb{G}\left(\boldsymbol{P}_k,\boldsymbol{h}_k\right)\right]=\min_{\gamma\in\mathbb{R}}\left\{\gamma:\mathbb{P}\left\{\mathbb{G}\left(\boldsymbol{P}_k,\boldsymbol{h}_k\right)\leqslant\gamma\right\}\geqslant 1-\delta\right\} \tag{4-103}$$

式中，$\gamma\in\mathbb{R}$，$\mathbb{R}$表示$\mathbb{G}(\cdot)$的值域。由式（4-103）可以发现，式（4-102）的第二个约束等效于

$$\mathrm{VaR}_{1-\delta}\left[\mathbb{G}\left(\boldsymbol{P}_k,\boldsymbol{h}_k\right)\right]\leqslant 0 \tag{4-104}$$

根据文献[154]，随机函数$\mathbb{G}\left(\boldsymbol{P}_k,\boldsymbol{h}_k\right)$的CVaR定义为

$$\mathrm{CVaR}_{1-\delta}\left[\mathbb{G}\left(\boldsymbol{P}_k,\boldsymbol{h}_k\right)\right]=\min_{\gamma\in\mathbb{R}}\left\{\gamma+\frac{1}{\delta}\mathbb{E}\left[\left(\mathbb{G}\left(\boldsymbol{P}_k,\boldsymbol{h}_k\right)-\gamma\right)^{+}\right]\right\} \tag{4-105}$$

式中，符号$(a)^{+}\triangleq\max(0,a)$。由VaR和CVaR的定义可知，$\mathrm{CVaR}_{1-\delta}\left[\mathbb{G}\left(\boldsymbol{P}_k,\boldsymbol{h}_k\right)\right]\geqslant \mathrm{VaR}_{1-\delta}\left[\mathbb{G}\left(\boldsymbol{P}_k,\boldsymbol{h}_k\right)\right]$。因此，由式（4-104）可知，式（4-102）的CVaR松弛可写为

$$\begin{cases}\min\limits_{\boldsymbol{P}_k,\gamma\in\mathbb{R}}\ \mathbf{1}_N^{\mathrm{T}}\boldsymbol{P}_k\\ \text{s.t. } \bar{P}_{i\min}\leqslant P_{i,k}\leqslant\bar{P}_{i\max}\quad i=1,\cdots,N\\ \gamma+\dfrac{1}{\delta}\mathbb{E}\left[\left(\mathbb{G}\left(\boldsymbol{P}_k,\boldsymbol{h}_k\right)-\gamma\right)^{+}\right]\leqslant 0\end{cases} \tag{4-106}$$

式（4-106）是一个非线性的随机优化问题，求解难点在于对$\mathbb{E}\left[\left(\mathbb{G}\left(\boldsymbol{P}_k,\boldsymbol{h}_k\right)-\gamma\right)^{+}\right]$的处理。针对这个问题，本节采用SAA算法[152]求解。这时，复杂的机会约束问题转换为

$$\begin{cases}\min\limits_{\boldsymbol{P}_k,\gamma\in\mathbb{R}}\ \mathbf{1}_N^{\mathrm{T}}\boldsymbol{P}_k\\ \text{s.t. } \bar{P}_{i\min}\leqslant P_{i,k}\leqslant\bar{P}_{i\max}\quad i=1,\cdots,N\\ \gamma+\dfrac{1}{\delta M}\sum\limits_{m=1}^{M}\left(\mathbb{G}\left(\boldsymbol{P}_k,\boldsymbol{h}_k^{m}\right)-\gamma\right)^{+}\leqslant 0\end{cases} \tag{4-107}$$

式（4-107）的求解不需要已知目标 RCS 的概率分布，只需要前面 M 时刻的历史测量数据 $\boldsymbol{h}_k^m$，$m=1,\cdots,M$ 即可。文献[151]已经验证了 SAA 算法对式（4-106）的收敛性，给出了依概率 1 收敛于真实值时所需的样本数目 M。当给定一系列历史测量数据时，式（4-107）是一个确定的非线性规划问题，可以很容易地获得原问题 CVaR 松弛后的解。

4.5.3　实验结果分析

为了验证基于 NCCP 的 MRS 功率分配算法的有效性和稳健性，本节进行了如下仿真，并将该算法的性能与文献[92]提出算法的性能进行了比较。考虑了一种目标位于 MRS 中央的场景，如图 4.20 所示，目的是减小雷达布阵形式对功率分配结果的影响，进而更好地分析目标 RCS 的作用。目标的初始位置为 $(21.75,8)$ km，并以速度 $(200,0)$ m/s 做匀速运动。假设共有 30 帧数据用于本次仿真，每部雷达发射信号的参数基本相同，有效带宽为 1MHz，相参脉冲个数为 32，观测间隔 $T_0=0.5\text{s}$。

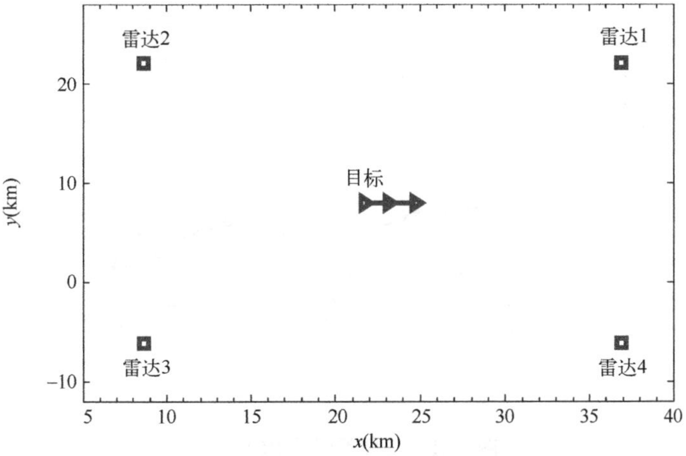

图 4.20　雷达与目标的空间分布示意图

考虑了三种不同的 RCS 模型，如图 4.21 所示：第一种模型中，目标的 RCS 是在 UHF 波段下的一组模拟数据，信号波长设为 0.5m；第二种模型中，目标的 RCS 是在 S 波段下的一组模拟数据，信号波长设为 10cm；第三种模型中，目标的 RCS 是一组频段更高的模拟数据，信号波长设为 1cm。结果表明，雷达工作频段越高，目标的 RCS 起伏越快。图 4.21 中，$\boldsymbol{h}^i=\left[h_{i,1},h_{i,2},\cdots,h_{i,k}\right]^{\mathrm{T}}$，$i=1,\cdots,N$。

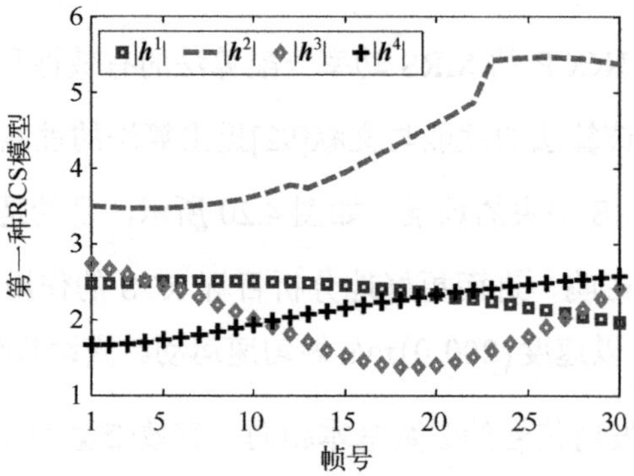

（a）情况1

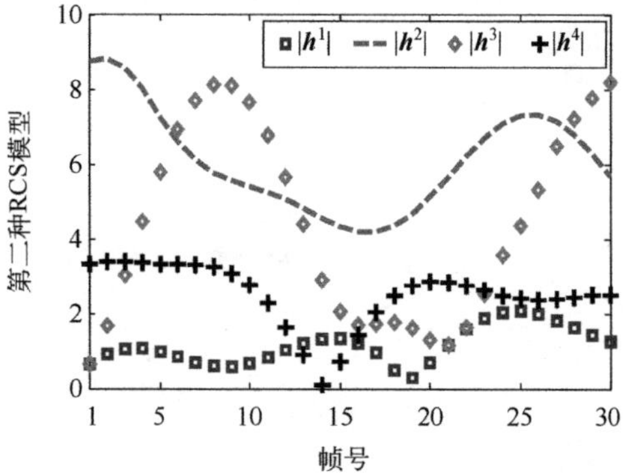

（b）情况2

图 4.21　三种不同的 RCS 模型

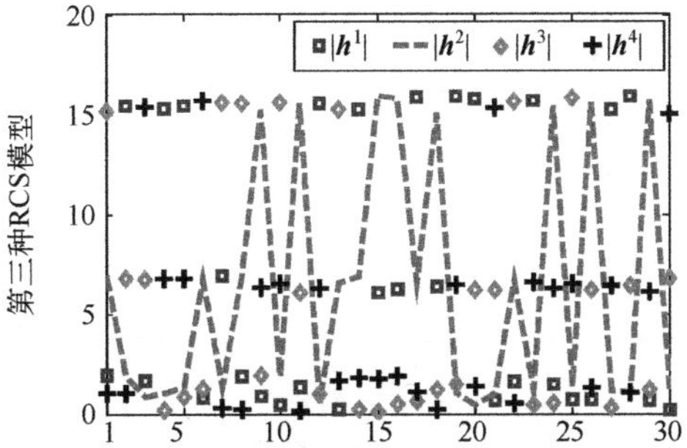

（c）情况3

图 4.21　三种不同的 RCS 模型（续）

首先定义一个性能指标——功率节省率，即

$$\rho=\frac{1}{L}\sum_{i=1}^{L}\frac{\mathbf{1}_N^{\mathrm{T}}\boldsymbol{P}_k^i}{\mathbf{1}_N^{\mathrm{T}}\boldsymbol{P}_0^i} \tag{4-108}$$

式中，蒙特卡罗实验次数 $L=50$； $\boldsymbol{P}_k^i$ 表示由本节提出的功率分配算法在第 i 次实验中得到的分配结果；$\boldsymbol{P}_0^i$ 表示在满足相同机会约束的条件下，在均匀分配时，每部雷达的发射功率（文中假设在不进行功率分配时，每部雷达的发射功率是相等的）。如图 4.22 所示，为了分析不同置信水平对分配结果的影响，本节将置信水平分别设置为 0.9、0.95 和 0.99。结果显示，本节提出的算法能节约 10%～20%的功率资源，置信水平越高，节约的功率资源越少。直观上理解，MRS 消耗的总功率越高，不满足约束条件的概率就越小，置信水平越高。

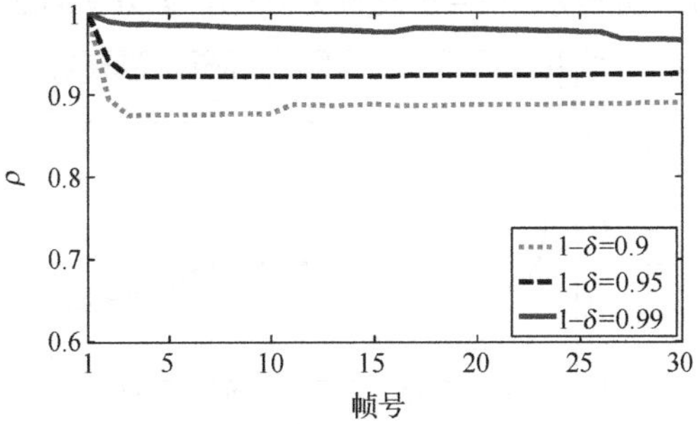

（a）情况1

图 4.22　不同 RCS 模型下的功率节省率

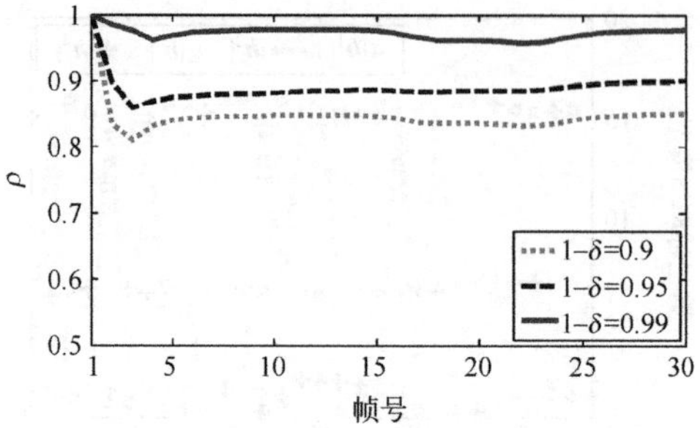

（b）情况2

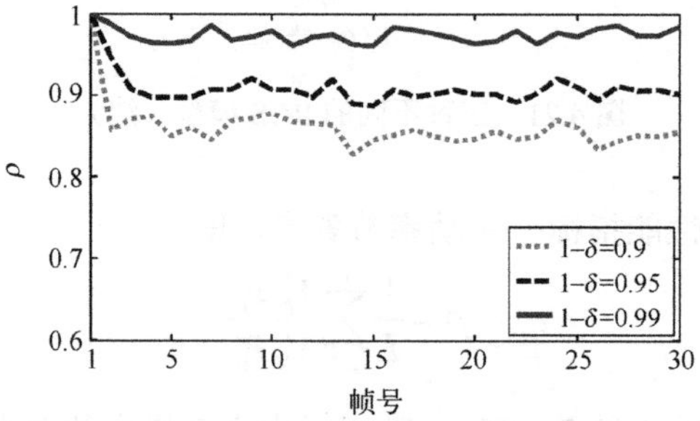

（c）情况3

图 4.22　不同 RCS 模型下的功率节省率（续）

为了进一步验证本节算法的稳健性，将其与文献[92]提出的算法进行了比较。由于本节将目标的 RCS 看作一个随机参数，在这种情况下，目标的跟踪精度也是随机的，无法在相同跟踪精度的条件下比较两种算法的功率节省率。因此，本节从功率利用效率的角度出发，对两种算法进行了比较，即在总功率给定的情况下，比较两种算法 L 次蒙特卡罗实验平均后的目标跟踪精度，结果如图 4.23 所示。此时，置信水平$1-\delta$设置为 0.95，即$\delta=0.05$。

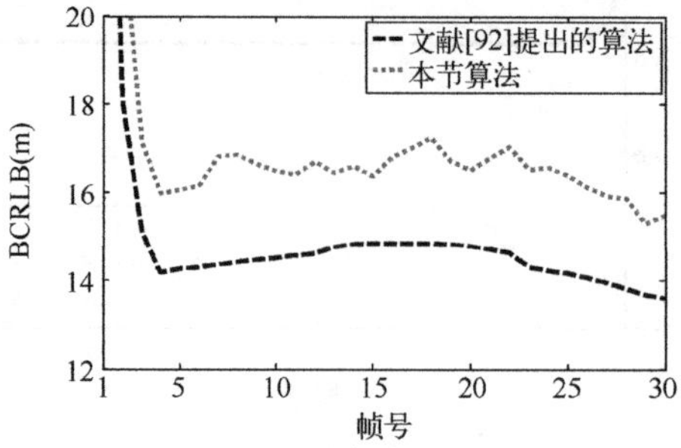

（a）情况1

图 4.23　不同 RCS 模型下两种算法的跟踪精度

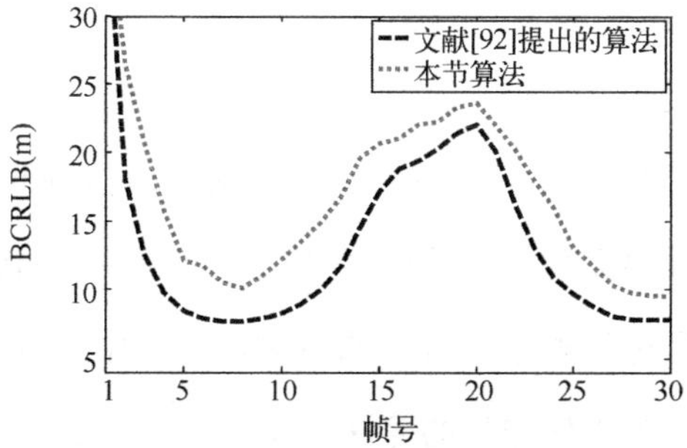

（b）情况2

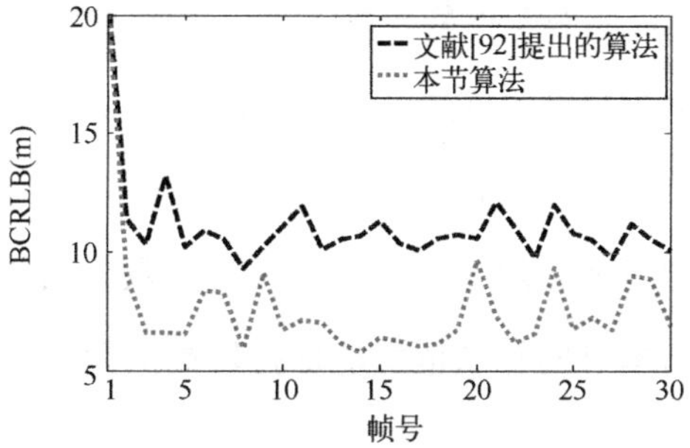

（c）情况3

图 4.23　不同 RCS 模型下两种算法的跟踪精度（续）

由图 4.23 可知，文献[92]提出的算法能很好地应用于工作频率较低的 MRS。对于在高频段工作的 MRS，可能会因模型失配，导致算法性能下降。在相同的条件下，置信水平越高，目标跟踪精度越低。图 4.23（a）的结果显示，文献[92]提出的功率分配算法的跟踪性能要明显优于基于 NCCP 的功率分配算法。这是因为 UHF 波段的雷达工作频率较低，目标的反射系数起伏比较平缓，与文献[92]假设的一阶马尔可夫转移模型匹配，因此目标的跟踪精度较高；而基于 NCCP 的功率分配算法则没有利用目标 RCS 预测模型的信息，只是根据历史观测数据，在统计意义下获取了一组最优的分配结果，是一种较为“保守”的算法。由于目标 RCS 的起伏程度会随着雷达工作频率的提升而加剧，因此文献[92]假设的一阶马尔可夫转移模型与 S 波段的 RCS 起伏情况不再匹配，如图 4.21（b）

所示。在这种模型失配的情况下，每一时刻预测的目标 RCS 将会与真实值出现较大偏差。然而，由图 4.21（b）可知，在大多数时刻，目标对雷达 2 和雷达 3 的反射系数最高。虽然预测结果与真实值有偏差，但预测结果仍满足目标对雷达 2 和雷达 3 的反射系数较高这一条件。换句话说，MRS 仍将大部分功率资源分配给这两部目标反射系数较高的雷达，整个算法的性能不会出现恶化，仍优于本节提出的较为“保守”的算法。在 16～22 帧，目标对所有雷达的发射系数都比较小，目标的跟踪性能急剧下降，如图 4.23（b）所示。在第三种 RCS 模型中，文献[92]提出的算法已经无法正确地预测目标 RCS，也不清楚下一时刻目标对哪部雷达的反射系数较高，如图 4.23（c）所示。在这种情况下，系统的功率资源可能分配给下一时刻反射系数很低的雷达，进而使算法的性能出现恶化，而本节的算法依然能保持较高的跟踪精度，由此验证了算法的鲁棒性。

4.5.4 小结

本节在 MRS 平台下，提出了一种基于 NCCP 模型的稳健认知跟踪算法，目的是使 MRS 能动态地协调每部雷达的发射参数，进而在满足机会约束的条件下，尽可能地节约功率资源。该算法将目标的 RCS 建模为随机变量，采用 NCCP 模型进行分析，克服了现有算法强制将目标 RCS 的转移模型设定为一阶马尔可夫过程而导致的模型失配问题，使功率分配算法更具鲁棒性。仿真实验表明，相对于均匀分配的情况，基于 NCCP 的功率分配算法能有效节约 MRS 的功率资源。扩展实验表明，相对于文献[92]提出的算法，本节提出的资源分配算法对任何波段工作的 MRS 都比较稳健。从实用性出发，下一步的研究工作将是改进 NCCP 模型的求解方法，使算法满足实时性的需求。

4.6　基于分布式 2D 雷达网络的目标三维跟踪算法

前几节考虑了二维情况下，多站雷达单目标的认知跟踪算法。为了将认知跟踪算法拓展至三维目标，本节在考虑工程应用中传输带宽和融合中心处理能力的前提下，提出了一种基于分布式 2D 雷达网络的目标三维跟踪算法。

4.6.1　目标运动模型

假设在三维空间中有一个近似匀速飞行的目标，目标的运动模型[110]描述为

$$\boldsymbol{X}_k=\boldsymbol{F}\boldsymbol{X}_{k-1}+\boldsymbol{u}_{k-1} \tag{4-109}$$

式（4-109）中，$\boldsymbol{X}_k$ 表示 k 时刻三维空间的目标状态向量，即

$$\boldsymbol{X}_k=\left[X_k,\dot{X}_k,Y_k,\dot{Y}_k,Z_k,\dot{Z}_k\right]^{\mathrm{T}} \tag{4-110}$$

式中，上标 T 表示矩阵或向量的转置；$\left(X_k,Y_k,Z_k\right)$ 和 $\left(\dot{X}_k,\dot{Y}_k,\dot{Z}_k\right)$ 分别表示 k 时刻目标的空间位置和速度。

式（4-109）中，$\boldsymbol{F}$ 表示目标状态转移矩阵，即

$$\boldsymbol{F}=\boldsymbol{I}_3\otimes\begin{bmatrix}1 & T_0\\ 0 & 1\end{bmatrix} \tag{4-111}$$

式中，$\otimes$ 表示 Kronecker 乘积；$\boldsymbol{I}_3$ 表示 3×3 的单位矩阵；T_0 表示重访时间间隔。

式（4-109）中，$\boldsymbol{u}_{k-1}$ 表示 $k-1$ 时刻，零均值的高斯白噪声序列，协方差矩阵为 $\boldsymbol{Q}_{k-1}$ 可以写为

$$\boldsymbol{Q}_{k-1}=q\boldsymbol{I}_3\otimes\begin{bmatrix}\frac{1}{3}T_0^3 & \frac{1}{2}T_0^2\\ \frac{1}{2}T_0^2 & T_0\end{bmatrix} \tag{4-112}$$

式中，q 表示三维过程噪声的强度。

4.6.2 单雷达 2D 跟踪模型

假设在三维空间有 N 部同步的 2D 雷达，每部雷达的采样周期都为 T_0，坐标可以表示为 $(x_i, y_i, z_i), i=1,2,\cdots,N$，都能根据自己的回波数据测量目标的距离信息 R_k^i 和方位信息 θ_k^i，并根据这些信息利用转换量测 Kalman 滤波器[75]对目标进行 2D 跟踪。

1. 局部状态模型

在第 i 部雷达节点，目标的 2D 运动模型可近似为

$$\boldsymbol{x}_k^i = \boldsymbol{F}_i \boldsymbol{x}_{k-1}^i + \boldsymbol{w}_{k-1}^i \tag{4-113}$$

式中，$\boldsymbol{x}_k^i = \left[x_k^i, \dot{x}_k^i, y_k^i, \dot{y}_k^i\right]^{\mathrm{T}}$ 表示第 i 部雷达节点的局部状态，$\left(x_k^i, y_k^i\right)$ 和 $\left(\dot{x}_k^i, \dot{y}_k^i\right)$ 分别表示 k 时刻目标在第 i 部雷达局部观测平面内的位置和速度；$\boldsymbol{F}_i$ 为局部状态转移矩阵，即

$$\boldsymbol{F}_i = \boldsymbol{I}_2 \otimes \begin{bmatrix} 1 & T_0 \\ 0 & 1 \end{bmatrix} \tag{4-114}$$

$\boldsymbol{w}_{k-1}^i$ 表示 $k-1$ 时刻，第 i 部雷达节点的局部过程噪声，协方差矩阵可表示为

$$\boldsymbol{Q}_{k-1}^i = q_1 \boldsymbol{I}_2 \otimes \begin{bmatrix} \frac{1}{3}T_0^3 & \frac{1}{2}T_0^2 \\ \frac{1}{2}T_0^2 & T_0 \end{bmatrix} \tag{4-115}$$

式中，q_1 表示局部过程噪声的强度。

2. 单雷达观测模型

k 时刻，第 i 部雷达测得目标的距离信息 R_k^i 和方位信息 θ_k^i 与局部状态 $\boldsymbol{x}_k^i$ 和目标三维状态 $\boldsymbol{X}_k$ 的关系分别表示为

$$\begin{cases} R_k^i = \sqrt{\left(x_k^i - x_i\right)^2 + \left(y_k^i - y_i\right)^2} \\ \quad = \sqrt{\left(X_k - x_i\right)^2 + \left(Y_k - y_i\right)^2 + \left(Z_k - z_i\right)^2} \\ \theta_k^i = \arctan\left(\dfrac{y_k^i - y_i}{x_k^i - x_i}\right) = \arctan\left(\dfrac{Y_k - y_i}{X_k - x_i}\right) \end{cases} \tag{4-116}$$

在实际中，雷达的测量往往含有随机误差，第 i 部雷达在 k 时刻的测量结果可以表示为

$$\begin{cases} \tilde{R}_k^i = R_k^i + \Delta R_k^i \\ \tilde{\theta}_k^i = \theta_k^i + \Delta\theta_k^i \end{cases} \tag{4-117}$$

式中，ΔR_k^i 和 $\Delta\theta_k^i$ 表示第 i 部雷达在 k 时刻的测量误差，相互独立，分别服从均值为零、方差为 $\sigma_{R_k^i}^2$ 和 $\sigma_{\theta_k^i}^2$ 的高斯分布。

单部雷达的 2D 跟踪滤波采用转换量测模型[75]，第 i 部雷达的观测模型为

$$\boldsymbol{U}_k^i = \boldsymbol{H}_k^i \boldsymbol{x}_k^i + \boldsymbol{e}_k^i \tag{4-118}$$

式中，$\boldsymbol{H}_k^i$ 表示第 i 部雷达的局部观测矩阵，可写为

$$\boldsymbol{H}_k^i = \begin{bmatrix} 1 & 0 & 0 & 0 \\ 0 & 0 & 1 & 0 \end{bmatrix} \tag{4-119}$$

$\boldsymbol{U}_k^i$ 为笛卡儿坐标系中的伪线性量测；$\boldsymbol{e}_k^i$ 为噪声，协方差矩阵 $\boldsymbol{D}_k^i$ [75]为

$$\boldsymbol{D}_k^i = E\left[\left(\boldsymbol{e}_k^i\right)^{\mathrm{T}} \boldsymbol{e}_k^i\right] = \begin{bmatrix} \left(\sigma_{xk}^i\right)^2 & \sigma_{xyk}^i \\ \sigma_{yxk}^i & \left(\sigma_{yk}^i\right)^2 \end{bmatrix} \tag{4-120}$$

基于式（4-113）和式（4-118），采用信息式的 Kalman 滤波器，第 i 部雷达的局部更新方程可表示为

$$\begin{cases} \hat{\boldsymbol{x}}_{k|k}^i = \hat{\boldsymbol{x}}_{k|k-1}^i + \boldsymbol{P}_{k|k}^i \left(\boldsymbol{H}_k^i\right)^{\mathrm{T}} \left(\boldsymbol{D}_k^i\right)^{-1} \left(\boldsymbol{U}_k^i - \boldsymbol{H}_k^i \hat{\boldsymbol{x}}_{k|k-1}^i\right) \\ \left(\boldsymbol{P}_{k|k}^i\right)^{-1} = \left(\boldsymbol{P}_{k|k-1}^i\right)^{-1} + \left(\boldsymbol{H}_k^i\right)^{\mathrm{T}} \left(\boldsymbol{D}_k^i\right)^{-1} \boldsymbol{H}_k^i \end{cases} \tag{4-121}$$

式中，$\hat{\boldsymbol{x}}_{k|k}^i$ 和 $\boldsymbol{P}_{k|k}^i$ 分别表示局部更新后的目标状态和相应的协方差矩阵；$\hat{\boldsymbol{x}}_{k|k-1}^i$ 和 $\boldsymbol{P}_{k|k-1}^i$ 是局部的预测信息。

3. 局部状态与目标三维状态的关系

前面定义了两种目标状态：某部雷达节点的局部状态和目标三维状态。在 k 时刻，第 i 部雷达节点的局部状态 $\boldsymbol{x}_k^i$ 与目标三维状态 $\boldsymbol{X}_k$ 的关系 $\boldsymbol{x}_k^i=\boldsymbol{g}^i\left(\boldsymbol{X}_k\right)$ 可表示为

$$\begin{cases} x_k^i = R_k^i\left(X_k - x_i\right)/r_k^i \\ \dot{x}_k^i = V_k^i \dot{X}_k / v_k \\ y_k^i = R_k^i\left(Y_k - y_i\right)/r_k^i \\ \dot{y}_k^i = V_k^i \dot{Y}_k / v_k \end{cases} \tag{4-122}$$

式中，V_k^i 表示三维速度 V_k 在第 i 部雷达节点径向的投影；r_k^i 表示 R_k^i 在第 i 部雷达观测平面上的投影。

式（4-122）中，r_k^i、V_k^i、v_k 可表示为

$$\begin{cases} r_k^i = \sqrt{\left(X_k - x_i\right)^2 + \left(Y_k - y_i\right)^2} \\ V_k^i = \left(\dot{X}_k\left(X_k - x_i\right) + \dot{Y}_k\left(Y_k - y_i\right) + \dot{Z}_k\left(Z_k - z_i\right)\right)/R_k^i \\ v_k = \sqrt{\left(\dot{X}_k\right)^2 + \left(\dot{Y}_k\right)^2} \end{cases} \tag{4-123}$$

图 4.24 为第 i 部雷达节点的局部状态与目标三维状态的空间位置关系。

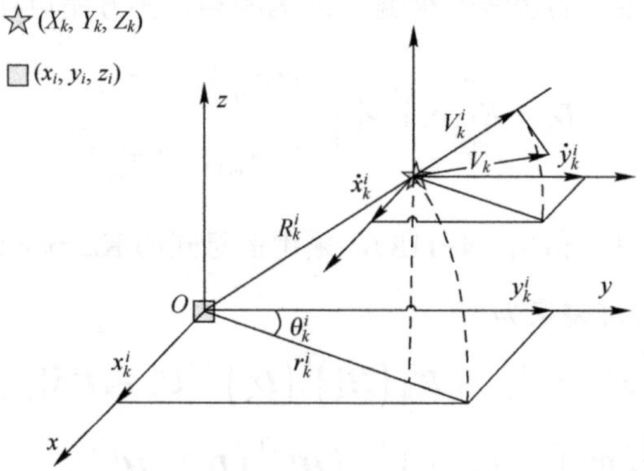

图 4.24 第 i 部雷达节点的局部状态与目标三维状态的空间位置关系

本节介绍了单部雷达的跟踪模型，下节将从集中式框架下的融合思想出发，介绍一种次优的分布式估计融合算法。该算法将每部雷达的局部跟踪信息

融合，可得到目标的三维跟踪信息。

4.6.3　融合中心的目标三维跟踪

首先给出集中式框架下的融合中心广义量测方程，即

$$\boldsymbol{U}_k = \boldsymbol{H}_k \boldsymbol{g}\left(\boldsymbol{X}_k\right) + \boldsymbol{e}_k \tag{4-124}$$

式中，

$$\begin{cases} \boldsymbol{U}_k = \left[\left(\boldsymbol{U}_k^1\right)^{\mathrm{T}}, \left(\boldsymbol{U}_k^2\right)^{\mathrm{T}}, \cdots, \left(\boldsymbol{U}_k^N\right)^{\mathrm{T}}\right]^{\mathrm{T}} \\ \boldsymbol{H}_k = \operatorname{diag}\left\{\boldsymbol{H}_k^1, \boldsymbol{H}_k^2, \cdots, \boldsymbol{H}_k^N\right\} \\ \boldsymbol{g}(\cdot) = \left[\left(\boldsymbol{g}^1(\cdot)\right)^{\mathrm{T}}, \left(\boldsymbol{g}^2(\cdot)\right)^{\mathrm{T}}, \cdots, \left(\boldsymbol{g}^N(\cdot)\right)^{\mathrm{T}}\right]^{\mathrm{T}} \\ \boldsymbol{e}_k = \left[\left(\boldsymbol{e}_k^1\right)^{\mathrm{T}}, \left(\boldsymbol{e}_k^2\right)^{\mathrm{T}}, \cdots, \left(\boldsymbol{e}_k^N\right)^{\mathrm{T}}\right]^{\mathrm{T}} \end{cases} \tag{4-125}$$

式中，$\boldsymbol{g}^i(\cdot)$ 见式（4–122）。在每部雷达量测噪声相互独立，过程噪声和量测噪声互不相关的假设下，广义量测噪声 $\boldsymbol{e}_k$ 的统计特性可以表示为

$$\begin{cases} E\left[\boldsymbol{e}_k\right] = \boldsymbol{0} \\ \operatorname{cov}\left[\boldsymbol{e}_k, \boldsymbol{e}_k\right] = \boldsymbol{D}_k = \operatorname{diag}\left\{\boldsymbol{D}_k^1, \boldsymbol{D}_k^2, \cdots, \boldsymbol{D}_k^N\right\} \end{cases} \tag{4-126}$$

利用式（4–125）和式（4–126）的块对角性质，融合中心在 k 时刻的集中式航迹估计和相应的误差协方差矩阵为

$$\begin{cases} \widehat{\boldsymbol{X}}_{k|k} = \widehat{\boldsymbol{X}}_{k|k-1} + \boldsymbol{P}_{k|k} \sum_{i=1}^{N} \left(\boldsymbol{H}_k^i \boldsymbol{G}_k^i\right)^{\mathrm{T}} \left(\boldsymbol{D}_k^i\right)^{-1} \left[\boldsymbol{U}_k^i - \boldsymbol{H}_k^i \boldsymbol{g}^i\left(\widehat{\boldsymbol{X}}_{k|k-1}\right)\right] \\ \left(\boldsymbol{P}_{k|k}\right)^{-1} = \left(\boldsymbol{P}_{k|k-1}\right)^{-1} + \sum_{i=1}^{N} \left(\boldsymbol{H}_k^i \boldsymbol{G}_k^i\right)^{\mathrm{T}} \left(\boldsymbol{D}_k^i\right)^{-1} \boldsymbol{H}_k^i \boldsymbol{G}_k^i \end{cases} \tag{4-127}$$

式中，$\widehat{\boldsymbol{X}}_{k|k-1}$ 和 $\boldsymbol{P}_{k|k-1}$ 表示 k 时刻融合中心的预测信息；$\boldsymbol{G}_k^i$ 表示 $\boldsymbol{g}^i(\cdot)$ 在预测点 $\widehat{\boldsymbol{X}}_{k|k-1}$ 求得的雅克比矩阵，即

$$\begin{aligned} \boldsymbol{G}_k^i &= \left(\varDelta_{\boldsymbol{X}_k} \left(\boldsymbol{g}^i \left(\boldsymbol{X}_k \right) \right)^{\mathrm{T}} \right)^{\mathrm{T}} \Bigg|_{\boldsymbol{X}_k = \widehat{\boldsymbol{X}}_{k|k-1}} \\ &= \left[\varDelta_{\boldsymbol{X}_k} x_k^i, \varDelta_{\boldsymbol{X}_k} \dot{x}_k^i, \varDelta_{\boldsymbol{X}_k} y_k^i, \varDelta_{\boldsymbol{X}_k} \dot{y}_k^i \right]^{\mathrm{T}} \Bigg|_{\boldsymbol{X}_k = \widehat{\boldsymbol{X}}_{k|k-1}} \end{aligned} \tag{4-128}$$

由式（4-127）可知，集中式融合算法需要每部雷达都将自己的量测$\boldsymbol{U}_k^i$传输至融合中心。不过，由式（4-121）可知，每部雷达的量测可以用局部跟踪信息表示。由此，中心估计器将不使用量测，而是通过联合每部雷达的局部信息来获取目标三维信息。这需要将式（4-121）的两项相乘，移项后可得

$$\left(\boldsymbol{H}_k^i \right)^{\mathrm{T}} \left(\boldsymbol{D}_k^i \right)^{-1} \boldsymbol{U}_k^i = \left(\boldsymbol{P}_{k|k}^i \right)^{-1} \widehat{\boldsymbol{x}}_{k|k}^i - \left(\boldsymbol{P}_{k|k-1}^i \right)^{-1} \widehat{\boldsymbol{x}}_{k|k-1}^i \tag{4-129}$$

将式（4-129）代入式（4-127），消除融合中心更新方程中的量测$\boldsymbol{U}_k^i$得

$$\begin{cases} \widehat{\boldsymbol{X}}_{k|k} = \widehat{\boldsymbol{X}}_{k|k-1} + \boldsymbol{P}_{k|k} \sum\limits_{i=1}^{N} \Bigg[\left(\boldsymbol{G}_k^i \right)^{\mathrm{T}} \left(\left(\boldsymbol{P}_{k|k}^i \right)^{-1} \widehat{\boldsymbol{x}}_{k|k}^i - \left(\boldsymbol{P}_{k|k-1}^i \right)^{-1} \widehat{\boldsymbol{x}}_{k|k-1}^i \right) - \\ \qquad \left(\boldsymbol{H}_k^i \boldsymbol{G}_k^i \right)^{\mathrm{T}} \left(\boldsymbol{D}_k^i \right)^{-1} \boldsymbol{H}_k^i \boldsymbol{g}^i \left(\widehat{\boldsymbol{X}}_{k|k-1} \right) \Bigg] \\ \left(\boldsymbol{P}_{k|k} \right)^{-1} = \left(\boldsymbol{P}_{k|k-1} \right)^{-1} + \sum\limits_{i=1}^{N} \left(\boldsymbol{H}_k^i \boldsymbol{G}_k^i \right)^{\mathrm{T}} \left(\boldsymbol{D}_k^i \right)^{-1} \boldsymbol{H}_k^i \boldsymbol{G}_k^i \end{cases} \tag{4-130}$$

将式（4-121）中的第二项代入式（4-130）的第二项，可得中心估计器协方差更新方程的另一种形式，即

$$\left(\boldsymbol{P}_{k|k} \right)^{-1} = \left(\boldsymbol{P}_{k|k-1} \right)^{-1} + \sum_{i=1}^{N} \left[\left(\boldsymbol{G}_k^i \right)^{\mathrm{T}} \left(\left(\boldsymbol{P}_{k|k}^i \right)^{-1} - \left(\boldsymbol{P}_{k|k-1}^i \right)^{-1} \right) \boldsymbol{G}_k^i \right] \tag{4-131}$$

式中，$\left(\boldsymbol{P}_{k|k}^i \right)^{-1} - \left(\boldsymbol{P}_{k|k-1}^i \right)^{-1}$表示 k 时刻第 i 部雷达的量测给局部状态提供的 FIM[155]。将所有雷达的信息经过向量参数变换后求和，就得到了目标三维跟踪时所有雷达观测提供的 FIM。

由以上推导过程可知，这种融合算法完全是由量测扩维的集中式融合算法通过矩阵变换得到的，只是在变换过程中对每部雷达的局部跟踪模型进行了近似，因此是次优的。在这种算法中，融合中心需要每部雷达提供如下估计量，即

$$\left\{ \widehat{\boldsymbol{x}}_{k|k}^i, \boldsymbol{P}_{k|k}^i, \widehat{\boldsymbol{x}}_{k|k-1}^i, \boldsymbol{P}_{k|k-1}^i, \boldsymbol{D}_k^i \right\} \quad i = 1, 2, \cdots, N \tag{4-132}$$

4.6.4 三维滤波器的初始状态选取

上节已经给出了一种分布式处理框架下的目标三维跟踪算法。在实际跟踪中，滤波器初始解的选取也会极大地影响跟踪性能。因此，本节根据文献[86]的思想，利用最大似然（Maximum Likelihood，ML）估计给目标跟踪提供一个初始解。

假设目标在前 m 帧服从匀速运动的模型（m 表示 ML 估计目标初始状态时所用的帧数），由于每部雷达不同时刻的观测误差相互独立，因此观测的似然函数可写为

$$L_m\left(\boldsymbol{X}_k\right)=\left(\prod_{i=1}^{N}\prod_{k=1}^{m}\ln f\left(R_k^i,\theta_k^i\left|\boldsymbol{X}_k\right.\right)\right) \tag{4-133}$$

在距离和方位误差相互独立，且服从高斯分布的假设下，$f\left(R_k^i,\theta_k^i\left|\boldsymbol{X}_k\right.\right)$可表示为

$$f\left(R_k^i,\theta_k^i\left|\boldsymbol{X}_k\right.\right)=f\left(R_k^i\left|\boldsymbol{X}_k\right.\right)f\left(\theta_k^i\left|\boldsymbol{X}_k\right.\right) \tag{4-134}$$

式中，$f\left(R_k^i\left|\boldsymbol{X}_k\right.\right)$和$f\left(\theta_k^i\left|\boldsymbol{X}_k\right.\right)$均为高斯分布，即

$$\begin{cases} f\left(R_k^i\left|\boldsymbol{X}_k\right.\right)=\mathcal{N}\left(\tilde{R}_k^i,\sigma_{R_k^i}^2\right) \\ f\left(\theta_k^i\left|\boldsymbol{X}_k\right.\right)=\mathcal{N}\left(\tilde{\theta}_k^i,\sigma_{\theta_k^i}^2\right) \end{cases} \tag{4-135}$$

式中，$\tilde{R}_k^i$和$\tilde{\theta}_k^i$为第 i 部雷达 k 时刻的测量值，见式（4-117）。将式（4-134）和式（4-135）代入式（4-133）可以发现，最大似然函数$L\left(\boldsymbol{X}_k\right)$等效于最小似然函数$\mathbb{F}_m\left(\boldsymbol{X}_k\right)$，即

$$\mathbb{F}_m\left(\boldsymbol{X}_k\right)=\sum_{i=1}^{N}\sum_{k=1}^{m}\left(\frac{\left(\tilde{R}_k^i-R_k^i\right)^2}{\sigma_{R_k^i}^2}+\frac{\left(\tilde{\theta}_k^i-\theta_k^i\right)^2}{\sigma_{\theta_k^i}^2}\right) \tag{4-136}$$

这样就能获得目标三维状态的 ML 估计，即

$$\hat{\boldsymbol{X}}_{\mathrm{ML}}^m=\arg\min_{\boldsymbol{x}_k}\left(\mathbb{F}_m\left(\boldsymbol{x}_k\right)\right) \tag{4-137}$$

利用 Newton-Raphson 法可求解$\hat{\boldsymbol{X}}_{\mathrm{ML}}^m$。本节将$\hat{\boldsymbol{X}}_{\mathrm{ML}}^m$作为目标三维跟踪时的初始解$\hat{\boldsymbol{X}}_{m|m}$。

4.6.5 实验结果分析

为了验证算法的有效性，本节针对一个在三维空间匀速运动的目标场景进行了仿真。假设共有 40 帧数据用于本次仿真，每部雷达发射信号的有效带宽 β=1MHz，相参脉冲个数 $N=16$，观测间隔 T_0=5s，在 100km 处，单次回波的 SNR 被设定为 13dB。雷达距离和方位估计误差为

$$\begin{cases} \sigma_{R_k^i} = \dfrac{c}{2} \cdot \dfrac{1}{2\pi\beta\sqrt{N \cdot \text{SNR}}} \\ \sigma_{\theta_k^i} = \dfrac{\sqrt{3}\lambda}{\pi\gamma\sqrt{N \cdot \text{SNR}}} \end{cases} \tag{4-138}$$

式中，$c=3\times10^8$ m/s，表示光速；λ=0.3m，为雷达工作波长；$\gamma=4\lambda$，表示天线孔径。

仿真考虑了两种布阵情况：在第一种布阵情况下，目标的初始位置位于(22.75,0,Z) km，并以速度(100,50,0)m/s 匀速飞行（等高飞行）；在第二种布阵情况下，考虑了目标匀速降落的情况，目标初始位置位于(50,0,Z)km（仿真中取 Z=5km 和 Z=15km），速度为(−200,50,−20)m/s。图 4.25 给出了两种布阵情况下，雷达与目标的空间分布示意图。

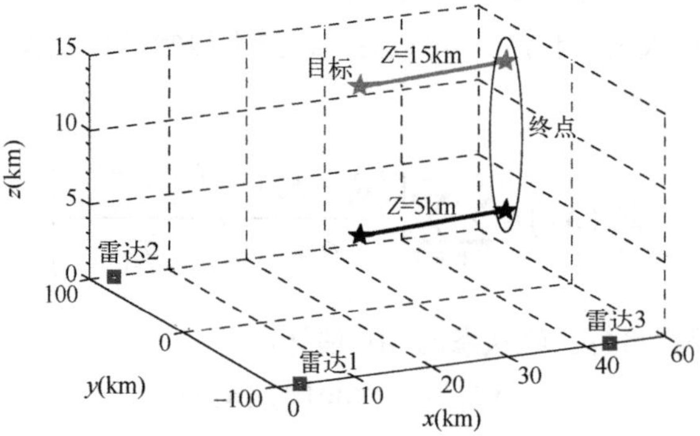

（a）情况1

图 4.25 雷达与目标的空间分布示意图

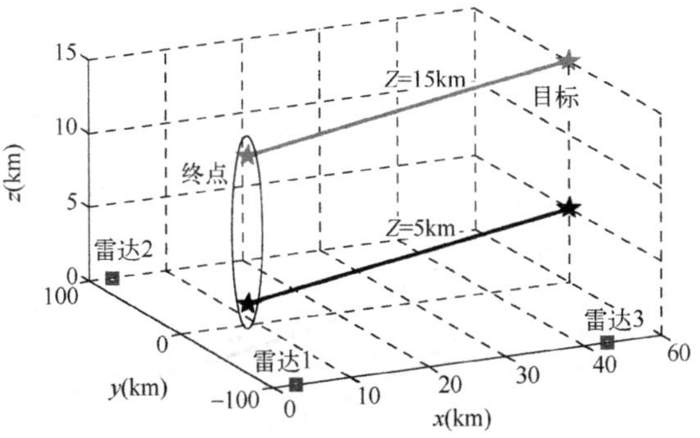

（b）情况2

图 4.25　雷达与目标的空间分布示意图（续）

为了验证 4.6.3 节中给出算法的有效性，本节对其进行了仿真。图 4.26 给出了 ML 估计的精度和估计误差的 CRLB 随所用帧数 m 变化的示意图。本节中，目标位置和速度估计的 RMSE 被定义为

$$\begin{cases}\mathrm{RMSE}_R=\sqrt{\dfrac{1}{L}\sum_{j=1}^{L}\left[\left(X_k-\hat{X}_k^j\right)^2+\left(Y_k-\hat{Y}_k^j\right)^2+\left(Z_k-\hat{Z}_k^j\right)^2\right]}\\ \mathrm{RMSE}_v=\sqrt{\dfrac{1}{L}\sum_{j=1}^{L}\left[\left(\dot{X}_k-\hat{\dot{X}}_k^j\right)^2+\left(\dot{Y}_k-\hat{\dot{Y}}_k^j\right)^2+\left(\dot{Z}_k-\hat{\dot{Z}}_k^j\right)^2\right]}\end{cases}\tag{4-139}$$

式中，L 表示计算 RMSE 时所用的蒙特卡罗实验次数，本节取 $L=50$；$\left(\hat{X}_k^j,\hat{Y}_k^j,\hat{Z}_k^j\right)$和$\left(\hat{\dot{X}}_k^j,\hat{\dot{Y}}_k^j,\hat{\dot{Z}}_k^j\right)$分别表示 k 时刻第 j 次实验估计的目标位置和速度。

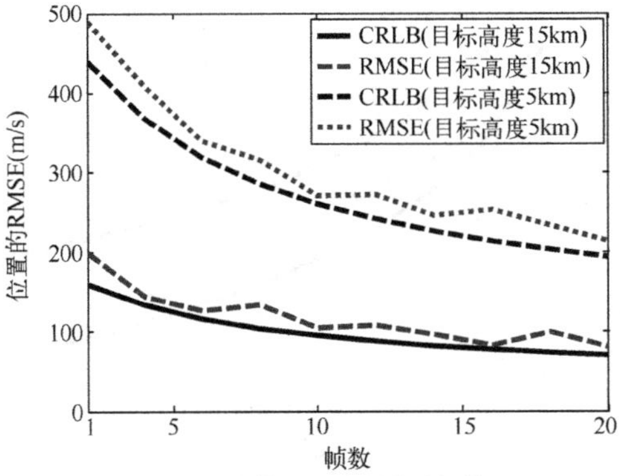

（a）情况1，位置估计误差

图 4.26　ML 估计结果

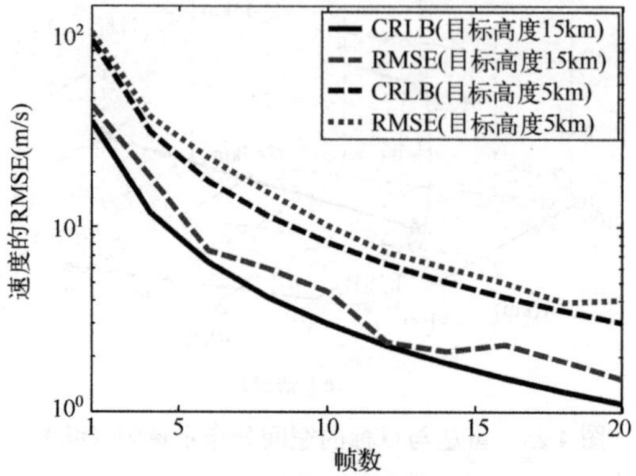

（b）情况1，速度估计误差

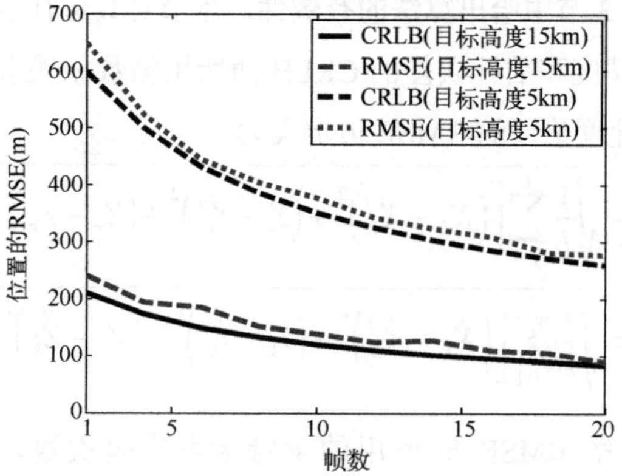

（c）情况2，位置估计误差

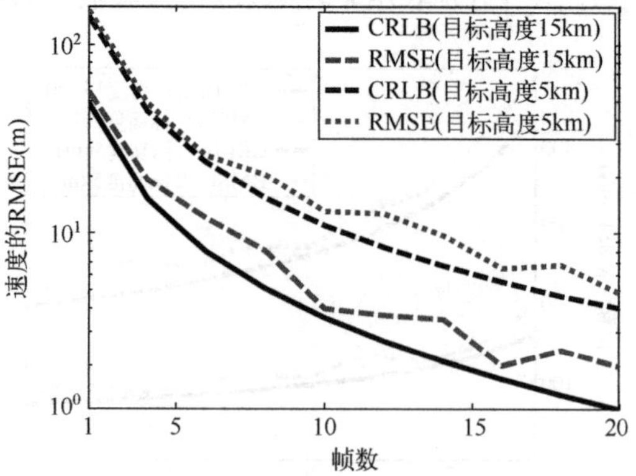

（d）情况2，速度估计误差

图 4.26　ML 估计结果（续）

图 4.26 的结果表明，目标的定位精度都在 800m 以下，还表明：（1）随着帧数 m 的增加，ML 估计的精度越来越高；（2）目标的飞行高度越高，ML 估计的精度越高。

值得指出的是，m 的取值越大，对目标运动模型的精度要求越高，系统的计算量也越大，取值要注意权衡。本节中，取 $m=3$，并令 $\hat{\boldsymbol{X}}_{m|m}=\hat{\boldsymbol{X}}_{\mathrm{ML}}^{m}$。另外，本节中，目标初始状态的协方差矩阵设置为 $\boldsymbol{P}_{m|m}=\mathrm{diag}\{5000,50,5000,50,5000,50\}$。

图 4.27 给出了两种布阵形式下，目标飞行高度分别为 5km 和 15km 时的跟踪误差。

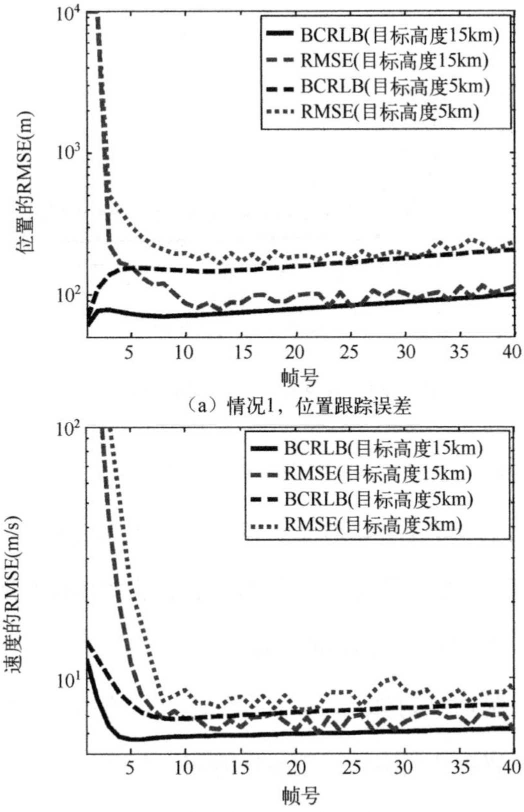

（a）情况1，位置跟踪误差

（b）情况1，速度跟踪误差

图 4.27　目标跟踪的 RMSE

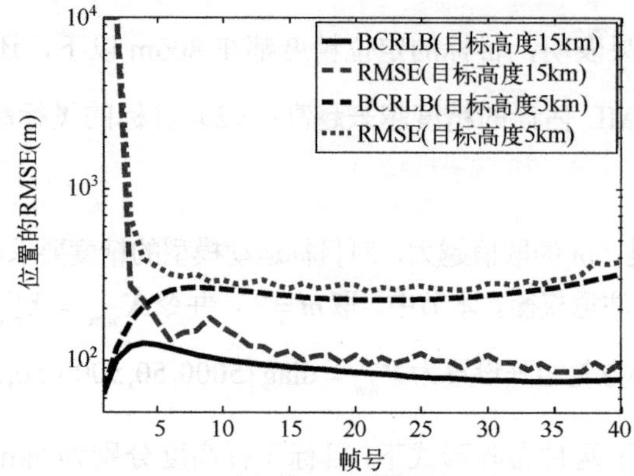

（c）情况2，位置跟踪误差

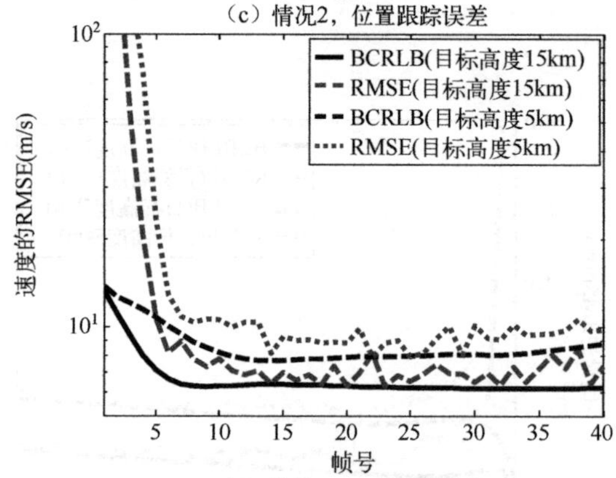

（d）情况2，速度跟踪误差

图 4.27　目标跟踪的 RMSE（续）

图 4.27 中，BCRLB 表示集中式框架下目标三维跟踪的贝叶斯 CRLB，给目标跟踪误差提供了一个下界。由图 4.27 可知，大约在 6 步滤波以后，目标的跟踪精度可收敛至 BCRLB 附近，表明本节的算法能够很好地解决分布式处理结构下 2D 雷达组网目标三维跟踪的问题。

除此之外，由图 4.27 可知：（1）目标的飞行高度越高，目标的跟踪精度越高；（2）当目标远离雷达网络时，跟踪性能随之下降。

为了验证算法的性能，本节还将跟踪的结果与文献[87]提出的算法进行了比较，具体参数与前面仿真相同，但只用了雷达 1 和雷达 2（文献[87]提出的算法只适用于两部雷达的情况）。图 4.28 给出了两种算法在 Z=15km 时高度估计误差的 RMSE。结果表明，本节算法的收敛性要明显优于文献[87]提出的算法，从而进一步验证了本节算法的有效性。

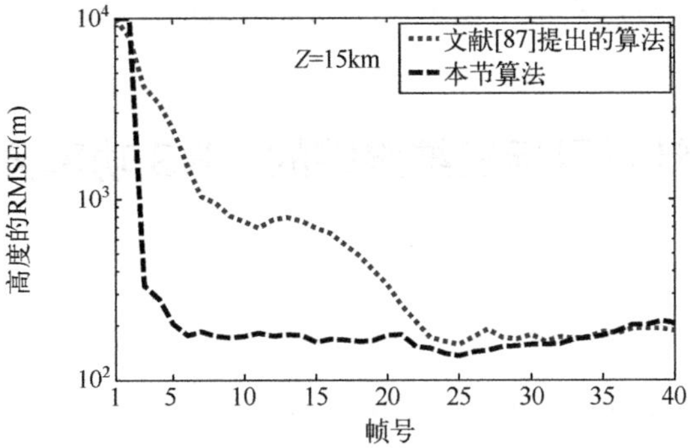

（a）情况1

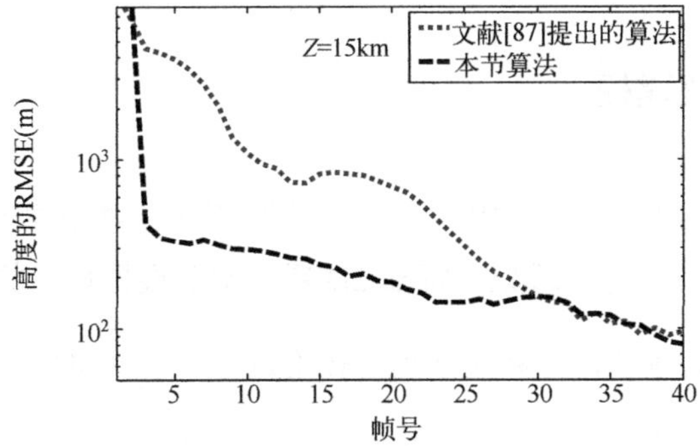

（b）情况2

图 4.28　高度估计误差的 RMSE

4.6.6　小结

本节研究了分布式处理结构下 2D 雷达组网对目标进行三维跟踪的问题。首先，本节从集中式框架下融合中心的广义量测方程出发，推导出了融合中心的更新方程。随后，本节将更新方程中的量测用每部雷达的局部跟踪信息代替，得出目标的三维状态估计。由推导过程可知，本节提出的算法是由量测扩维的集中式融合算法通过矩阵变换直接得到的，只是在变换过程中对单雷达跟踪模型进行了近似，因此是次优的。最后，仿真结果验证了算法的有效性。

值得注意的是，由于目标真实距离和方位信息的不可获取性，因此每部雷达在进行量测转换时，需要用测量值来代替真值进行计算。

4.7 一种针对目标三维跟踪的 MRS 功率分配算法

上节提出了一种基于分布式 2D 雷达网络的目标三维跟踪算法。同样，针对三维目标，本节提出了一种针对三维目标的认知跟踪算法，目的是合理分配系统有限的功率资源，使目标的三维跟踪精度最高。

4.7.1 系统建模

假设三维空间中的一个 MRS 含有 N 部 2D 雷达，其中第 i 部雷达的坐标可以表示为 $\left(x_i, y_i, z_i\right)$。每一时刻，每部 2D 雷达都能根据自己的回波数据测量目标的距离和多普勒频移，并将这些信息传给融合中心（每部雷达测量误差均服从零均值的高斯分布，且相互独立）。根据这些信息，融合中心可完成目标的三维跟踪。

1. 目标运动模型

假设目标在三维空间做匀速直线运动，目标的运动模型方程[110]可写为

$$\boldsymbol{x}_k = \boldsymbol{F}\boldsymbol{x}_{k-1} + \boldsymbol{u}_{k-1} \tag{4-140}$$

式（4-140）中，$\boldsymbol{x}_k$ 表示 k 时刻目标的状态向量，即

$$\boldsymbol{x}_k = [x_k, \dot{x}_k, y_k, \dot{y}_k, z_k, \dot{z}_k]^{\mathrm{T}} \tag{4-141}$$

式中，$\left(x_k, y_k, z_k\right)$ 和 $\left(\dot{x}_k, \dot{y}_k, \dot{z}_k\right)$ 分别表示 k 时刻目标的位置和速度。

式（4-140）中，$\boldsymbol{F}$ 为目标状态转移矩阵，可以表示为

$$F = I_3 \otimes \begin{bmatrix} 1 & T_0 \\ 0 & 1 \end{bmatrix} \tag{4-142}$$

式中，T_0 表示重访时间间隔；$\otimes$ 表示 Kronecker 乘积。

式（4-140）中，$\boldsymbol{u}_{k-1}$ 表示 $k-1$ 时刻，零均值的高斯白噪声序列，用于衡量目标状态转移的不确定性，协方差矩阵 $\boldsymbol{Q}_{k-1}$ [75]可以写为

$$\boldsymbol{Q}_{k-1} = q_0 \boldsymbol{I}_3 \otimes \begin{bmatrix} \frac{1}{3}T_0^3 & \frac{1}{2}T_0^2 \\ \frac{1}{2}T_0^2 & T_0 \end{bmatrix} \tag{4-143}$$

式中，q_0 表示在各个坐标轴上的过程噪声强度。

2. 观测模型

假设 k 时刻第 i 部雷达发射波形的复包络可表示为

$$a_{i,k}(t) = \sqrt{P_{i,k}}\, s_{i,k}(t) \tag{4-144}$$

式中，$s_{i,k}(t)$ 表示第 i 部雷达在 k 时刻归一化后的复包络；$P_{i,k}$ 表示相应的发射功率。

第 i 部雷达在 k 时刻接收信号下变频后的形式为

$$r_{i,k}(t) = h_{i,k}\sqrt{P_{i,k}\alpha_{i,k}}\, s_{i,k}\left(t - \tau_i\left(\boldsymbol{x}_k\right)\right)\exp\left(-\mathrm{j}2\pi f_i\left(\boldsymbol{x}_k\right)t\right) \tag{4-145}$$

式（4-145）中，衰减因子 $\alpha_{i,k}$ 同目标与雷达的径向距离、天线增益以及接收天线孔径有关；$h_{i,k}$ 是一个复数，代表目标的 RCS；$\tau_i\left(\boldsymbol{x}_k\right)$ 表示 k 时刻第 i 部雷达的回波时延，可用其测得雷达到目标的径向距离，即

$$\begin{aligned} R_i\left(\boldsymbol{x}_k\right) &= \frac{c\tau_i\left(\boldsymbol{x}_k\right)}{2} \\ &= \sqrt{(x_k - x_i)^2 + (y_k - y_i)^2 + (z_k - z_i)^2} \end{aligned} \tag{4-146}$$

式中，c 表示光速。

式（4-145）中，$f_i\left(\boldsymbol{x}_k\right)$ 表示 k 时刻第 i 部雷达与目标因相对运动而产生的

多普勒频移，即

$$f_i(\boldsymbol{x}_k)=-\frac{2}{\lambda_i}(\dot{x}_k,\dot{y}_k,\dot{z}_k)\begin{pmatrix}x_k-x_i\\y_k-y_i\\z_k-z_i\end{pmatrix}\Big/R_i(\boldsymbol{x}_k) \tag{4-147}$$

式中，λ_i 表示第 i 部雷达的工作波长。

雷达与目标的空间位置示意图如图 4.29 所示。

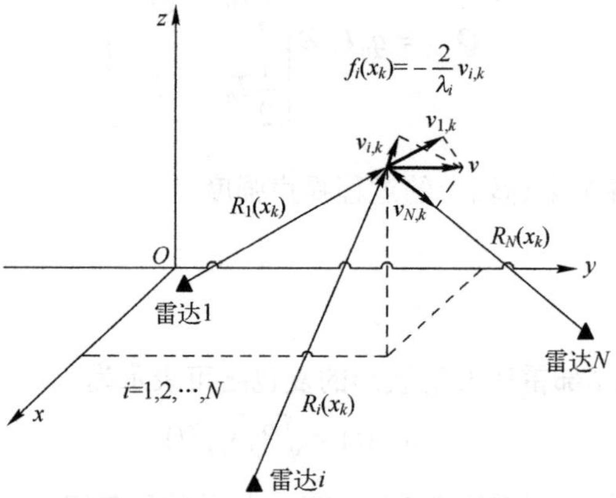

图 4.29　雷达与目标的空间位置示意图

在实际中，由于目标的真实距离和多普勒频移是不可能获得的，雷达的测量往往含有随机误差，因此在 k 时刻第 i 部雷达测量得到的距离和多普勒频移可以表示为

$$\begin{cases}\tilde{R}_{i,k}=R_i(\boldsymbol{x}_k)+\Delta R_{i,k}\\ \tilde{f}_{i,k}=f_i(\boldsymbol{x}_k)+\Delta f_{i,k}\end{cases} \tag{4-148}$$

式中，$\Delta R_{i,k}$ 和 $\Delta f_{i,k}$ 表示测量信息对应的误差。根据文献[116]，误差的大小与当前时刻回波的 SNR 有关，不管雷达采取何种估计方式获取测量信息，均存在一个下界 $\sigma^2_{R_{i,k}}$ 和 $\sigma^2_{f_{i,k}}$ ，即

$$\begin{cases}\sigma^2_{R_{i,k}}\propto\alpha/\mathrm{SNR}_{i,k}\\ \sigma^2_{f_{i,k}}\propto\gamma/\mathrm{SNR}_{i,k}\end{cases} \tag{4-149}$$

式中，α 与雷达发射信号的有效带宽有关，信号的有效带宽越宽，距离定位精度越高[116]；γ 取决于相干积累的时间长度，相干积累的时间越长，多普勒频移的测量精度越高；$\mathrm{SNR}_{i,k}$ 表示 k 时刻第 i 部雷达回波信号的 SNR[116]，即

$$\mathrm{SNR}_{i,k} \propto \alpha_{i,k} P_{i,k} \left| h_{i,k} \right|^2 \tag{4-150}$$

由式（4-150）可知，回波 SNR 取决于雷达的发射功率、衰减系数和目标的 RCS。通常，在其他参数相同的情况下，回波 SNR 越高，距离和多普勒频移的测量误差越小。

每一时刻，由于每部雷达将测量得到的距离和多普勒频移都传送给融合中心，因此融合中心在 k 时刻接收到的测量集合可以表示为

$$\boldsymbol{z}_k = \left[\tilde{\boldsymbol{R}}_k^{\mathrm{T}}, \tilde{\boldsymbol{f}}_k^{\mathrm{T}} \right]^{\mathrm{T}} \tag{4-151}$$

式中，$\tilde{\boldsymbol{R}}_k$ 和 $\tilde{\boldsymbol{f}}_k$ 分别表示 k 时刻每部雷达的距离和多普勒频移。

根据这些信息，融合中心可以对目标进行三维跟踪，目标非线性观测方程可描述为

$$\boldsymbol{z}_k = \boldsymbol{h}\left(\boldsymbol{x}_k\right) + \left[\Delta\tilde{\boldsymbol{R}}_k^{\mathrm{T}}, \Delta\tilde{\boldsymbol{f}}_k^{\mathrm{T}} \right]^{\mathrm{T}} \tag{4-152}$$

式（4-152）中，$\Delta\tilde{\boldsymbol{R}}_k$ 和 $\Delta\tilde{\boldsymbol{f}}_k$ 分别表示 k 时刻 $N\times 1$ 部雷达的距离和多普勒频移的测量误差向量。假设每一时刻，每部雷达的测量误差服从均值为零的高斯分布，且相互独立，那么 $N\times N$ 部雷达的距离和多普勒频移的测量误差的 CRLB 矩阵可表示为

$$\begin{cases} \boldsymbol{Q}_{R_k} = \mathrm{diag}\left\{ \sigma_{R_{1,k}}^2, \sigma_{R_{2,k}}^2, \cdots, \sigma_{R_{N,k}}^2 \right\} \\ \boldsymbol{Q}_{f_k} = \mathrm{diag}\left\{ \sigma_{f_{1,k}}^2, \sigma_{f_{2,k}}^2, \cdots, \sigma_{f_{N,k}}^2 \right\} \end{cases} \tag{4-153}$$

式（4-152）中，$\boldsymbol{h}(\bullet)$ 是一个高度非线性函数的集合，即

$$\boldsymbol{h}\left(\boldsymbol{x}_k\right) = \left[\boldsymbol{R}^{\mathrm{T}}\left(\boldsymbol{x}_k\right), \boldsymbol{f}^{\mathrm{T}}\left(\boldsymbol{x}_k\right) \right]^{\mathrm{T}} \tag{4-154}$$

式中，$\boldsymbol{R}\left(\boldsymbol{x}_k\right)$ 和 $\boldsymbol{f}\left(\boldsymbol{x}_k\right)$ 分别表示 k 时刻 N 部雷达的距离和多普勒频移，即

$$\begin{cases} \boldsymbol{R}\left(\boldsymbol{x}_k\right) = \left[R_1\left(\boldsymbol{x}_k\right), R_2\left(\boldsymbol{x}_k\right), \cdots, R_N\left(\boldsymbol{x}_k\right) \right]^{\mathrm{T}} \\ \boldsymbol{f}\left(\boldsymbol{x}_k\right) = \left[f_1\left(\boldsymbol{x}_k\right), f_2\left(\boldsymbol{x}_k\right), \cdots, f_N\left(\boldsymbol{x}_k\right) \right]^{\mathrm{T}} \end{cases} \tag{4-155}$$

式中，$R_i\left(\boldsymbol{x}_k\right)$ 和 $f_i\left(\boldsymbol{x}_k\right)$ 与目标状态 $\boldsymbol{x}_k$ 的关系分别见式（4-146）和式（4-147）。

在每一时刻，利用式（4-140）和式（4-152）即可迭代计算目标状态的 PDF，由于目标的运动模型和雷达的测量值都含有随机误差，因此估计的目标状态也会有误差。下节将给出目标三维跟踪误差的 BCRLB。

4.7.2 BCRLB 的推导

参考 4.2.2 节的内容，下面直接给出目标状态 $\boldsymbol{x}_k$ 的 BIM 具体形式，即

$$\boldsymbol{J}\left(\boldsymbol{x}_k\right)=\left(\boldsymbol{Q}_{k-1}+\boldsymbol{F}\boldsymbol{J}^{-1}\left(\boldsymbol{x}_{k-1}\right)\boldsymbol{F}^{\mathrm{T}}\right)^{-1}+\mathbb{E}\left\{\boldsymbol{H}^{\mathrm{T}}\left(\boldsymbol{x}_k\right)\left[\operatorname{diag}\left\{\boldsymbol{Q}_{R_k},\boldsymbol{Q}_{f_k}\right\}\right]^{-1}\boldsymbol{H}\left(\boldsymbol{x}_k\right)\right\} \tag{4-156}$$

由式（4-156）可知，$\boldsymbol{J}(\boldsymbol{x}_k)$ 的第一项依赖于目标的运动模型，与雷达的发射功率无关。由式（4-149）、式（4-150）和式（4-153）可知，数据的 FIM 与雷达的发射功率成正比关系。由于式（4-156）的第二项含有求期望的过程，因此需要用蒙特卡罗方法求解 BIM $\boldsymbol{J}(\boldsymbol{x}_k)$ [110]。

对 BIM $\boldsymbol{J}(\boldsymbol{x}_k)$ 求逆，可得到目标状态 $\boldsymbol{x}_k$ 的 BCRLB 矩阵 $\boldsymbol{C}_{\mathrm{BCRLB}}\left(\boldsymbol{x}_k\right)$，即

$$\boldsymbol{C}_{\mathrm{BCRLB}}\left(\boldsymbol{x}_k\right)=\boldsymbol{J}^{-1}\left(\boldsymbol{x}_k\right) \tag{4-157}$$

$\boldsymbol{C}_{\mathrm{BCRLB}}\left(\boldsymbol{x}_k\right)$ 的对角线元素即是目标状态向量各个分量估计方差的下界，给目标的跟踪精度提供了一个衡量尺度，同时也是雷达发射功率的函数，因此功率分配的代价函数为

$$\mathbb{F}\left(\boldsymbol{P}_k\right)\Big|_{\boldsymbol{x}_k}=\operatorname{Tr}\left(\boldsymbol{C}_{\mathrm{BCRLB}}\left(\boldsymbol{x}_k\right)\right) \tag{4-158}$$

式中，$\boldsymbol{P}_k$ 表示 k 时刻所有雷达发射功率的集合，即 $\boldsymbol{P}_k=\left[P_{1,k},P_{2,k},\cdots,P_{N,k}\right]^{\mathrm{T}}$；$\mathbb{F}\left(\boldsymbol{P}_k\right)\Big|_{\boldsymbol{x}_k}$ 体现了 k 时刻目标三维跟踪的总体精度。

4.7.3 功率分配优化算法

由式（4-156）和式（4-158）可知，目标的跟踪精度与很多因素有关，比

如雷达的布阵情况、目标的 RCS、雷达发射功率等。本节考虑的可变参数为每部雷达每一时刻的发射功率，目的是在每一时刻 MRS 总发射功率 P_{total} 一定的情况下，使目标的跟踪精度最高。具体的优化过程可以描述为

$$\begin{cases}\min\limits_{P_{i,k},i=1,\cdots N}\left(\mathbb{F}\left(\boldsymbol{P}_k\right)\Big|_{\boldsymbol{x}_k}\right)\\ \text{s.t. } \bar{P}_{i\min} \leqslant P_{i,k} \leqslant \bar{P}_{i\max} \quad i=1,\cdots,N \\ \boldsymbol{1}^{\text{T}}\boldsymbol{P}_k = P_{\text{total}}\end{cases} \tag{4-159}$$

式中，$\boldsymbol{1}^{\text{T}}=[1,1,\cdots,1]_{1\times N}$； $\bar{P}_{i\max}$ 和 $\bar{P}_{i\min}$ 分别表示第 i 部雷达发射功率的上下限。

文献[48]将式（4-159）看成一个非线性、非凸优化问题。它先对原问题进行松弛，求解松弛后问题的最优解，再将这个最优解作为原问题的初始解进行局部搜索。由证明可知（详见附录 B，类似 3.3.3 节引理 2 的证明），式（4-159）是一个凸优化问题，通过 3.3.3 节给出的 GP 算法进行搜索，即可获得 k 时刻功率分配的一个最优解。

一般来说，功率分配的过程可以描述为：融合中心在 $k-1$ 时刻通过最小化预测的 BCRLB，计算出 k 时刻每部雷达的功率分配情况并反馈，各雷达站再根据反馈信息自适应地调节 k 时刻的发射功率。

4.7.4　实验结果分析

为了验证功率分配算法的有效性，并进一步分析系统参数对功率分配结果的影响，本节针对一个在三维空间做匀速运动的目标场景进行了仿真。目标的初始位置位于(10.75,0,20)km，并以速度(200,0,0)m/s 匀速飞行。假设共有 23 帧数据用于本次仿真，每部雷达发射信号的参数都相同，有效带宽为 1MHz，波长设为 0.3m，相参脉冲个数为 64，观测间隔 T_0=6s。为了更好地分析雷达布阵形式对目标跟踪精度和功率分配结果的影响，本节考虑了两种不同的布阵情况，如图 4.30 所示。每部雷达的功率上下界分别设为

$\overline{P}_{i\max} = 0.6P_{\text{total}}$ 和 $\overline{P}_{i\min} = P_{\text{total}}/100$。

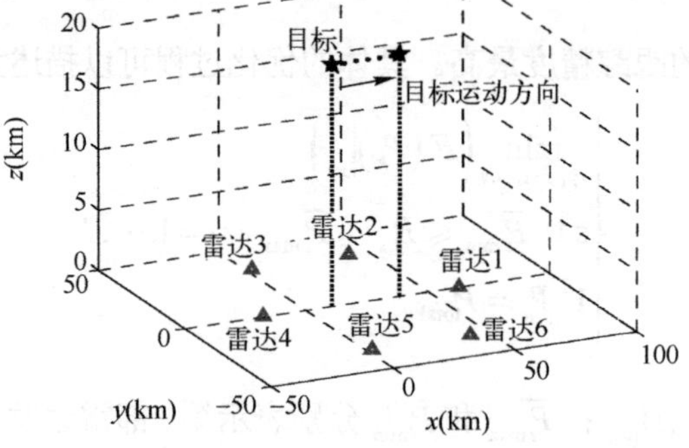

（a）情况1

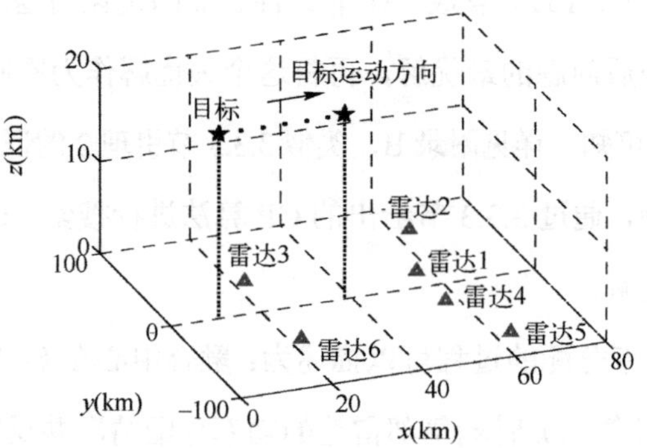

（b）情况2

图 4.30　雷达与目标的空间分布示意图

本节首先考虑了非起伏的目标 RCS 模型，$\boldsymbol{H}_1 = \left[\boldsymbol{h}_1^{\mathrm{T}}, \boldsymbol{h}_2^{\mathrm{T}}, \cdots, \boldsymbol{h}_N^{\mathrm{T}}\right]^{\mathrm{T}} = [1,1,\cdots,1]^{\mathrm{T}}$，其中 $\boldsymbol{h}_i = \left[h_{i,1}, h_{i,2}, \cdots, h_{i,k}\right]^{\mathrm{T}}$，$i = 1,2,\cdots,N$。在这种非起伏的目标 RCS 模型下，功率分配的结果只同目标与雷达的距离及其之间的相对位置有关系。图 4.31 给出了不同布阵形式、非起伏的目标 RCS 模型下，目标跟踪误差的 BCRLB 随时间变化的关系。结果显示，功率优化分配后，目标的跟踪精度较均匀分配时有明显提升，提升的程度与 MRS 的布阵形式有关。

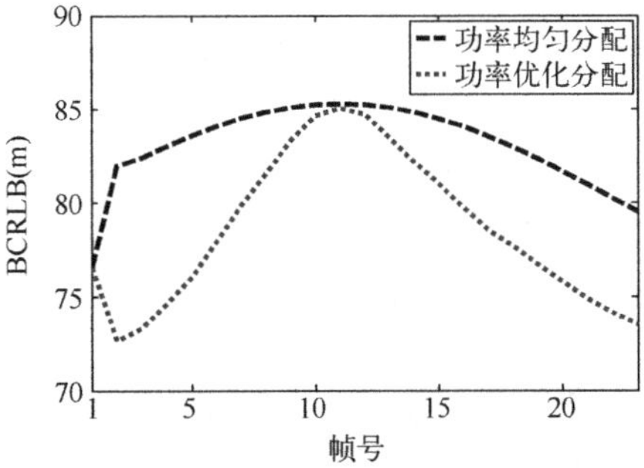

（a）情况1

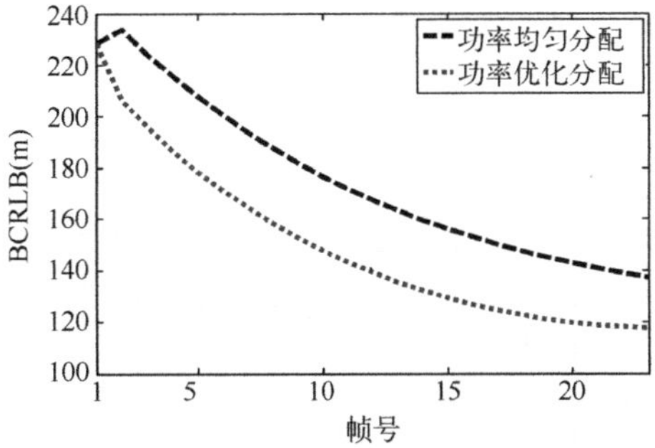

（b）情况2

图 4.31　$\boldsymbol{H}_1$ 条件下的 BCRLB

图 4.32 给出了非起伏的目标 RCS 模型下，每部雷达每一时刻的功率分配结果。一般来说，两部雷达的观测不足以完成目标的三维定位，因此在所有过程中，至少有 3 部及 3 部以上的雷达在工作。对于非起伏的目标，由图 4.32（a）的结果显示，在与目标相对位置类似的情况下，功率主要分配给距离目标较近的雷达。图 4.32（a）中，在帧数 k<11 时，雷达 3、雷达 4 和雷达 5 起作用；随着目标的飞行，目标更靠近雷达 1、雷达 2 和雷达 6，因此这几部雷达在 k>11 时发射了更多的功率；在 k=11 时，由于目标位于雷达网络的中心，功率优化分配即是均匀分配，因此整个网络的跟踪精度没有提升。由图 4.32（b）的结果显示，在雷达 1、雷达 3、雷达 4、雷达 6 与目标距离相同的情况下，雷达 3 和雷达 6 发射了相对更多的功率，因为它们与目标的相对位置更好。

前面的仿真在非起伏的目标 RCS 模型下，分析了雷达到目标的距离及其之间的相对位置关系对功率分配结果的影响。为了进一步分析目标 RCS 对功率分配结果的影响，本节还考虑了第二种 RCS 模型 $\boldsymbol{H}_2$，如图 4.33 所示。

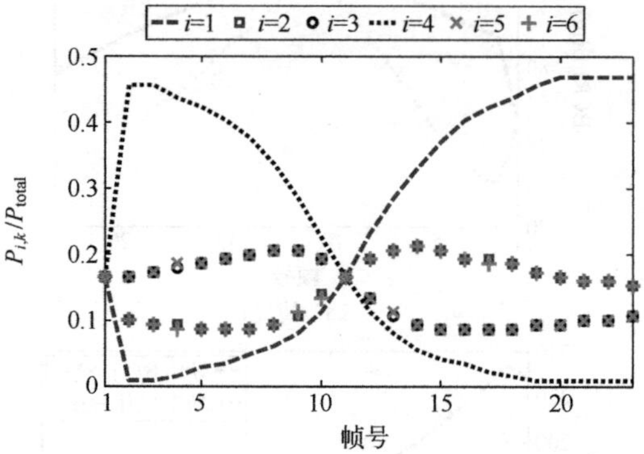

（a）情况1

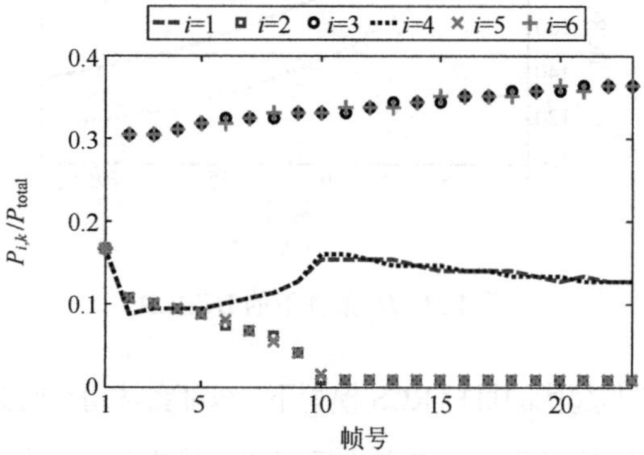

（b）情况2

图 4.32 $\boldsymbol{H}_1$ 条件下的功率分配结果

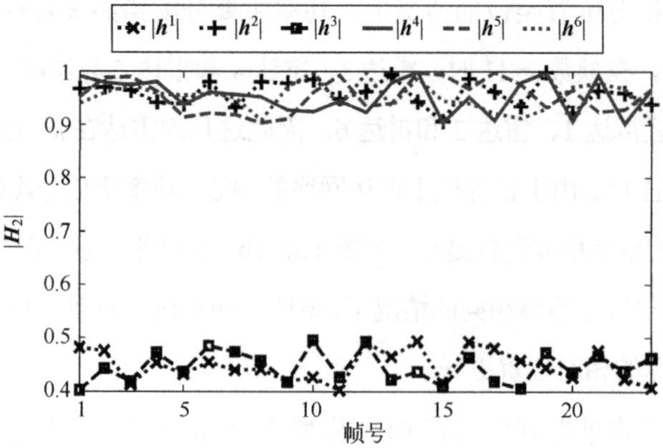

图 4.33 第二种 RCS 模型

由图 4.33 可知，在第二种 RCS 模型中，雷达 1 和雷达 3 的反射系数较低。图 4.34 是在第二种 RCS 模型下，给出了目标跟踪误差的 BCRLB 随时间变化的关系。结果显示，功率优化分配后，目标的跟踪精度较均匀分配时也有明显提升。

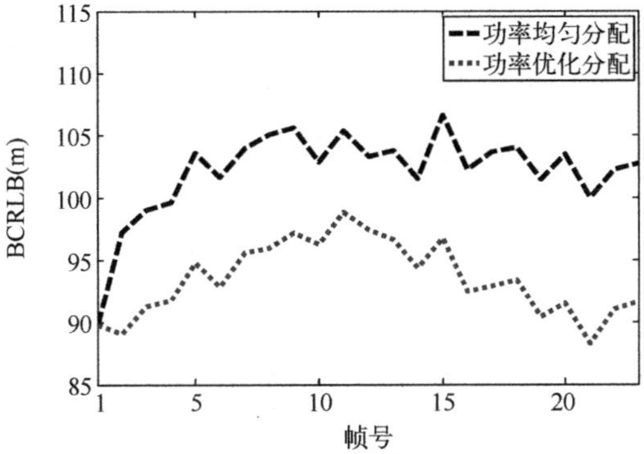

（a）情况1

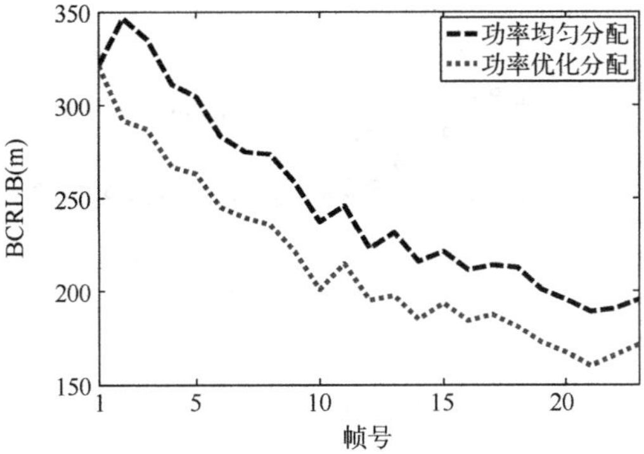

（b）情况2

图 4.34 $\boldsymbol{H}_2$ 条件下的 BCRLB

图 4.35（a）和图 4.35（b）分别给出了目标 RCS 起伏时，两种不同布阵形式下的功率分配结果。比较图 4.35（a）和图 4.35（b）可以发现：第一种布阵形式下，由于目标对雷达 1 的反射系数较低，因此由雷达 2、雷达 6 代替雷达 1 对目标进行跟踪；第二种布阵形式下，虽然目标对雷达 1、雷达 3 的反射系数较低，但由于雷达 2、雷达 5 距离目标较远，且相对位置较差，因此雷达 1、雷

达3、雷达4、雷达6发射了相对更多的功率，说明功率分配结果是由多种因素共同决定的。

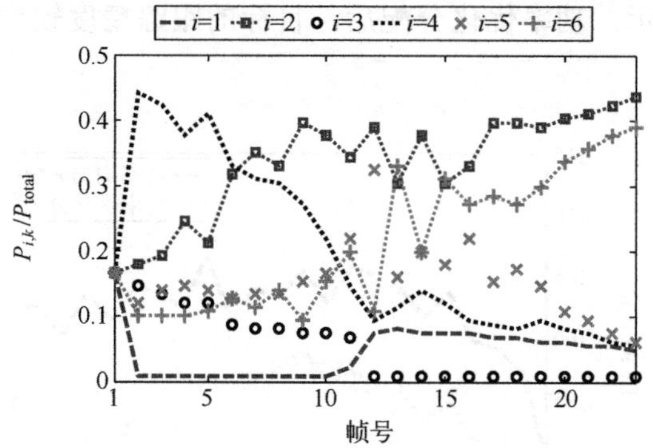

（a）情况1

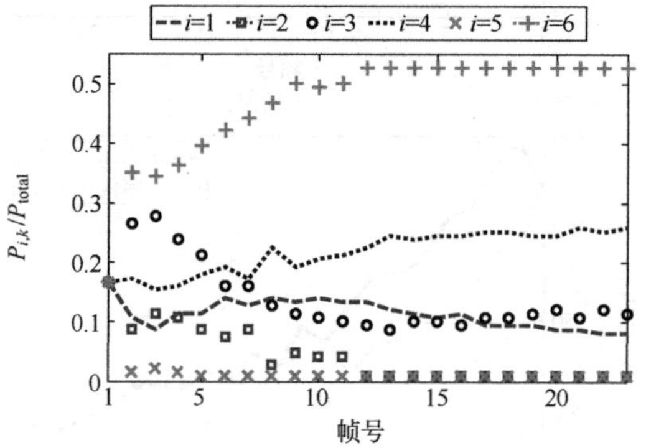

（b）情况2

图4.35 $\boldsymbol{H}_2$ 条件下的功率分配结果

由上述结果可以看出，功率均匀分配时目标跟踪误差的BCRLB要比功率优化分配时高。在分配过程中，功率倾向于分配给那些距离目标较近、目标反射系数较高以及与目标空间相对位置较好的雷达，从而使得目标跟踪精度得到提高。

4.7.5 小结

本节提出了一种针对目标三维跟踪的多基地雷达系统功率分配方法，目的在于合理分配系统有限的功率资源，提高目标的三维跟踪精度。本节首先给出了目标的运动模型和系统的观测模型，随后又推导出了目标三维跟踪的 BCRLB。由于 BCRLB 给目标的跟踪精度提供了一个衡量尺度，并且是以每部雷达发射功率为变量的函数，因此本节将其作为功率分配的代价函数，并用 GP 算法对由此产生的凸优化问题求解。结果显示，相对于功率均匀分配的情况，本节提出的功率分配方法能明显提高目标的三维跟踪精度。扩展实验表明，大部分的功率倾向于分配给那些空间位置较好、距离目标较近和反射系数较高的雷达。

第5章 多雷达多目标认知跟踪算法

5.1 引言

本书第 3 章简要介绍了两种单雷达多目标跟踪技术，第 4 章介绍了几种多雷达单目标的认知跟踪算法。本章将介绍多雷达多目标的认知跟踪算法。这里，多雷达多目标跟踪技术是指 MRS 在计算机控制下，自动测定其覆盖空域中多个目标的坐标，连续提供目标位置数据，用于判定目标和预测目标轨迹。

从资源种类来说，现有资源分配方式大体可分为两种：一种是基于系统组成结构的分配方式[89-90]；另一种是基于发射参数的分配方式[48, 91]。

针对基于系统组成结构的分配问题，文献[89]在考虑工程应用中传输带宽和融合中心处理能力的前提下，提出了一种基于子集选取的单目标定位算法。该算法包含两种优化模型：一种是在达到预先设定定位精度的条件下，使用最少数目的雷达；另一种是在 MRS 中挑选给定数目的雷达，以达到最好的定位精度。在此基础上，文献[90]提出了一种基于雷达聚类分配的多目标定位算法，目的是在满足各个目标定位精度需求的前提下，使用最少数目的雷达。该算法将 MRS 按目标的个数进行聚类，每个目标只由对应子类中的雷达跟踪，从而减小了 MRS 的传输数据量，降低了融合中心的计算复杂度。

针对基于发射参数的分配问题，文献[48]和文献[91]在分布式 MIMO 雷达平台上，提出了从性能出发的功率分配思想，将目标定位误差的 CRLB 作为功率分配的代价函数，目的是合理分配系统有限的功率资源，使目标的定位精度最高。

上述算法虽然提出了合理分配 MRS 有限资源的思想，给后续研究打下了坚实的基础，但却存在如下几个不足之处：

（1）只能针对某个固定位置的目标进行资源分配，而在实际中，目标的位置是无法提前获取的，要求 MRS 能够根据当前时刻的观测信息预测下一时刻的目标位置，提前对系统资源进行分配[92]，因此，基于 MRS 的资源分配算法更加适用于目标跟踪的情况。

（2）在聚类分配算法中[89-90]，每部雷达都能以最大功率发射信号，可能会导致系统的功率资源得不到充分利用。

（3）由于 CRLB 在低 SNR 情况下的不紧致性[128]，因此文献[48]提出的功率分配算法对每部雷达的发射功率都设置了一个下界，换句话说，即使某部雷达对目标定位精度几乎没有贡献，也需要发射这部分功率，这样将导致资源的浪费。

（4）文献[48]将功率分配看作一个非凸优化问题，并用凸松弛方法结合贪婪算法求解，计算量较大，还可能得不到最优解[156]。

针对上述不足，本章将前面提到的两种资源分配方式结合，提出了一种针对多目标跟踪的 MRS 聚类与功率联合分配算法，简称 JCAPA 算法。其步骤可简要描述为：在每一时刻挑选固定数目的雷达与每个目标聚类（每个目标只由对应子类中的雷达跟踪），并针对每个子类中的雷达进行功率分配，使 MRS 能动态地协调每部雷达的发射参数及其所获得的量测的使用，进而在资源有限的约束下达到更好的性能。

5.2 系统建模

5.2.1 目标运动模型

假设有 Q 个在空间上分开的目标，其中第 q 个目标的运动模型可描述为

$$\boldsymbol{x}_k^q = \boldsymbol{F}\boldsymbol{x}_{k-1}^q + \boldsymbol{u}_{k-1}^q \tag{5-1}$$

式（5-1）中，$\boldsymbol{x}_k^q$ 表示 k 时刻第 q 个目标的状态，即

$$\boldsymbol{x}_k^q = [x_k^q, \dot{x}_k^q, y_k^q, \dot{y}_k^q]^{\mathrm{T}} \tag{5-2}$$

式中，上标T表示矩阵或向量的转置；$\left(x_k^q, y_k^q\right)$ 和 $\left(\dot{x}_k^q, \dot{y}_k^q\right)$ 分别表示 k 时刻第 q 个目标的位置和速度。

式（5-1）中，$\boldsymbol{F}$ 为目标状态转移矩阵，可以表示为

$$\boldsymbol{F} = \boldsymbol{I}_2 \otimes \begin{bmatrix} 1 & T_0 \\ 0 & 1 \end{bmatrix} \tag{5-3}$$

式中，$\otimes$ 表示 Kronecker 乘积；$\boldsymbol{I}_2$ 表示 2×2 的单位矩阵；T_0 表示重访时间间隔。

式（5-1）中，$\boldsymbol{u}_{k-1}^q$ 表示 $k-1$ 时刻，零均值的高斯白噪声序列，其协方差矩阵为 $\boldsymbol{Q}_{k-1}^q$ [110]。

5.2.2 观测模型

假设空间中一个 MRS 含有 N 部同步的两坐标雷达，每部雷达的采样周期都为 T_0，坐标可以表示为 $\left(x_i, y_i\right), i = 1,2,\cdots,N$。在 k 时刻，第 q 个目标到第 i 部雷达的径向距离 $R_{i,k}^q$ 可表示为

$$R_{i,k}^q = \sqrt{(x_k^q - x_i)^2 + (y_k^q - y_i)^2} \tag{5-4}$$

同理，k 时刻第 i 部雷达与第 q 个目标因相对运动而产生的多普勒频移

$f_{i,k}^q$ 为

$$f_{i,k}^q = -\frac{2}{\lambda_i}\left(\dot{x}_k^q, \dot{y}_k^q\right)\begin{pmatrix} x_k^q - x_i \\ y_k^q - y_i \end{pmatrix} \bigg/ R_{i,k}^q \tag{5-5}$$

式中，λ_i 表示第 i 部雷达的工作波长。

在实际中，目标的真实距离和多普勒频移是不可能获得的，雷达的测量信息往往含有随机误差，那么 k 时刻第 i 部雷达测量所得到的第 q 个目标的距离和多普勒频移可以表示为

$$\begin{cases} \tilde{R}_{i,k}^q = R_{i,k}^q + \Delta R_{i,k}^q \\ \tilde{f}_{i,k}^q = f_{i,k}^q + \Delta f_{i,k}^q \end{cases} \tag{5-6}$$

式中，$\Delta R_{i,k}^q$ 和 $\Delta f_{i,k}^q$ 表示测量信息对应的误差。根据文献[116]，误差的大小与当前时刻回波的 SNR 有关，不管雷达采取何种估计方式获取测量信息，均存在一个下界，即

$$\begin{cases} \sigma_{R_{i,k}^q}^2 \propto a_i \Big/ \left(\alpha_{i,k}^q P_{i,k} \left|h_{i,k}^q\right|^2\right) \\ \sigma_{f_{i,k}^q}^2 \propto \gamma_i \Big/ \left(\alpha_{i,k}^q P_{i,k} \left|h_{i,k}^q\right|^2\right) \end{cases} \tag{5-7}$$

式中，a_i 与第 i 部雷达发射信号的有效带宽有关；γ_i 取决于相干积累的时间长度；衰减因子 $\alpha_{i,k}^q$ 与第 q 个目标到第 i 部雷达的径向距离有关；$P_{i,k}$ 为 k 时刻第 i 部雷达的发射功率；$h_{i,k}^q$ 是一个复数，代表第 q 个目标的 RCS。

在实际中，由于每部雷达都有固有跟踪能力 η，即每部雷达在每次扫描时间内不可能同时跟踪所有目标，因此本节定义了一个二元变量 $u_{i,k}^q \in \{0,1\}$，$u_{i,k}^q = 1$ 表示 k 时刻第 i 部雷达对第 q 个目标进行跟踪；反之，不跟踪。每一时刻，每部雷达都将需要跟踪目标的距离和多普勒频移传送给融合中心。这时，融合中心在 k 时刻接收的属于第 q 个目标的测量集合表示为

$$\boldsymbol{z}_k^q\Big|_{2N\times1} = \left[[1,1]^{\mathrm{T}} \otimes \boldsymbol{u}_k^q\right]_{2N\times1} \odot \left[\left[\left(\tilde{\boldsymbol{R}}_k^q\right)^{\mathrm{T}}, \left(\tilde{\boldsymbol{f}}_k^q\right)^{\mathrm{T}}\right]^{\mathrm{T}}\right]_{2N\times1} \tag{5-8}$$

式中，$\odot$ 表示 Hadamard 乘积；$\boldsymbol{u}_k^q = \left[u_{1,k}^q, u_{2,k}^q, \cdots, u_{N,k}^q\right]^{\mathrm{T}}$；$\tilde{\boldsymbol{R}}_k^q$ 和 $\tilde{\boldsymbol{f}}_k^q$ 分别表示 k

时刻每部雷达所测得的第 q 个目标的距离和多普勒频移。根据这些信息，融合中心可以对第 q 个目标进行跟踪，非线性观测方程描述为

$$\boldsymbol{z}_k^q\Big|_{2N\times1}=\left[[1,1]^{\mathrm{T}}\otimes\boldsymbol{u}_k^q\right]_{2N\times1}\odot\left[\boldsymbol{h}\left(\boldsymbol{x}_k^q\right)+\left[\left(\Delta\boldsymbol{R}_k^q\right)^{\mathrm{T}},\left(\Delta\boldsymbol{f}_k^q\right)^{\mathrm{T}}\right]^{\mathrm{T}}\right]_{2N\times1} \tag{5-9}$$

式（5-9）中，$\Delta\boldsymbol{R}_k^q$ 和 $\Delta\boldsymbol{f}_k^q$ 分别表示 k 时刻第 q 个目标的距离和多普勒频移的测量误差向量。假设每一时刻，每部雷达的测量误差服从均值为零的高斯分布，且相互独立，那么第 q 个目标 $N\times N$ 距离的 CRLB 矩阵 $\boldsymbol{Q}_{R_k}^q$ 和多普勒频移的测量误差的 CRLB 矩阵 $\boldsymbol{Q}_{f_k}^q$ 可分别表示为

$$\begin{cases}\boldsymbol{Q}_{R_k}^q=\operatorname{diag}\left\{\sigma_{R_{1,k}^q}^2,\sigma_{R_{2,k}^q}^2,\cdots,\sigma_{R_{N,k}^q}^2\right\}\\ \boldsymbol{Q}_{f_k}^q=\operatorname{diag}\left\{\sigma_{f_{1,k}^q}^2,\sigma_{f_{2,k}^q}^2,\cdots,\sigma_{f_{N,k}^q}^2\right\}\end{cases} \tag{5-10}$$

式（5-9）中，$\boldsymbol{h}\left(\boldsymbol{x}_k^q\right)=\left[\boldsymbol{R}^{\mathrm{T}}\left(\boldsymbol{x}_k^q\right),\boldsymbol{f}^{\mathrm{T}}\left(\boldsymbol{x}_k^q\right)\right]^{\mathrm{T}}$ 是一个高度非线性函数的集合，$\boldsymbol{R}\left(\boldsymbol{x}_k^q\right)=\left[R_{1,k}^q,R_{2,k}^q,\cdots,R_{N,k}^q\right]^{\mathrm{T}}$ 和 $\boldsymbol{f}\left(\boldsymbol{x}_k^q\right)=\left[f_{1,k}^q,f_{2,k}^q,\cdots,f_{N,k}^q\right]^{\mathrm{T}}$ 分别表示 k 时刻第 q 个目标的距离和多普勒频移。在每一时刻，虽然利用式（5-1）和式（5-10）即可迭代计算第 q 个目标状态的 PDF，但由于目标的运动模型和雷达的测量值都含有随机误差，因此估计的目标状态也会有误差[157]。如何分配系统有限的资源，以减小所有目标的总体跟踪误差将是下节的主要研究内容。

5.3 JCAPA 算法

从数学上来讲，JCAPA 算法就是在满足每部雷达固有跟踪能力和发射功率约束的前提下优化一个代价函数的问题。在每一融合时刻，各个目标的 BIM $\boldsymbol{J}\left(\boldsymbol{x}_k^q\right)$ 是每部雷达聚类方式和发射功率的函数，而对 BIM 求逆而得到的 BCRLB 给目标的跟踪精度提供一个衡量尺度[129]。因此，本节将 BCRLB 用作 JCAPA 算法的代价函数，并用 CMA[158]结合 GP 算法[121]对此双变量优化问题求解。

5.3.1　单目标 BIM 推导

一般来说，用观测向量 $\boldsymbol{z}_k^q$ 估计第 q 个目标的状态 $\boldsymbol{x}_k^q$ 时，无偏估计量 $\overline{\boldsymbol{x}}_k^q\left(\boldsymbol{z}_k^q\right)$ 必须满足

$$\mathbb{E}\left\{\left[\overline{\boldsymbol{x}}_k^q\left(\boldsymbol{z}_k^q\right)-\boldsymbol{x}_k^q\right]\left[\overline{\boldsymbol{x}}_k^q\left(\boldsymbol{z}_k^q\right)-\boldsymbol{x}_k^q\right]^{\mathrm{T}}\right\}\geqslant \boldsymbol{J}^{-1}(\boldsymbol{x}_k^q) \tag{5-11}$$

仿照 4.2.2 节，第 q 个目标状态 $\boldsymbol{x}_k^q$ 的 BIM 可通过如下形式获取，即

$$\boldsymbol{J}\left(\boldsymbol{x}_k^q\right)=\left[\boldsymbol{Q}_{k-1}^q+\boldsymbol{F}\boldsymbol{J}^{-1}\left(\boldsymbol{x}_{k-1}^q\right)\boldsymbol{F}^{\mathrm{T}}\right]^{-1}+\mathbb{E}\left[\sum_{i=1}^{N}u_{i,k}^q\boldsymbol{J}_i\left(\boldsymbol{x}_k^q\right)\right] \tag{5-12}$$

式中，$\mathbb{E}(\cdot)$ 表示求数学期望；$\boldsymbol{J}_i\left(\boldsymbol{x}_k^q\right)$ 表示第 i 部雷达测量第 q 个目标时，观测数据提供的 FIM[110]。

5.3.2　代价函数的建立

JCAPA 算法需要系统具有预测性：融合中心在 $k-1$ 时刻获取第 q 个目标状态的 BIM $\boldsymbol{J}\left(\boldsymbol{x}_{k-1}^q\right)$ 后，在给定下一个时刻每部雷达的聚类方式 $\boldsymbol{u}_k=\left[\left(\boldsymbol{u}_k^1\right)^{\mathrm{T}},\left(\boldsymbol{u}_k^2\right)^{\mathrm{T}},\cdots,\left(\boldsymbol{u}_k^Q\right)^{\mathrm{T}}\right]^{\mathrm{T}}$ 和发射功率 $\boldsymbol{P}_k=\left[P_{1,k},P_{2,k},\cdots,P_{N,k}\right]^{\mathrm{T}}$ 的情况下，可通过式（5-12）计算 k 时刻各个目标状态的预测 BIM $\boldsymbol{J}(\boldsymbol{P}_k,\boldsymbol{u}_k^q)\big|_{\boldsymbol{x}_k^q}$。对其求逆，可得到相应的预测 BCRLB 矩阵，即

$$\boldsymbol{C}\left(\boldsymbol{P}_k,\boldsymbol{u}_k^q\right)\Big|_{\boldsymbol{x}_k^q}=\boldsymbol{J}^{-1}(\boldsymbol{P}_k,\boldsymbol{u}_k^q)\Big|_{\boldsymbol{x}_k^q} \tag{5-13}$$

$\boldsymbol{C}\left(\boldsymbol{P}_k,\boldsymbol{u}_k^q\right)\Big|_{\boldsymbol{x}_k^q}$ 的对角线元素即是第 q 个目标状态向量各个分量估计方差的下界，也是每部雷达聚类方式和发射功率的函数，因此 JCAPA 算法的代价函数为

$$\mathbb{F}\left(\boldsymbol{P}_k,\boldsymbol{u}_k\right)=\sum_{q=1}^{Q}\mathrm{Tr}\left[\boldsymbol{C}\left(\boldsymbol{P}_k,\boldsymbol{u}_k^q\right)\Big|_{\boldsymbol{x}_k^q}\right] \tag{5-14}$$

式中，$\mathbb{F}\left(\boldsymbol{P}_k,\boldsymbol{u}_k\right)$ 体现了所有目标在 k 时刻的总体跟踪精度。

5.3.3 JCAPA 算法的求解过程

由式（5-12）和式（5-13）可知，目标的总体跟踪精度与雷达的发射功率、聚类方式以及目标的 RCS 等很多因素有关。本节的优化变量为每一时刻雷达的聚类方式及发射功率，具体的优化模型可以描述为

$$\begin{cases}\min\limits_{\boldsymbol{P}_k,\boldsymbol{u}_k}\left(\mathbb{F}\left(\boldsymbol{P}_k,\boldsymbol{u}_k\right)\right)\\ \text{s.t.}\ \ P_{i,k}=0 \qquad \sum\limits_{q=1}^{Q}u_{i,k}^{q}=0\\ \bar{P}_{i\min}\leqslant P_{i,k}\leqslant\bar{P}_{i\max}\ \ 其他\\ \mathbf{1}_N^{\mathrm{T}}\boldsymbol{p}_k=P_{\text{total}}\quad \sum\limits_{q=1}^{Q}u_{i,k}^{q}\leqslant\eta\\ \sum\limits_{i=1}^{N}u_{i,k}^{q}=L\quad u_{i,k}^{q}\in\{0,1\}\end{cases}\tag{5-15}$$

式中，$\mathbf{1}_N^{\mathrm{T}}=[1,1,\cdots,1]_{1\times N}$；$\bar{P}_{i\max}$ 和 $\bar{P}_{i\min}$ 分别表示第 i 部雷达发射功率的上下限。这个优化函数的目的可以描述为：每一时刻，在 MRS 用于跟踪某个目标的雷达数目 L 和总发射功率 P_{total} 一定的情况下，对系统资源进行合理分配，使所有目标的总体跟踪精度最高。

很明显，式（5-15）是一个含有两个变量的非凸优化问题，求解这类问题比较好的方法是，先对原问题的约束进行松弛后，再利用 CMA 结合 GP 算法对松弛后的问题求解。具体的求解过程可简要描述如下。

步骤 1 将式（5-15）中用于表征雷达是否对目标进行跟踪的二元变量 $u_{i,k}^{q}\in\{0,1\}$ 松弛为 $0\leqslant u_{i,k}^{q}\leqslant 1$。

步骤 2 对聚类方式设置一个初始值 $\boldsymbol{u}_{k,\text{opt}}=\boldsymbol{u}_{k,0}$（也可先令 $\boldsymbol{P}_k=\boldsymbol{P}_{k,0}$，但需要将下面的步骤倒置）。

步骤 3 固定聚类方式 $\boldsymbol{u}_{k,\text{opt}}$，目标函数可以写为

$$\mathbb{F}\left(\boldsymbol{P}_k\right)\Big|_{\boldsymbol{u}_{k,\mathrm{opt}}}=\sum_{q=1}^{Q}\mathrm{Tr}\left[\boldsymbol{J}^{-1}\left(\boldsymbol{P}_k\right)\Big|_{\boldsymbol{u}_{k,\mathrm{opt}},\boldsymbol{x}_k^q}\right] \tag{5-16}$$

文献[48]将式（5-16）看成一个非线性、非凸优化问题。它先将原问题松弛，求解松弛后问题的最优解后，再将最优解作为原问题的初始解进行局部搜索。经推导可知（详见附录 B，类似 3.3.3 节引理 2 的证明），式（5-16）是一个凸优化问题，通过 3.3.3 节给出的 GP 算法进行搜索，即可获得 $\boldsymbol{u}_{k,\mathrm{opt}}$ 固定时，功率分配的一个最优解 $\boldsymbol{P}_{k,\mathrm{opt}}$。

步骤 4　固定发射功率 $\boldsymbol{P}_{k,\mathrm{opt}}$，目标函数可以重新写为

$$\mathbb{F}\left(\boldsymbol{u}_k\right)\Big|_{\boldsymbol{P}_{k,\mathrm{opt}}}=\sum_{q=1}^{Q}\mathrm{Tr}\left[\boldsymbol{J}^{-1}\left(\boldsymbol{u}_k\right)\Big|_{\boldsymbol{P}_{k,\mathrm{opt}},\boldsymbol{x}_k^q}\right] \tag{5-17}$$

松弛后，$\boldsymbol{u}_k$ 的优化方式与 $\boldsymbol{P}_k$ 相同，求解时只需将表 3.1 中的变量 $\boldsymbol{P}_k$ 替换为 $\boldsymbol{u}_k$。

步骤 5　跳转步骤 3，直到连续两次得到的跟踪精度之差小于一个固定的值，即可获得聚类方式和功率分配的优化结果 $\boldsymbol{u}_{k,\mathrm{opt}}$ 和 $\boldsymbol{P}_{k,\mathrm{opt}}$。而后，只需将 $\boldsymbol{u}_{k,\mathrm{opt}}^q$ 的前 L 个大值设为 1，其余设为 0，即可获得 k 时刻第 q 个目标的聚类方式。

通过以上步骤可以实现 MRS 的资源分配过程。一般来说，本节提出的资源分配模型，既考虑了 MRS 的组成结构，也包含了 MRS 的发射参数，下面将用仿真来验证算法的有效性和可行性。

5.4　实验结果分析

为了验证本节提出的 JCAPA 算法的有效性，并进一步分析系统参数对雷达聚类方式和功率分配结果的影响，本节进行了如下仿真，考虑了两种不同的布阵情况，每种情况下的目标个数设置为 $Q=2$。图 5.1 给出了两种布阵情况下雷达与目标的空间分布示意图。假设共有 12 帧数据用于本次仿真，每部雷达发射

信号的参数基本相同，有效带宽为1MHz，波长设置为0.3m，相参脉冲个数为32，观测间隔$T_0 = 6\text{s}$，每一时刻，跟踪每个目标的雷达数目$L = 2$，跟踪能力设置为$\eta = 1$，初始聚类方式为：雷达1和雷达2跟踪目标1，雷达7和雷达8跟踪目标2，即$u_{1,1}^1 = u_{2,1}^1 = 1$，$u_{7,1}^2 = u_{8,1}^2 = 1$，初始发射功率是均匀分配的（$P_{i,1} = P_{\text{total}}/N$），发射功率上下界分别为$\overline{P}_{i\max} = 0.8P_{\text{total}}$和$\overline{P}_{i\min} = 0.05P_{\text{total}}$。

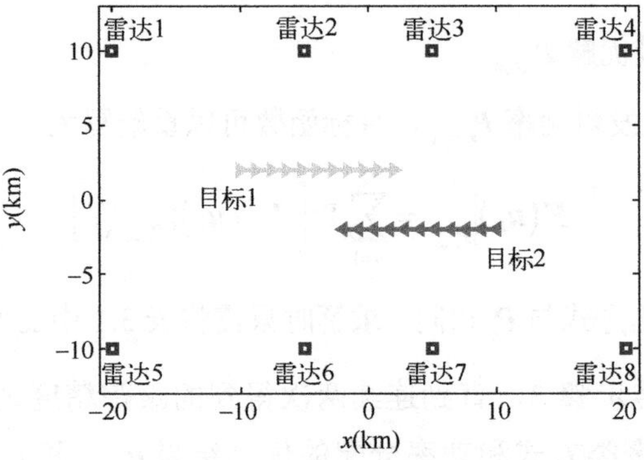

（a）情况1

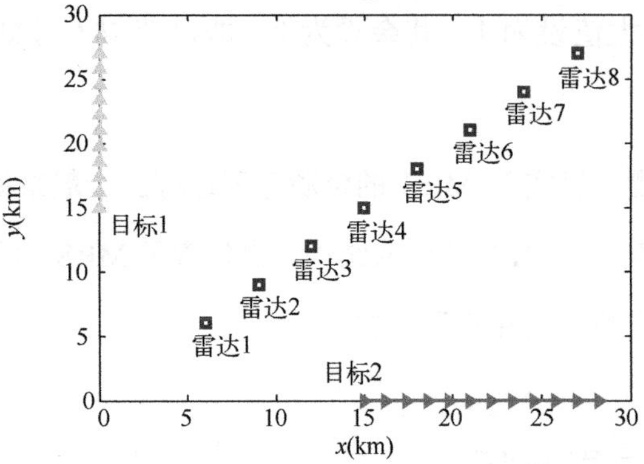

（b）情况2

图 5.1　雷达与目标的空间分布示意图

本节首先考虑了非起伏的目标RCS模型，所有目标的反射系数都假设为1。在这种非起伏的目标RCS模型下，聚类方式和功率分配的结果只同目标与雷达的距离及其之间的相对位置有关系。图5.2给出了不同布阵形式、非起伏的目标RCS模型下，所有目标的总体跟踪精度及其BCRLB随时间变化的关系。本

节中，目标跟踪通过不敏 Kalman 滤波器[110]来实现，所有目标的总体跟踪精度用空间位置的 RMSE 来描述，即

$$\mathrm{RMSE}_k = \sum_{q=1}^{Q} \sqrt{\frac{1}{\mathrm{Num}} \sum_{j=1}^{\mathrm{Num}} \left[\left(x_k^q - \hat{x}_k^{jq} \right)^2 + \left(y_k^q - \hat{y}_k^{jq} \right)^2 \right]} \tag{5-18}$$

式中， Num 表示计算均方根误差时所用的蒙特卡罗实验次数，本节取 $\mathrm{Num} = 50$；$\left(\hat{x}_k^{jq}, \hat{y}_k^{jq}\right)$为 k 时刻第 j 次实验估计出的第 q 个目标的位置。

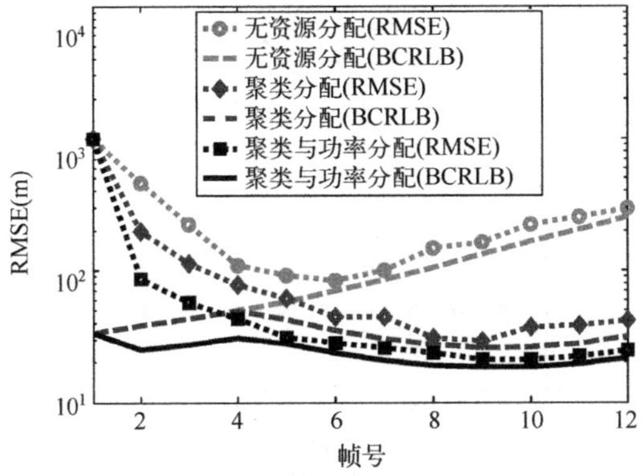

（a）情况1

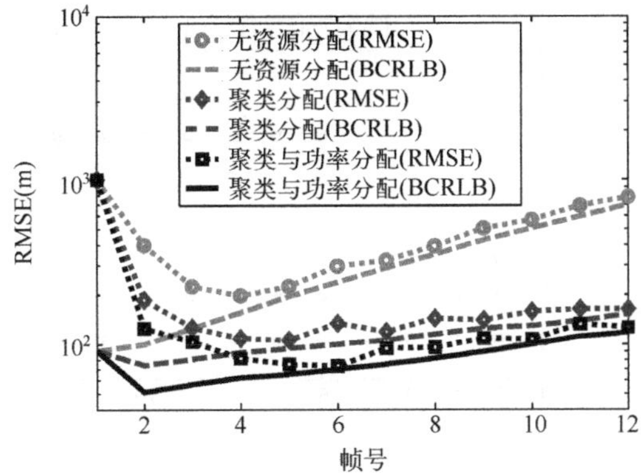

（b）情况2

图 5.2 非起伏的目标 RCS 模型下目标跟踪的 RMSE

图 5.2 中，无资源分配表示 MRS 不进行资源分配，在跟踪过程中采用初始聚类方式，每部雷达的发射功率也为初始值。结果显示，最优聚类与功率分配

后，目标的跟踪精度有明显提升，提升程度与MRS的布阵形式有关。

图 5.3 给出了非起伏的目标 RCS 模型下，MRS 在每一时刻的聚类方式。结果显示，在第一种布阵形式的初始阶段，雷达 1 和雷达 2 与目标的相对位置最好，随着目标的运动，雷达 3 逐渐替代雷达 1，对目标进行跟踪。这说明，在聚类方式的优化过程中，与目标距离更近、相对位置更好的雷达会包含在该目标对应的子类中。

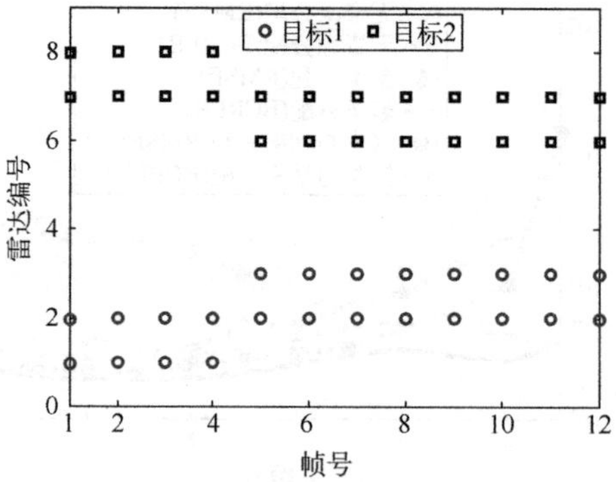

（a）情况1

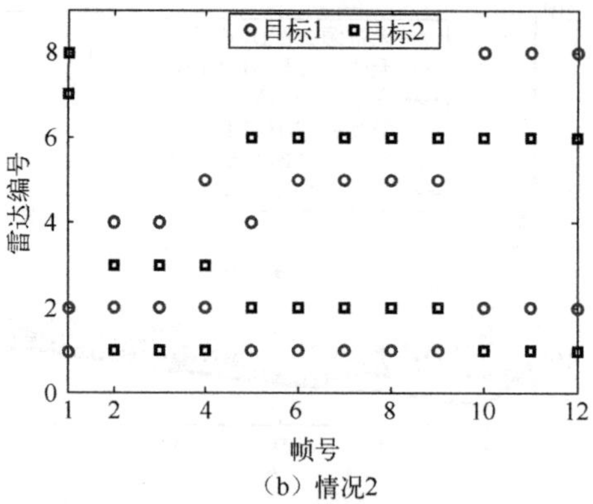

（b）情况2

图 5.3　非起伏的目标 RCS 模型下的聚类方式

为了更好地了解每一时刻雷达的聚类方式和功率分配结果，图 5.4 给出了第 2 帧和第 12 帧时的资源分配结果。图 5.4 中，不同朝向的三角形代表不同时刻的每个目标的聚类方式，在子图中还给出了相应的功率分配结果。

以图 5.4（a）为例，方向朝下的三角形表示在 $k=2$ 时刻，由雷达 1 和雷达 2 对目标 1 进行跟踪；方向朝上的三角形表示目标 2 在 $k=2$ 时刻的聚类方式选取的是雷达 7 和雷达 8。结果表明，聚类方式决定了雷达的使用情况，大部分功率资源倾向于分配给各个子类中距离目标较远、相对位置较差的雷达，从而使对应目标的跟踪精度更高（注：不使用的雷达不需要分配功率）。这些结果说明，MRS 在动态地协调每部雷达的发射参数及其所获得的量测的使用，以平衡系统资源和系统整体的跟踪性能，即在每一时刻选择适当的雷达以适当的发射参数对各个目标进行正确跟踪。

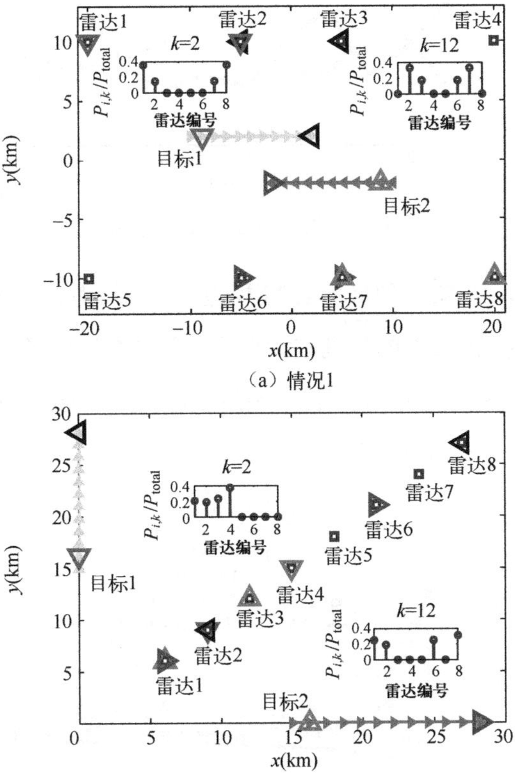

（a）情况1

（b）情况2

图 5.4 非起伏的目标 RCS 模型下的资源分配结果

前面的仿真在非起伏的目标 RCS 模型下，分析了雷达到目标的距离及其之间的相对位置关系对雷达聚类方式和功率分配结果的影响。为了进一步分析目标 RCS 对功率分配结果的影响，本节还考虑了第二种目标 RCS 模型。该模型中的两个目标对雷达 5 和雷达 6 的反射系数较小，如图 5.5 所示，对其他雷达的反射系数与第一种目标 RCS 模型相同。

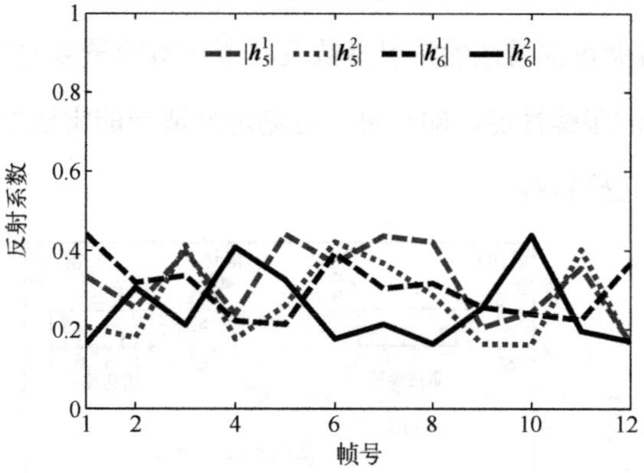

图 5.5　第二种目标 RCS 模型

由图 5.5 可知，在第二种目标 RCS 模型中，目标对雷达 5 和雷达 6 的反射系数较低，雷达的回波 SNR 受到较大影响。图 5.6 给出了在第二种目标 RCS 模型下，每一时刻所有目标的总体跟踪精度及相应的 BCRLB。结果显示，本节提出的算法也能有效地提高跟踪精度。

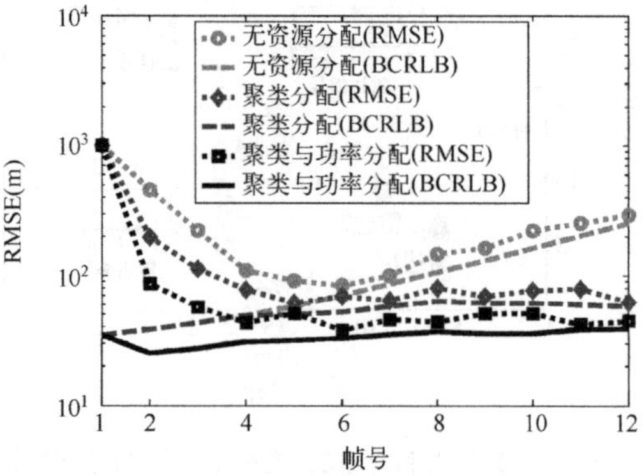

（a）情况1

图 5.6　第二种目标 RCS 模型下目标跟踪的 RMSE

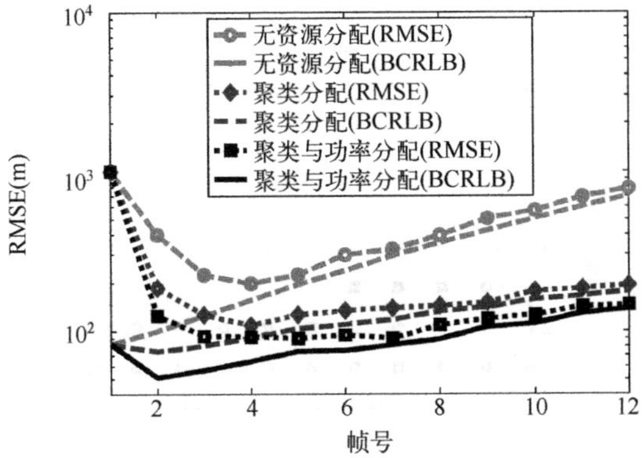

（b）情况2

图 5.6　第二种目标 RCS 模型下目标跟踪的 RMSE（续）

图 5.7 给出了第二种目标 RCS 模型下，两种不同的布阵情况时，MRS 在每一时刻的聚类结果，与图 5.3 所示结果比较可知，雷达 5 和雷达 6 不再对目标进行跟踪。在整个跟踪过程中，MRS 会选择其他的雷达代替反射系数低的雷达 5 和雷达 6，对目标的跟踪精度也会有一定程度的下降。

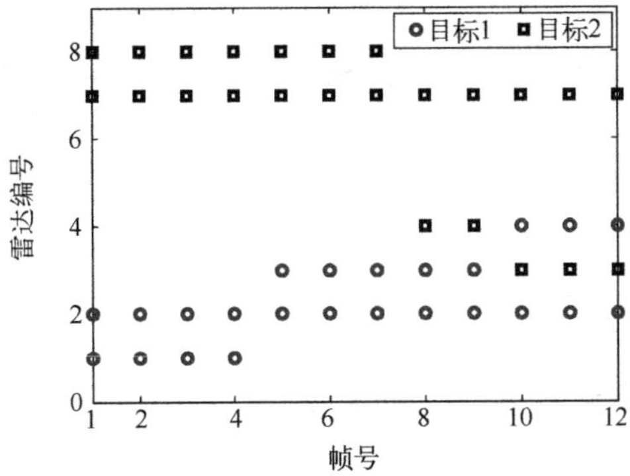

（a）情况1

图 5.7　第二种目标 RCS 模型下的聚类结果

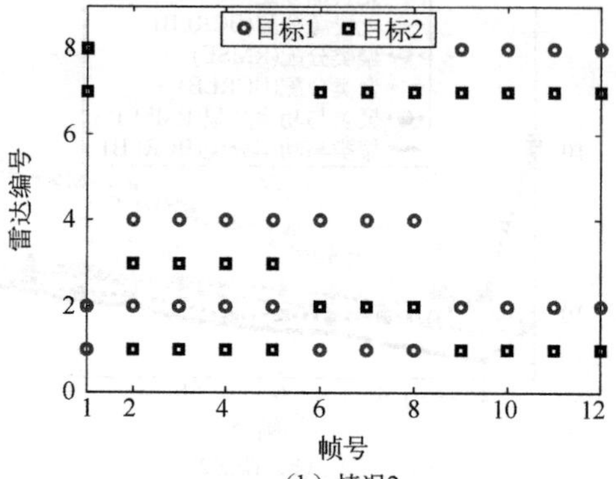

（b）情况2

图 5.7　第二种目标 RCS 模型下的聚类结果（续）

图 5.8 给出了第二种目标 RCS 模型下，第 2 帧和第 12 帧时的资源分配结果。结果表明，只有在非起伏的目标 RCS 模型下，用雷达 5 或雷达 6 时，起伏模型资源分配结果才发生变化。例如，当 k=2 时的分配结果不会发生变化，k=12 时的分配结果会有变化。

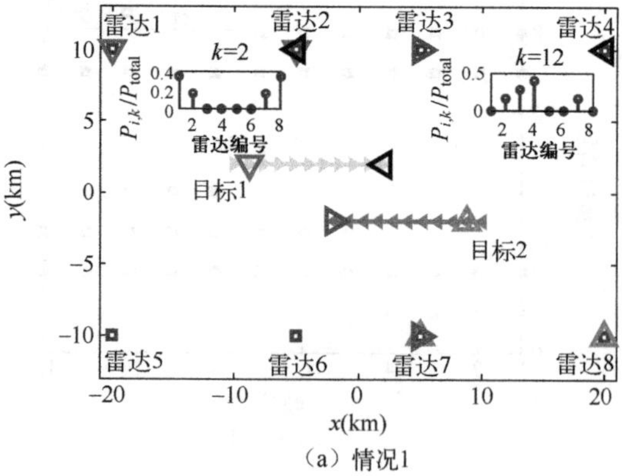

（a）情况1

图 5.8　第二种目标 RCS 模型下的资源分配结果

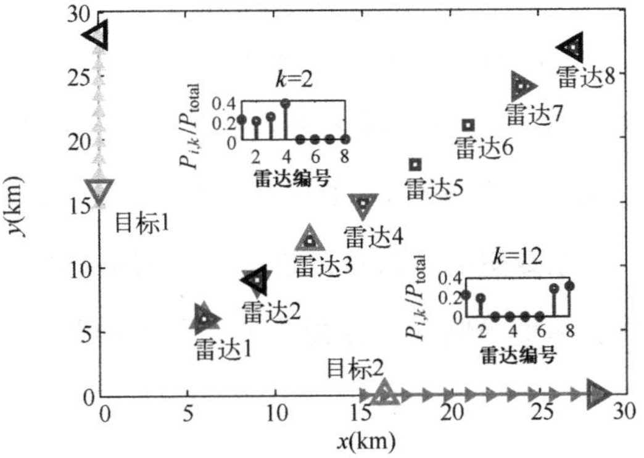

（b）情况2

图 5.8　第二种目标 RCS 模型下的资源分配结果（续）

综上所述，无资源分配时目标跟踪误差要比最优聚类方式和功率分配时高。资源分配的过程是先挑选固定数目的雷达与每个目标聚类后，再针对子类中的雷达进行功率分配。资源分配的原则可描述为：在聚类过程中，与目标距离更近、反射系数更高、相对位置更好的雷达都会包含在该目标对应的子类中，更多的功率资源倾向于分配给各个子类中距离目标较远、相对位置较差的雷达。

5.5　小结

本章在 MRS 平台下，提出了一种针对多目标跟踪的 JCAPA 算法，目的是使 MRS 能动态地协调每部雷达的发射参数及其所获得的量测的使用，进而在资源有限的约束下达到更好的性能。具体表现为：在每一时刻选择适当的雷达以适当的发射参数对各个目标进行正确跟踪。与现有的资源分配算法相比，本章提出的算法有如下两个优点：（1）对每部雷达的聚类方式和发射功率进行联合优化，克服了现有分配算法功率资源利用不充分的问题；（2）通过使用 CMA 和 GP 算法对双变量问题求解，大大减少了计算量，为算法在实际中的应用奠定基础。仿真实验表明，相对于不进行资源分配的情况，JCAPA 算法能有效提升多目标跟踪性能。扩展实验表明：在聚类过程中，与目标距离更近、反射系数更高、相对位置更好的雷达都会包含在该目标对应的子类中，更多的功率资源倾向于分配给各个子类中距离目标较远、相对位置较差的雷达。

附录 A
引理 1 证明

给定第q个目标$k-1$时刻的 BIM $\boldsymbol{J}\left(\xi_{k-1}^{q}\right)$，$k$时刻预测的 BIM 可计算为

$$\boldsymbol{J}_P\left(\xi_k^q\right)=\left(\boldsymbol{Q}_{\xi,k-1}^q+\boldsymbol{F}_\xi^q\boldsymbol{J}^{-1}\left(\xi_{k-1}^q\right)\left(\boldsymbol{F}_\xi^q\right)^{\mathrm{T}}\right)^{-1} \tag{A-1}$$

很明显，若初始 BIM $\boldsymbol{J}\left(\xi_1^q\right)\in\boldsymbol{S}_{++}$，那么$\boldsymbol{J}_P\left(\xi_k^q\right)\in\boldsymbol{S}_{++}$。其中，$\boldsymbol{S}_{++}$表示对称正定矩阵。对式（A-1）求逆，可得

$$\boldsymbol{C}_{\mathrm{BCRLB}}^{P}\left(\xi_k^q\right)=\boldsymbol{J}_P^{-1}\left(\xi_k^q\right) \tag{A-2}$$

为了求$\boldsymbol{u}_k^{m_k}$，将不同目标的$\boldsymbol{C}_{\mathrm{BCRLB}}^{P}\left(\xi_k^q\right)$用向量形式表示为

$$\boldsymbol{C}^P=\left\{\mathrm{Tr}\left[\boldsymbol{C}_{\mathrm{BCRLB}}^{P}\left(\xi_k^1\right)\right],\cdots,\mathrm{Tr}\left[\boldsymbol{C}_{\mathrm{BCRLB}}^{P}\left(\xi_k^Q\right)\right]\right\}^{\mathrm{T}} \tag{A-3}$$

将其按降序排列，即

$$\left[\boldsymbol{C}_{\mathrm{order}}^{P},\boldsymbol{O}\right]=\mathrm{sort}\left(\boldsymbol{C}^P\right) \tag{A-4}$$

式中，$\boldsymbol{O}$表示$\boldsymbol{C}^P$的排序向量。

下面将用数学归纳法来证明：对于给定的波束个数m_k，$\boldsymbol{u}_{k,\mathrm{opt}}^{m_k}$是可以被唯一确定的，且与$\boldsymbol{P}_k$无关，即

$$\boldsymbol{u}_{k,\mathrm{opt}}^{m_k}(i)=\begin{cases}1 & i\in\boldsymbol{O}(1:m_k)\\0 & \text{其他}\end{cases} \tag{A-5}$$

第一步：证明$m_k=1$时命题成立。

当$m_k=1$时，波束的指向可枚举为$\left[\boldsymbol{u}_{k,\boldsymbol{O}(1)}^{1},\cdots,\boldsymbol{u}_{k,\boldsymbol{O}(Q)}^{1}\right]$，其中，$\boldsymbol{u}_{k,q}^{1}$表示单个波束指向第$q$个目标，优化的目标函数可表示为

$$\mathbb{F}\left(\boldsymbol{u}_{k,q}^{1},\boldsymbol{P}_{k,q}^{1}\right)=$$
$$\begin{cases}\boldsymbol{C}_{\text{order}}^{P}(1) & q\in\boldsymbol{O}(2:Q)\\ \max\left[\boldsymbol{C}_{\text{order}}^{P}(2),\operatorname{Tr}\left(\left[\boldsymbol{J}_{P}\left(\xi_{k}^{q}\right)+\hat{\boldsymbol{H}}_{q,k}^{\mathrm{T}}\hat{\boldsymbol{\Sigma}}_{q,k}^{-1}\left(\boldsymbol{P}_{k,q}^{1}(q)\right)\hat{\boldsymbol{H}}_{q,k}\right]^{-1}\right)\right] & q=\boldsymbol{O}(1)\end{cases} \tag{A-6}$$

对于任意功率分配结果 $\boldsymbol{P}_{k,q}^{1}$ ，$\hat{\boldsymbol{H}}_{q,k}^{\mathrm{T}}\hat{\boldsymbol{\Sigma}}_{q,k}^{-1}\left(\boldsymbol{P}_{k,q}^{1}(q)\right)\hat{\boldsymbol{H}}_{q,k}$ 都是一个正定矩阵。因此，当 $q=\boldsymbol{O}(1)$ 时，有

$$\boldsymbol{C}_{\text{order}}^{P}(1)>\operatorname{Tr}\left(\left[\boldsymbol{J}_{P}\left(\xi_{k}^{q}\right)+\hat{\boldsymbol{H}}_{q,k}^{\mathrm{T}}\hat{\boldsymbol{\Sigma}}_{q,k}^{-1}\left(\boldsymbol{P}_{k,q,\text{opt}}^{1}(q)\right)\hat{\boldsymbol{H}}_{q,k}\right]^{-1}\right) \tag{A-7}$$

和 $\boldsymbol{C}_{\text{order}}^{P}(1)\geqslant\boldsymbol{C}_{\text{order}}^{P}(2)$，为了最小化式（A-6），最优波束分配必须为 $\boldsymbol{u}_{k,\text{opt}}^{1}=\boldsymbol{e}_{\boldsymbol{O}(1)}^{Q}$。

第二步：当 $m_k=L$ 时命题成立，证明 $m_k=L+1$ 时命题成立。

当 $m_k=L$ 时，有

$$\boldsymbol{u}_{k,\text{opt}}^{L}(i)=\begin{cases}1 & i\in\boldsymbol{O}(1:L)\\ 0 & \text{其他}\end{cases} \tag{A-8}$$

当 $m_k=L+1$ 时，波束的指向可枚举为 $\left[\boldsymbol{u}_{k,\boldsymbol{O}(L+1)}^{L+1},\cdots,\boldsymbol{u}_{k,\boldsymbol{O}(Q)}^{L+1}\right]$，其中，$\boldsymbol{u}_{k,q}^{L+1}$ 定义为

$$\boldsymbol{u}_{k,q}^{L+1}(i)=\begin{cases}1 & i\in\boldsymbol{O}(1:L)\,\|\,i=q\\ 0 & \text{其他}\end{cases} \tag{A-9}$$

代价函数为

$$\mathbb{F}\left(\boldsymbol{u}_{k,q}^{L+1},\boldsymbol{P}_{k,q}^{L+1}\right)=$$
$$\begin{cases}\max\left[\boldsymbol{C}_{\text{order}}^{P}(L+1),c_{L}\right] & q\in\boldsymbol{O}(L+2:Q)\\ \max\left[\boldsymbol{C}_{\text{order}}^{P}(L+2),\operatorname{Tr}\left(\left[\boldsymbol{J}_{P}\left(\xi_{k}^{q}\right)+\hat{\boldsymbol{H}}_{q,k}^{\mathrm{T}}\hat{\boldsymbol{\Sigma}}_{q,k}^{-1}\left(\boldsymbol{P}_{k,q}^{L+1}(q)\right)\hat{\boldsymbol{H}}_{q,k}\right]^{-1}\right),c_{L}\right] & q=\boldsymbol{O}(L+1)\end{cases} \tag{A-10}$$

式中，$\boldsymbol{P}_{k,q}^{L+1}$ 表示满足 $\boldsymbol{P}_{k,q}^{L+1}(q)>0$ 的任意功率分配结果，而

$$c_L = \max_{l \in \boldsymbol{O}(1:L)} \operatorname{Tr}\left(\left[\boldsymbol{J}_P\left(\xi_k^l\right) + \hat{\boldsymbol{H}}_{l,k}^{\mathrm{T}} \hat{\boldsymbol{\Sigma}}_{l,k}^{-1}\left(\boldsymbol{P}_{k,q}^{L+1}(l)\right)\hat{\boldsymbol{H}}_{l,k}\right]^{-1}\right) \tag{A-11}$$

同理，对于$q = \boldsymbol{O}(L+1)$，有

$$\boldsymbol{C}_{\text{order}}^P(L+1) > \operatorname{Tr}\left(\left[\boldsymbol{J}_P\left(\xi_k^q\right) + \hat{\boldsymbol{H}}_{q,k}^{\mathrm{T}} \hat{\boldsymbol{\Sigma}}_{q,k}^{-1}\left(\boldsymbol{P}_{k,q}^{L+1}(q)\right)\hat{\boldsymbol{H}}_{q,k}\right]^{-1}\right) \tag{A-12}$$

和$\boldsymbol{C}_{\text{order}}^P(L+1) \geqslant \boldsymbol{C}_{\text{order}}^P(L+2)$。综上，为了最小化$\mathbb{F}\left(\boldsymbol{u}_{k,q}^{L+1}, \boldsymbol{P}_{k,q}^{L+1}\right)$，最优解为

$$\boldsymbol{u}_{k,\text{opt}}^{L+1}(i) = \begin{cases} 1 & i \in \boldsymbol{O}(1:L+1) \\ 0 & \text{其他} \end{cases} \tag{A-13}$$

由此，用数学归纳法已证明了命题成立。

附录 B

引理 2 证明

式（3-51）中，优化问题可等效地写为

$$\begin{cases}\min\limits_{\tilde{\boldsymbol{P}}_k^{m_k}}\left[\mathbb{G}\left(\tilde{\boldsymbol{P}}_k^{m_k}\right)\right]\\ \text{s.t. } P_{\boldsymbol{O}(i),k}\geqslant\bar{P}_{\min}\quad i=1,\cdots,m_k\\ \mathbf{1}^{\mathrm{T}}\tilde{\boldsymbol{P}}_k^{m_k}=P_{\text{total}}\end{cases} \tag{B-1}$$

式中，

$$\mathbb{G}\left(\tilde{\boldsymbol{P}}_k^{m_k}\right)=\max_{q\in\boldsymbol{O}(1:m_k)}\left\{\operatorname{Tr}\left(\left[\boldsymbol{J}_P\left(\boldsymbol{\xi}_k^q\right)+\hat{\boldsymbol{H}}_{q,k}^{\mathrm{T}}\hat{\boldsymbol{\Sigma}}_{q,k}^{-1}\left(P_{q,k}\right)\hat{\boldsymbol{H}}_{q,k}\right]^{-1}\right)\right\} \tag{B-2}$$

令 $\boldsymbol{U}_q=\operatorname{Tr}\left(\left[\boldsymbol{J}_P\left(\boldsymbol{\xi}_k^q\right)+\hat{\boldsymbol{H}}_{q,k}^{\mathrm{T}}\hat{\boldsymbol{\Sigma}}_{q,k}^{-1}\left(P_{q,k}\right)\hat{\boldsymbol{H}}_{q,k}\right]^{-1}\right)$，将其变形可得

$$\boldsymbol{U}_q=\operatorname{Tr}\left(\left[\boldsymbol{J}_P\left(\boldsymbol{\xi}_k^q\right)+\sum_{i=1}^{n_z}\left(P_{q,k}a_{ii}\right)\boldsymbol{b}_i^{\mathrm{T}}\boldsymbol{b}_i\right]^{-1}\right) \tag{B-3}$$

式中，$\boldsymbol{b}_i$ 表示 $\hat{\boldsymbol{H}}_{q,k}$ 的第 i 行；$\left(P_{q,k}a_{ii}\right)$ 表示矩阵 $\hat{\boldsymbol{\Sigma}}_{q,k}^{-1}\left(P_{q,k}\right)$ 第 i 个对角线元素。由文献[158]可知，$\operatorname{Tr}\left(\boldsymbol{X}^{-1}\right)$ 在 $\boldsymbol{X}\in S_{++}$ 时是凸函数。由于 $\boldsymbol{U}_q$ 可看作 $\operatorname{Tr}\left(\boldsymbol{X}^{-1}\right)$ 是经仿射变换

$$\boldsymbol{X}\rightarrow\boldsymbol{J}_P\left(\boldsymbol{\xi}_k^q\right)+\sum_{i=1}^{n_z}\left[\left(P_{q,k}a_{ii}\right)\boldsymbol{b}_i^{\mathrm{T}}\boldsymbol{b}_i\right] \tag{B-4}$$

后得到的，因此 $\boldsymbol{U}_q$ 在 $\left\{\boldsymbol{P}_k\left|\left[\boldsymbol{J}_P\left(\boldsymbol{\xi}_k^q\right)+\sum_{i=1}^{n_z}\left[\left(P_{q,k}a_{ii}\right)\boldsymbol{b}_i^{\mathrm{T}}\boldsymbol{b}_i\right]\right]\in S_{++}\right.\right\}$ 时是凸函数（只需要 $\boldsymbol{J}\left(\boldsymbol{\xi}_1\right)\in S_{++}$，即可很容易地证明 $\boldsymbol{J}_P\left(\boldsymbol{\xi}_k^q\right)+\sum_{i=1}^{n_z}\left[\left(P_{q,k}a_{ii}\right)\boldsymbol{b}_i^{\mathrm{T}}\boldsymbol{b}_i\right]$ 为一个对称正定矩阵）。而后，由文献[158]可知，$\boldsymbol{U}_{\boldsymbol{O}(1)},\cdots,\boldsymbol{U}_{\boldsymbol{O}(m_k)}$ 的最大化函数也是一个凸函数。

附录 C
推导$\boldsymbol{J}_Z^{m_{q,k}}\left(\xi_k^q\right)$

根据式（3-61），$\boldsymbol{J}_Z^{m_{q,k}}\left(\xi_k^q\right)$可表示为

$$\boldsymbol{J}_Z^{m_{q,k}}\left(\xi_k^q\right)=\mathbb{E}_{\xi_k^q,\boldsymbol{Z}_{q,k}}\left\{\Delta_{\xi_k^q}\ln p\left(\boldsymbol{Z}_{q,k}\middle|\xi_k^q,m_{q,k}\right)\Delta_{\xi_k^q}^{\mathrm{T}}\ln p\left(\boldsymbol{Z}_{q,k}\middle|\xi_k^q,m_{q,k}\right)\right\} \tag{C-1}$$

结合式（3-31）有

$$\Delta_{\xi_k^q}\ln p\left(\boldsymbol{Z}_{q,k}\middle|\xi_k^q,m_{q,k}\right)=\frac{\varepsilon\left(m_{q,k}\right)\sum_{j=1}^{m_{q,k}}p_1\left(\boldsymbol{z}_{q,k}^j\right)\boldsymbol{H}_{q,k}^{\mathrm{T}}\boldsymbol{\Sigma}_{q,k}^{-1}\left[\boldsymbol{z}_{q,k}^j-\boldsymbol{h}_{q,k}\left(\xi_k^q\right)\right]}{m_{q,k}V_{q,k}^{\left(m_{q,k}-1\right)}p\left(\boldsymbol{Z}_{q,k}\middle|\xi_k^q,m_{q,k}\right)} \tag{C-2}$$

式中，$\boldsymbol{H}_{q,k}\triangleq\left[\Delta_{\xi_k^q}\boldsymbol{h}_{q,k}^{\mathrm{T}}\left(\xi_k^q\right)\right]^{\mathrm{T}}$为$n_z\times\left(n_{\boldsymbol{x}}^q+2\right)$的雅克比矩阵。通过数学变换，式（C-2）可写为

$$\Delta_{\xi_k^q}\ln p\left(\boldsymbol{Z}_{q,k}\middle|\xi_k^q,m_{q,k}\right)=\beta\left(\boldsymbol{Z}_{q,k},\xi_k^q\right)\boldsymbol{H}_{q,k}^{\mathrm{T}}\boldsymbol{\Sigma}_{q,k}^{-1}\sum_{j=1}^{m_{q,k}}\boldsymbol{\varphi}\left(\boldsymbol{z}_{q,k}^j\right) \tag{C-3}$$

式中，

$$\beta\left(\boldsymbol{Z}_{q,k},\xi_k^q\right)=\frac{\varepsilon\left(m_{q,k}\right)}{m_{q,k}V_{q,k}^{\left(m_{q,k}-1\right)}p\left(\boldsymbol{Z}_{q,k}\middle|\xi_k^q,m_{q,k}\right)}\frac{1}{\sqrt{\left(2\pi\right)^{n_z}\left|\boldsymbol{\Sigma}_{q,k}\right|}} \tag{C-4}$$

$$\varphi\left(\boldsymbol{z}_{q,k}^j\right)=\left[\boldsymbol{z}_{q,k}^j-\boldsymbol{h}_{q,k}\left(\xi_k^q\right)\right]\times\exp\left\{-\frac{1}{2}\left[\boldsymbol{z}_{q,k}^j-\boldsymbol{h}_{q,k}\left(\xi_k^q\right)\right]^{\mathrm{T}}\boldsymbol{\Sigma}_{q,k}^{-1}\left[\boldsymbol{z}_{q,k}^j-\boldsymbol{h}_{q,k}\left(\xi_k^q\right)\right]\right\} \tag{C-5}$$

将式（C-3）代入式（C-1），FIM $\boldsymbol{J}_Z^{m_{q,k}}\left(\xi_k^q\right)$可重写为

$$\begin{aligned}\boldsymbol{J}_Z^{m_{q,k}}\left(\xi_k^q\right)&=\mathbb{E}_{\xi_k^q}\left[\mathbb{E}_{\boldsymbol{Z}_{q,k}}\left[\left[\beta\left(\boldsymbol{Z}_{q,k},\xi_k^q\right)\boldsymbol{H}_{q,k}^{\mathrm{T}}\boldsymbol{\Sigma}_{q,k}^{-1}\sum_{j=1}^{m_{q,k}}\boldsymbol{\varphi}\left(\boldsymbol{z}_{q,k}^j\right)\right]\times\right.\right.\\&\qquad\left.\left.\left[\beta\left(\boldsymbol{Z}_{q,k},\xi_k^q\right)\sum_{j=1}^{m_{q,k}}\boldsymbol{\varphi}^{\mathrm{T}}\left(\boldsymbol{z}_{q,k}^j\right)\boldsymbol{\Sigma}_{q,k}^{-1}\boldsymbol{H}_{q,k}\right]\middle|\xi_k^q\right]\right]\\&=\mathbb{E}_{\xi_k^q}\left[\boldsymbol{H}_{q,k}^{\mathrm{T}}\boldsymbol{t}_{q,k}\left(m_{q,k}\right)\boldsymbol{\Sigma}_{q,k}^{-1}\boldsymbol{H}_{q,k}\right]\end{aligned} \tag{C-6}$$

式中，$\boldsymbol{t}_{q,k}\left(m_{q,k}\right)$是一个$n_z \times n_z$的矩阵，即

$$\boldsymbol{t}_{q,k}\left(m_{q,k}\right)=\mathbb{E}_{Z_{q,k}}\left[\beta^2\left(\boldsymbol{Z}_{q,k},\xi_k^q\right)\boldsymbol{\Sigma}_{q,k}^{-1}\sum_{j=1}^{m_{q,k}}\sum_{l=1}^{m_{q,k}}\boldsymbol{\varphi}\left(z_{q,k}^j\right)\boldsymbol{\varphi}^{\mathrm{T}}\left(z_{q,k}^l\right)\middle|\xi_k^q\right] \tag{C-7}$$

附录 D

推导 FIM $\boldsymbol{J}_\gamma(\boldsymbol{\gamma}_k)$

下面推导未知参数$\boldsymbol{\gamma}_k$的 FIM。通常，FIM 需通过下式获取，即

$$\boldsymbol{J}_\gamma(\boldsymbol{\gamma}_k) = -\mathbb{E}_{\boldsymbol{r}_k|\xi_k}\left[\Delta_{\gamma_k}^{\gamma_k} \ln p(\boldsymbol{r}_k|\xi_k)\right] \tag{D-1}$$

式中，条件概率密度$\ln p(\boldsymbol{r}_k|\xi_k)$见式（4-19）。因此，式（D-1）可写为

$$\begin{cases}
\left[\boldsymbol{J}_\gamma(\boldsymbol{\gamma}_k)\right]_{i,j} = -\mathbb{E}_{\boldsymbol{r}_k|\xi_k}\left[\Delta_{f_{i,k}}^{f_{j,k}} \ln p(\boldsymbol{r}_k \mid \xi_k)\right] \\
\left[\boldsymbol{J}_\gamma(\boldsymbol{\gamma}_k)\right]_{N+i,N+j} = -\mathbb{E}_{\boldsymbol{r}_k|\xi_k}\left[\Delta_{h_{i,k}^{\mathrm{R}}}^{h_{j,k}^{\mathrm{R}}} \ln p(\boldsymbol{r}_k \mid \xi_k)\right] \\
\left[\boldsymbol{J}_\gamma(\boldsymbol{\gamma}_k)\right]_{2N+i,2N+j} = -\mathbb{E}_{\boldsymbol{r}_k|\xi_k}\left[\Delta_{h_{i,k}^{\mathrm{I}}}^{h_{j,k}^{\mathrm{I}}} \ln p(\boldsymbol{r}_k \mid \xi_k)\right] \\
\left[\boldsymbol{J}_\gamma(\boldsymbol{\gamma}_k)\right]_{i,N+j} = \left[\boldsymbol{J}_\gamma(\boldsymbol{\gamma}_k)\right]_{N+j,i} = -\mathbb{E}_{\boldsymbol{r}_k|\xi_k}\left[\Delta_{f_{i,k}}^{h_{j,k}^{\mathrm{R}}} \ln p(\boldsymbol{r}_k \mid \xi_k)\right] \\
\left[\boldsymbol{J}_\gamma(\boldsymbol{\gamma}_k)\right]_{i,2N+j} = \left[\boldsymbol{J}_\gamma(\boldsymbol{\gamma}_k)\right]_{2N+j,i} = -\mathbb{E}_{\boldsymbol{r}_k|\xi_k}\left[\Delta_{f_{i,k}}^{h_{j,k}^{\mathrm{I}}} \ln p(\boldsymbol{r}_k \mid \xi_k)\right] \\
\left[\boldsymbol{J}_\gamma(\boldsymbol{\gamma}_k)\right]_{N+i,2N+j} = \left[\boldsymbol{J}_\gamma(\boldsymbol{\gamma}_k)\right]_{2N+j,N+i} = -\mathbb{E}_{\boldsymbol{r}_k|\xi_k}\left[\Delta_{h_{i,k}^{\mathrm{R}}}^{h_{j,k}^{\mathrm{I}}} \ln p(\boldsymbol{r}_k \mid \xi_k)\right]
\end{cases} \tag{D-2}$$

式中，$i,j=1,2,\cdots,N$。首先需要求$\ln p(\boldsymbol{r}_k|\xi_k)$对$f_{i,k}$的一阶偏导，即

$$\begin{aligned}
&\Delta_{f_{i,k}} \ln p(\boldsymbol{r}_k|\xi_k) \\
&= -\frac{\sqrt{\alpha_{i,k}P_{i,k}}}{\sigma_w^2}\sum_{n=0}^{N_{s,i}-1}\Big(-\left[r_{i,k}(n) - h_{i,k}\sqrt{\alpha_{i,k}P_{i,k}}\exp(\mathrm{j}2\pi f_{i,k}nT_{s,i})\right]^* D(f_{i,k}) - \\
&\quad \left[r_{i,k}(n) - h_{i,k}\sqrt{\alpha_{i,k}P_{i,k}}\exp(\mathrm{j}2\pi f_{i,k}nT_{s,i})\right]D^*(f_{i,k})\Big)
\end{aligned} \tag{D-3}$$

式中，

$$\begin{aligned}
D(f_{i,k}) &= \frac{\partial h_{i,k}\exp(\mathrm{j}2\pi f_{i,k}nT_{s,i})}{\partial f_{i,k}} \\
&= \mathrm{j}2\pi nT_{s,i}h_{i,k}\exp(\mathrm{j}2\pi f_{i,k}nT_{s,i})
\end{aligned} \tag{D-4}$$

对式（D-3）求二阶偏导，可得

$$\begin{aligned}\left[\boldsymbol{J}_{\gamma}\left(\gamma_{k}\right)\right]_{i,j} &= -\mathbb{E}_{\xi_k|x_k}\left(\Delta_{f_{i,k}}^{f_{j,k}} \ln p\left(\boldsymbol{r}_k \mid \xi_k\right)\right) \\ &= \begin{cases} \dfrac{8\pi^2\alpha_{i,k}P_{i,k}\left|h_{i,k}\right|^2}{\sigma_w^2}\sum\limits_{n=0}^{N_{s,i}-1}\left(nT_{s,i}\right)^2 & i=j \\ 0 & i\neq j \end{cases} \\ &= \begin{cases} \dfrac{8\pi^2\alpha_{i,k}P_{i,k}T_{s,i}^2\left|h_{i,k}\right|^2}{\sigma_w^2}\dfrac{\left(N_{s,i}^2-N_{s,i}\right)\left(2N_{s,i}-1\right)}{6} & i=j \\ 0 & i\neq j \end{cases}\end{aligned} \tag{D-5}$$

对于大多数情况，$N_{s,i} \gg 1$时，式（D-5）可近似为

$$\left[\boldsymbol{J}_{\gamma}\left(\gamma_{k}\right)\right]_{i,j} \approx \begin{cases} \dfrac{8\pi^2\alpha_{i,k}P_{i,k}N_{s,i}\left|h_{i,k}\right|^2}{3\sigma_w^2}T_{p,i}^2 & i=j \\ 0 & i\neq j \end{cases} \tag{D-6}$$

由此可知，UCW 雷达多普勒频移的测量误差的 CRLB 为

$$\sigma_{f_{i,k}}^2 = \left(\left[\boldsymbol{J}_{\gamma}\left(\gamma_{k}\right)\right]_{i,i}\right)^{-1} = \frac{3\sigma_w^2}{8\pi^2\alpha_{i,k}P_{i,k}N_{s,i}T_{p,i}^2\left|h_{i,k}\right|^2} \tag{D-7}$$

而后，求$\ln p\left(\boldsymbol{r}_k|\xi_k\right)$对$h_{i,k}^{R}$的一阶偏导，即

$$\begin{aligned}&\Delta_{h_{i,k}^{R}} \ln p\left(\boldsymbol{r}_k|\xi_k\right) \\ &= -\frac{\sqrt{\alpha_{i,k}P_{i,k}}}{\sigma_w^2}\sum_{n=0}^{N_{s,i}-1}\left(-\left[r_{i,k}(n)-h_{i,k}\sqrt{\alpha_{i,k}P_{i,k}}\exp\left(\mathrm{j}2\pi f_{i,k}nT_{s,i}\right)\right]^{*}E\left(f_{i,k}\right)-\right. \\ &\left.\left[r_{i,k}(n)-h_{i,k}\sqrt{\alpha_{i,k}P_{i,k}}\exp\left(\mathrm{j}2\pi f_{i,k}nT_{s,i}\right)\right]E^{*}\left(f_{i,k}\right)\right)\end{aligned} \tag{D-8}$$

式中，$E\left(f_{i,k}\right)=\exp\left(\mathrm{j}2\pi f_{i,k}nT_{s,i}\right)$，继续对$h_{i,k}^{R}$求二阶偏导，有

$$\begin{aligned}\left[\boldsymbol{J}_{\gamma}\left(\gamma_{k}\right)\right]_{N+i,N+j} &= -\mathbb{E}_{r_k|\xi_k}\left[\Delta_{h_{i,k}^{R}}^{h_{j,k}^{R}} \ln p\left(\boldsymbol{r}_k \mid \xi_k\right)\right] \\ &= \begin{cases} \dfrac{2\alpha_{i,k}P_{i,k}}{\sigma_w^2}N_{s,i} & i=j \\ 0 & i\neq j \end{cases}\end{aligned} \tag{D-9}$$

同理，式（D-2）的其他几项可写为

$$\begin{cases}\left[\boldsymbol{J}_\gamma(\gamma_k)\right]_{2N+i,2N+j}=\begin{cases}\dfrac{2\alpha_{i,k}P_{i,k}}{\sigma_w^2}N_{\mathrm{s},i} & i=j\\ 0 & i\neq j\end{cases}\\ \left[\boldsymbol{J}_\gamma(\gamma_k)\right]_{i,N+j}=\left[\boldsymbol{J}_\gamma(\gamma_k)\right]_{N+j,i}=0\\ \left[\boldsymbol{J}_\gamma(\gamma_k)\right]_{i,2N+j}=\left[\boldsymbol{J}_\gamma(\gamma_k)\right]_{2N+j,i}=0\\ \left[\boldsymbol{J}_\gamma(\gamma_k)\right]_{N+i,2N+j}=\left[\boldsymbol{J}_\gamma(\gamma_k)\right]_{2N+j,N+i}=0\end{cases} \tag{D-10}$$

综上，FIM $\boldsymbol{J}_\gamma(\gamma_k)$表示为

$$\boldsymbol{J}_\gamma(\gamma_k)=\frac{1}{\sigma_w^2}\begin{bmatrix}\dfrac{8\pi^2}{3}\mathrm{diag}\left\{\alpha_{i,k}P_{i,k}N_{\mathrm{s},i}T_{\mathrm{p},i}^2\left|h_{i,k}\right|^2\right\} & \mathbf{0}_{N\times 2N}\\ \mathbf{0}_{2N\times N} & \boldsymbol{I}_2\otimes\mathrm{diag}\left\{2\alpha_{i,k}P_{i,k}N_{\mathrm{s},i}\right\}\end{bmatrix}\quad i=1,2,\cdots,N \tag{D-11}$$

附录 E
缩略语

BCRLB	Bayesian Cramer-Rao Lower Bound	贝叶斯克拉美罗界
BIM	Bayesian Information Matrix	贝叶斯信息矩阵
CMA	Cyclic Minimization Algorithm	循环最小化算法
FIM	Fisher Information Matrix	Fisher 信息矩阵
GP	Gradient Projection	梯度投影算法
IRF	Information Reduction Factor	信息衰减因子
JPDA	Joint Probabilistic Data Association	联合概率数据关联
MIMO	Multiple Input Multiple Output	多输入多输出
MRS	Multiple Radar System	多雷达系统
MSE	Mean Square Error	均方误差
MTT	Multi-target Tracking	多目标跟踪
NCCP	Nonlinear Chance Constraint Programming	非线性机会约束规划
NN	Nearest Neighbor	最近邻域法
NP	Neyman-Pearson	奈曼-皮尔逊
PDA	Probabilistic Data Association	概率数据关联
PDF	Probabilistic Density Function	概率密度函数
PF	Particle Filter	粒子滤波器
Radar	Radio Detecting and Ranging	雷达

RCS	Radar Cross Section	雷达散射截面积
RMSE	Root Mean Square Error	均方根误差
SNR	Signal to Noise Ratio	信噪比
UCW	Unmodulated Continuous Wave	单频连续波

参 考 文 献

[1] 陈伯孝. 现代雷达系统分析与设计[J]. 西安电子科技大学学报，2012，39(6)：1.

[2] 丁鹭飞，耿富录. 雷达原理[M]. 西安：西安电子科技大学出版社，2006.

[3] SKOLNIK M I. Introduction to radar systems[M]. 3rd ed. New York：McGraw-Hill，2001.

[4] SKOLNIK M I. Radar handbook[M]. 3rd ed. New York：McGraw-Hill，2008.

[5] EYUNG W K. Radar system analysis，design，and simulation[M]. Boston：Artech House. 2008.

[6] HAMISH .Modern radar systems[M]. Boston：Artech House，2008.

[7] CURRY G R. Radar system performance modeling[M]. Boston：Artech House，2005.

[8] 权太范. 目标跟踪新理论与技术[M]. 北京：国防工业出版社，2009.

[9] 潘泉，梁彦，杨峰，等. 现代目标跟踪与信息融合[M]. 北京：国防工业出版社，2009.

[10] BAR-SHALOM Y，FORTMANN T E. Tracking and data association[J]. Mathematics in science and engineering，1988，179.

[11] BAR-SHALOM Y，THOMAS E F. Sonar tracking of multiple targets using joint probabilistic data association[J]. IEEE Journal of Oceanic Engineering，1983，8(3)：173-184.

[12] 谭顺成，王国宏，王娜，等. 基于概率假设密度滤波和数据关联的脉冲多普勒雷达多目标跟踪算法[J]. 电子与信息学报，2013，35(11)：2700-2706.

[13] 欧阳成，陈晓旭，华云. 改进的最适高斯近似概率假设密度滤波[J]. 雷达学报，2013，2(2)：239-246.

[14] RABIDEAU D J，PARKER P.Ubiquitous MIMO multifunction digital array radar and the role of time-energy management in radar[R]. MIT Lincoln Laboratory，Project Report DAR-4，2003.

[15] 何友，王国宏. 多传感器信息融合及应用[M]. 北京：电子工业出版社，2000.

[16] BLACKMAN S.Multiple-target tracking with radar applications[M]. Norwood，MA：Artech House，1986.

[17] LIGGINS M E，HALL D L，LLINAS J. Handbook of multisensor data fusion：theory and practice [M]. 2nd ed. Boca Raton，FL：CRC Press，2009.

[18] BAR-SHALOM Y，AND TSE E. Tracking and data association[M]. New York：Academic Press，1988.

[19] 刘宗香，谢维信，黄敬雄．一种新的基于概率理论的概率数据互联滤波器[J]．电子与信息学报，2009，31(7)：1641-1645.

[20] 程婷，何子述，李亚星．一种具有自适应关联门的杂波中机动目标跟踪算法[J]．电子与信息学报，2012，34(4)：865-870.

[21] ASLAN M S，SARANL A．Threshold optimization for tracking a nonmaneuvering target[J]．IEEE Transactions on Aerospace and Electronic Systems，2011，37(2)：2844-2859.

[22] ASLAN M S，SARANL A．Advances in heuristic signal processing and applications[M]．Berlin Heidelberg：Springer，2013.

[23] ASLAN M S，SARANL A，BAYKAL B．Tracker-aware adaptive detection：an efficient closed-form solution for the Neyman-Pearson case [J]．Digital Signal Processing，2010，20(5)：1468-1481.

[24] WILLETT P，NIU R，BAR-SHALOM Y．Integration of Bayes detection with target tracking[J]．IEEE Transactions on Signal Processing，2001，49(1)：17-29.

[25] TABRIKIAN J，BARANKIN．Bounds for target localization by MIMO radars[C]// Fourth IEEE Workshop on Senso Array and Multichannel Processing，2006：278-281.

[26] BEKKERMAN I，TABRIKIAN J．Target detection and localization using MIMO radars and sonars[J]．IEEE Tram on Signal Processing，2006，54(10)：3873-3883.

[27] TABRIKIAN J，BEKKERMAN I．Transmission diversity smoothing for multi-target localization[C]// 2005 Proc.IEEE International Conference on Acoustics，Speech,and Signal Processing (ICASS P '05)，4：1041-1044.

[28] LI J，STOICA P，XU L，et al．On parameter identifiability of MIMO radar[J]．IEEE Signal Processing Letters，2007，14(12)：968-971.

[29] XU L，LI J，STOICA P．Target detection and parameter estimation for MIMO radar systems[J]．IEEE Transactions on Aerospace and Electronic Systems，2008，44(3)：927-939.

[30] XU L，LI J，STOICA P．Adaptive techniques for MIMO radar[C]// Fourth IEEE Workshop on Sensor Array and Multichannel Processing，2006：258-262.

[31] FORSYTHE K W，BLISS D W，FAWCETT G S．Multiple-input multiple-output (MIMO) radar：performance issues[C]// Proceedings of the Thirty-Eighth Asilomar Conference on Signals，Systems and Computers，2004：310-315.

[32] LI J，STOICA P．MIMO radar with colocated antennas[J]．IEEE Signal Processing Magazine，2007，24(5)：106-114.

[33] FUHRMANN D R，ANTONIO G S．Transmit beamforming for MIMO radar systems using

signal cross-correlation[J]. IEEE Transactions on Aerospace and Electronic Systems，2008，44(1)：171-186.

[34] FUHRMANN D R，ANTONIO G S. Transmit beamforming for MIMO radar systems using partial signal correlation[C]// In Proceeding 38th Asilomar Conference on Signals，System and Computers，2004：295-299.

[35] TUOMAS A，VISA K. Signal covariance matrix optimization for transmit beamforming in MIMO radars[C]// In Proceeding 41th Asilomar Conference on Signals，Systems，and Computers，2007.

[36] TUOMAS A，VISA K. Low-complexity method for transmit beamforming in MIMO radars[C]//Proceedings of IEEE International Conference on Acoustics，Speech and Signal Processing，Honolulu，Hawaii，USA，2007，2：305-308.

[37] STOICA P，LI J，XIE Y. On probing signal design for MIMO radar[J]. IEEE Transactions on Signal Processing，2007，55(8)：4151-4161.

[38] AHMED S，THOMPSON J S，PETILLOT Y R，et al. Unconstrained synthesis of covariance matrix for MIMO radar transmit beampattern[J]. IEEE Transactions on Signal Processing，2011，59(8)：3837-3849.

[39] 罗涛，关永峰，刘宏伟，等. 低旁瓣MIMO 雷达发射方向图设计[J]. 电子与信息学报，2013，35(12)：2815-2822.

[40] LI J，STOCA P，ZHU X. MIMO radar waveform synthesis[C]// IEEE Radar Conference，Rome，Italy，2007：1-6.

[41] 万安民，陆静. 雷达组网的特点及其抗干扰设计[J]. 火力与指挥控制. 2001，26(3)：41-44.

[42] 郭冠斌. 雷达组网在对抗“四大威胁”中的作用[J]. 现代电子，1992，(4)：1-9.

[43] 方青. 雷达组网数据融合处理中的点迹融合技术[J]. 现代电子，2002，(4)：5-12.

[44] 吴小飞. 对雷达组网数据融合中几个关键问题的研究[J]，现代雷达，2004，26 (30)：29-32.

[45] 王欢，焦光龙，谢军伟. 基于雷达组网中新技术的研究[J]. 现代雷达，2007，29(1)：9-11.

[46] 陈永光，李修和，沈阳. 组网雷达作战能力分析与评估[M]. 北京：国防工业出版社，2006.

[47] GODRICH H，PETROPULU A，POOR H V. A combinatorial optimization framework for subset selection in distributed multiple-radar architecture[C]// In Proceeding of Acoustics，Speech and Signal Processing，Piscataway，NJ，USA，2011：2796-2799.

[48] GODRICH H，PETROPULU A P，POOR H V. Power allocation strategies for target localization in distributed multiple-radar architecture[J]. IEEE Transactions on Signal Processing，2011，59 (7)：3226-3240.

[49] WEI Y，MENG H，WANG X. Adaptive single-tone waveform design for target recognition in Cognitive Radar[C]// IET International Radar Conference，2009：1-4.

[50] WICKS M. Spectrum crowding and cognitive radar[C]// International Workshop on Cognitive Information Processing，2010：452-457.

[51] SAVERINO A L，CAPRIA A，BERIZZI F. Cognitive adaptive waveform technique for HF skywave radar[C]// International Workshop on Cognitive Information Processing，2010：247-252.

[52] 范梅梅，廖东平，丁小峰，等. 基于 WLS-TIR 的多目标识别认知雷达波形自适应方法[J]. 电子学报，2012，40(1)：73-77.

[53] ROMERO R A，GOODMAN N A. Adaptive beamsteering for search-and-track application with cognitive radar network[C]// IEEE Radar Conference，2011：1091-1095.

[54] NIJSURE Y，CHEN Y，RAPAJIC P，et al. Information-theoretic algorithm for waveform optimization within ultra wideband cognitive radar network[C]// IEEE International Conference on UltrA-Wideband，2010：1-4.

[55] HAYKIN S，XUE Y，DAVIDSON T N. Optimal waveform design for cognitive radar[C]// Asilomar Conference on Signals，Systems and Computers，2008：3-7.

[56] HAO H，STOICA P，LI J. Waveform design with stopband and correlation constraints for cognitive radar[C]// International Workshop on Cognitive Information Processing，2010：344-349.

[57] HAYKIN S，ZIA A，ARASARATNAM I，et al. Cognitive tracking radar[C]// In Proceedings of the Radar Conference.，Washington，DC，2010：1467-1470.

[58] HAYKIN S. Cognitive radar：a way of the future[J]. IEEE Signal Processing Magazine，2006，23(1)：30-40.

[59] GUERCI J R. Cognitive radar[M]. Boston：Artech House，2010.

[60] SINGER R A，SEA R G. A new filter for optimal tracking in dense multi-target environments[C]// The ninth Allerton Conference Circuit and System Theory，1971：201-211.

[61] BLOM H A P，BAR-SHALOM Y. The integrating multiple model algorithm for systems with markovian swithing coefficients[J]. IEEE Transactions on Automatic control，1988，33(4)：780-783.

[62] BLOM H A P. A sophisticated tracking algorithm for ATC survillance data[C]// In proceeding of International Radar conference，Pairs，France，1984.
[63] RAROAQ M，BRUDER S. Information type filters for tracking a manevering target[J]. IEEE Transactions on Aerospace and Electronic Systems，1990，26 (3)：441-454.
[64] 曾斯．多机动目标跟踪中数据关联算法的研究[D]．成都：电子科技大学，2011.
[65] CARINE H，CADRE J L，PEREZ P. Posterior Cramer-Rao bounds for multi-target tracking[J]. IEEE Transactions on Aerospace and Electronic Systems，2006，42 (1)：37-49.
[66] MORELANDE M R，KREUCHER C M，KASTELLA K. A bayesian approach to multiple target detection and tracking[J]. IEEE Transactions on Signal Processing，2006，55(5)：1589-1604.
[67] HUE C，CADRE J L，PÉREZ P. Sequential Monte Carlo methods for multiple target tracking and data fusion[J]. IEEE Transactions on Signal Processing，2002，50(2)：309-325.
[68] STONE L D，BARLOW CA，CORWIN T. Bayesian multiple target tracking[M]. Norwood，MA：Artech House，1999.
[69] 刘波．MIMO 雷达正交波形设计及信号处理研究[D]．成都：电子科技大学，2008.
[70] 李军．MIMO 雷达中的数字波束形成与信号处理技术研究[D]．成都:电子科技大学，2009.
[71] YANG Y，BLUM R S. MIMO radar waveform design based on mutual information and minimum mean-square error estimation[J]. IEEE Transactions on Aerospace and Electronic Systems，2007，43 (1)：330-343.
[72] MUTAMBARA A G O. Decentralized estimation and control for multisensor system [M]. Boca Raton：CRC Press，1998.
[73] HALL D L. Mathematical techniques in multisensor data fusion[M]. Norwood，MA：Artech House，1992.
[74] 刘同明，夏祖勋，解洪成．数据融合技术及其应用[M]．北京：国防工业出版社，1998.
[75] 韩崇昭，朱洪艳，段战胜．多源信息融合[M]．2 版．北京：清华大学出版社，2010.
[76] 何友，王国宏，陆大金，等．多传感器融合及其应用[M]．北京：电子工业出版社，2000.
[77] 桑炜森，顾耀平．综合电子战新技术新方法[M]．北京：国防工业出版社，2000.
[78] CHANG K C，SAHA R K，BAR-SHALOM Y. On optimal track-to-track fusion[J]. IEEE Transactions on Aerospace and Electronic Systems，1997，33(4)：1271-1276.
[79] CHEN H，KIRUBARAJAN T，BAR-SHALOM Y. Performance limits of track-to-track fusion versus centralized estimation：theory and application[J]. IEEE Transactions on

Aerospace and Electronic Systems，2003，39(2)：386-400.
[80] CHONG C Y，MORI S，CHANG C Y. Information fusion in distributed sensor networks[C]// In proceeding of American Control Conference，1985：830-835.
[81] MANOLAKIS D E. Efficient solution and performance analysis of 3-D position estimation by Trilateration[J]. IEEE Transactions on Aerospace and Electronic Systems，1996，32(4)：1239-1247.
[82] ZHAO S Y,CHEN B M,LEE T H. Optimal placement of bearing-only sensors for target localization [C]// In Proceeding of American Control，Montreal，Canada，2012：5108-5113.
[83] AMATO F,GOLINO G. Accuracy of height estimation by a system of 2-D netted radars[C]// In Proceeding of Radar. Rome：IEEE Press，2011：773-776.
[84] LUO Z Y,HE J Z. ML estimation of true height in 2-D radar network[C]// In Proceeding of Information Fusion，Quebec，QC Canada，2007：1-7.
[85] 吴跃波，杨景曙，王江. 一种双基地 MIMO 雷达三维多目标定位方法[J]. 电子与信息学报，2011，33(10)：2483-2488.
[86] YOTHIN R，RU J F，SIVA S，et al. Altitude estimation for 3-D tracking with Two 2-D radars[C]// In Proceeding of Information Fusion，Chicago，USA，2011：1-8.
[87] 熊伟，潘旭东，彭应宁，等. 分布式 2D 雷达网的高度估计技术[J]. 信息与控制，2010，39(4)：408-412.
[88] 苗高洁,丁春山，卢元磊，等. 2D 雷达目标跟踪中的高度估计[J]. 指挥控制与仿真，2011，33(4)：33-37.
[89] GODRICH H，PETROPULU A P，POOR H V. Sensor selection in distributed multiple-radar architectures for localization：a knapsack problem formulation[J]. IEEE Transactions on Signal Processing，2012，60 (1)：247-260.
[90] GODRICH H，PETROPULU A，POOR H V. Cluster allocation schemes for target tracking in multiple radar architectures[C]// In Proceeding of Signals，Systems and Computers，Princeton，NJ，USA，2011：863-867.
[91] GODRICH H，PETROPULU A，POOR H V. Resource allocation schemes for target localization in distributed multiple radar architectures[C]// 2010 18th European Signal Processing Conference. IEEE，2010：1239-1243.
[92] CHAVALI P，NEHORAI A. Scheduling and power allocation in a cognitive radar network for multiple-target tracking[J]. IEEE Transactions on Signal Processing，2012，60 (2)：715-729.

[93] BAR-SHALOM Y，LI X R，KIRUBARAJAN T. Estimation with applications to tracking and navigation[M]. New York，NY：John Wiley and Sons，2001.

[94] 周宏仁，敬忠良，王培德．机动目标跟踪[M]．北京：国防工业出版社，1991.

[95] BLOM H A P，BLOEM E A．Probabilistic data association avoiding track coalescence[J]. IEEE Transactions on Automatic Control，2000，45(2)：247-259.

[96] BENAVOLI A，CHISCI L，FARINA A．Knowledge-based system for multi-target tracking in a littoral environment[J]. IEEE Transactions on Aerospace and Electronic Systems，2006，42(3)：1100-1119.

[97] REID D B．An algorithm for tracking multiple targets[J]．IEEE Transactions on Automatic Control，1979，24 (6)：843-854.

[98] 何友，修建娟，等．雷达数据处理及应用[M]．北京：电子工业出版社,2006.

[99] 潘泉，叶西宁，张洪才．广义概率数据关联算法[J]．电子学报，2005，3(33)：467-472.

[100] WIJIESOMA W S，PERERA L D L，ADAMS M D．Toward multidimensional assignment data association in robot localization and mapping[J]．IEEE Transactions on Robotics．2006，22(2)：350-365.

[101] SLIVEN S．A neural approach to the assignment algorithm for multiple-target tracking [J]．Oceanic Engineering．1992，17(4)：326-332.

[102] KIFUBARAJAN T，BAR-SHALOM Y，PATTIPAI K K，et al．Ground target tracking with variable structure IMM estimator[J]．IEEE Transactions on Aerospace and Electronic Systems，2000，36(1)：26-46.

[103] JIKKOV V P,ANGELOVA D S，SEMERDIJEV T A．Design and comparison of mode-set adaptive IMM algorithms for maneuvering target tracking[J]．IEEE Transactions on Aerospace and Electronic Systems，1999，35(1)：343-350.

[104] BALCKMAN S S．Multiple hypothesis tracking for multiple target tracking[J]．IEEE Transactions on IEEE Transactions on Aerospace and Electronic Systems，2004，19(1)：5-18.

[105] ZHANG X，WILLETT P，BAR-SHALOM Y．Uniform versus nonuniform sampling when tracking in clutter．IEEE Transactions on Aerospace and Electronic Systems．2006，42(2)：388-400.

[106] 杨峰，王永齐，梁彦，等．基于概率假设密度滤波方法的多目标跟踪技术综述[J]．自动化学报，2013，34(11)：1944-1956.

[107] 黎湘，范梅梅．认知雷达及其关键技术研究进展[J]．电子学报，2012，40(9)：1863-1870.

[108] HERNANDEZ M, KIRUBARAJAN T, BAR-SHALOM Y. Multisensor resource deployment using posterior Cramer-Rao bounds[J]. IEEE Transactions on Aerospace and Electronic Systems，2004，40 (2)：399-416.

[109] GLASS J D，SMITH L D. MIMO radar resource allocation using posterior Cramer-Rao lower bounds[C]// In Proceedings of the IEEE Aerospace Conference，Big Sky，MT，2011：1-9.

[110] RISTIC B，ARULAMPALAM S，GORDON N. Beyond the kalman filter：particle filters for tracking applications[M]. Boston，MA：Artech House，2004.

[111] SONG X，WILLETT P，ZHOU S. On Fisher information reduction for range-only localization with imperfect detection[J]. IEEE Transactions on Aerospace and Electronic Systems，2012，48 (4)：3694-3702.

[112] 韩崇昭，朱洪艳，段战胜，等. 多源信息融合[M]. 北京：清华大学出版社，2006：320-365.

[113] KAY S M. Fundamentals of statistical signal processing：estimation theory[M]. Upper Saddle River，NJ：Prentice-Hall，1993.

[114] GORJI A A，KIRUBARAJAN T，THARMARASA R. Antenna allocation in MIMO radars with collocated antennas[C]// In Proceedings of the International Conference on information fusion，Singapore，2012：424-431.

[115] TICHAVSKY P，MURAVCHIK C H，NEHORAI A. Posterior Cramer -Rao bounds for dscrete-time nonlinear filtering[J]. IEEE Transactions on Signal Processing，1998，46 (5)：1386-1396.

[116] VAN TREES H L. Detection，estimation，and modulation theory，Part Ⅲ[M]. New York，NY：John Wiley and Sons，1971.

[117] VAN TREES H L. Optimum array processing：detection，estimation，and modulation theory，part Ⅳ[M]. New York，NY：John Wiley and Sons，2002.

[118] ROSEN J B. The gradient projection method for non-linear programming，Part I[J]. Journal of the Society for Industrial and Applied Mathematics，1960，8 (1)：181-217.

[119] BERTSEKAS D P. On the goldstein-levitin-polyak gradient projection method[J]. IEEE Transactions on Automatic Control，1976，21 (2)：174-184.

[120] NIU R，WILLETT P，BAR-SHALOM Y. Matrix CRLB scaling due to measurements of uncertain origin[J]. IEEE Transactions on Signal Processing，2001，49 (7)：1325-1335.

[121] HERNANDEZ M L，FARINA A，RISTIC B. PCRLB for tracking in cluttered

environments：measurement sequence conditioning approach[J]. IEEE Transactions on Aerospace and Electronic Systems，2006，42 (2)：680-704.

[122] ZHANG X，WILLETT P，BAR-SHALOM Y. Dynamic Cramer-Rao bound for target tracking in clutter[J]. IEEE Transactions on Aerospace and Electronic Systems，2005，41 (4)：1154-1167.

[123] 周万幸，吴鸣亚，胡明春. 双(多)基地雷达系统[M]. 北京：电子工业出版社，2011.

[124] 花汉兵. 雷达组网的特点及其关键技术研究[J]. 现代电子技术，2007,30(23)：33-35.

[125] Doughty S R. Development and performance evaluation of a multistatic radar system[D]. University College London，2008.

[126] BAKER C J，HUME A L. Netted radar sensing[J]，IEEE Transactions on Aerospace and Electronic Systems Magazine，2003，18 (2)：3-6.

[127] 程院兵，顾红，苏卫民. 一种新的双基地 MIMO 雷达快速多目标定位算法[J]. 电子与信息学报，2012，34(2)：312-317.

[128] GODRICH H，HAIMOVICH A M，BLUM R S. Target localization accuracy gain in MIMO radar based system[J]. IEEE Transactions on Information Theory，2010，56 (6)：2783-2803.

[129] VAN TREES H L，BELL K L，WANG Y. Bayesian Cramer-Rao bounds for multistatic radar[C]// In Proceeding of IEEE International Conferences on Waveform Diversity Design，2006：856-859.

[130] 夏双志. 认知雷达信号处理——检测和跟踪[D]. 西安：西安电子科技大学，2012.

[131] 彭冬亮，叶军军，葛泉波. 多传感器异步采样系统的顺序融合[J]. 信息与控制，2010，39(1)：18-24.

[132] ALOUANI A T，GRAY J E，MCCABE D H. Theory of distributed estimation using multiple asynchronous sensors[J]. IEEE Transactions on Aerospace and Electronic Systems，2005，41(2)：717-722.

[133] 周样晶，尹浩，江晶，等. 基于局部估计误差相关的多传感器异步航迹融合[J]. 火力与指挥控制，2011，36(5)：72-78.

[134] HONG L J，YANG Y，ZHANG L. Sequential convex approximations to joint chance constrained programs：a Monte Carlo approach[J]. Operations Research，2011，59(3)：617-630.

[135] LIU Y F，SONG E. Sample approximation-based deflation approaches for chance SINR constrained joint power and admission control[OL]. http://arxiv.org/abs/1302.5973，2013.

[136] 李可维，柳彬，徐正喜,等. 基于机会约束规划的无线 Mesh 网跨层优化算法[J]. 计算

机应用研究，2012，29(6)：2306-2309.

[137] WENDT M，LI P，WOZNY G. Nonlinear chance-constrained process optimization under uncertainty[J]. Industrial & Engineering Chemistry Research，2002，41(15)：3621-3629.

[138] 曾涛，殷丕磊，杨小鹏，等. 分布式全相参雷达系统时间与相位同步方案研究[J]. 雷达学报，2013，2(1)：105-110.

[139] KULPA K. Continuous wave radars–monostatic，multistatic and network[C]// Advances in Sensing with Security Applications. Dordrecht：Springer Netherlands，2006：215-242.

[140] OTERO M. Application of a continuous wave radar for human gait recognition[C]// In Proceeding of SPIE Signal Processing，Sensor Fusion，and Target Recognition，Florida，USA，2005：538-548.

[141] HORNSTEINER C，DETLEFSEN J. Characterization of human gait using a continuous-wave radar at 24GHz[J]. Advance Radio Science，2008,6：67-70.

[142] SOUMEKH M. Wide-bandwidth continuous-wave monostatic/bistatic synthetic aperture radar imaging[C]// In Proceeding IEEE Image Processing, New York, USA, 1998: 361-365.

[143] LEVANON N. Radar principles[M]. New York，NY：John Wiley and Sons，1988.

[144] LÜBBERT U. Target position estimation with a continuous wave radar network[D]. Dept. Technol. Eng.，Hamburg Univ，Hamburg，Germany，2005.

[145] GODRICH H，CHIRIAC V M，HAIMOVICH A M，et al. Target tracking in MIMO radar systems：techniques and performance analysis[C]// In Proceedings of IEEE Radar Conference，Washington，DC，2010：1111-1116.

[146] GUSTAFSSON F. Particle filter theory and practice with positioning applications[J]. IEEE Transactions on Aerospace and Electronic Systems Magazine，2010，25 (7)：53-82.

[147] 时银水，姬红兵，杨柏胜. 组网无源雷达变数目多目标跟踪算法[J]. 西安电子科技大学学报，2010，37(2)：218-223.

[148] VAN TREES H L，BELL K L. Bayesian bounds for parameter estimation and nonlinear filtering/tracking[M]. New York：Wiley-Interscience，2007.

[149] RAO S S. Engineering optimization：theory and practice[M]. 3rd ed. New York：Wiley，1996.

[150] 陈薛毅. 最优化原理与方法[M]. 北京：北京工业大学出版社，2001.

[151] SUN H，XU H，WANG Y. Asymptotic analysis of sample average approximation for stochastic optimization problems with joint chance constraints via conditional value at risk and difference of convex functions[J]. Journal of Optimization Theory and Applications，

2012，8(3)：1-28.

[152] PAGNONCELLI B K，AHMED S，SHAPIRO A．Sample average approximation method for chance constrained programming：theory and applications[J]．Journal of Optimization Theory and Applications，2009，142(2)：399-416.

[153] NEMIROVSKI A， SHAPIRO A． Convex approximations of chance constrained programs[J]．SIAM Journal on Optimization，2006，17(4)：969-996.

[154] SAWIK B． Conditional value-at-risk vs． value-at-risk to multi-objective portfolio optimization[J]．Applications of Management Science，2012，15(13)：277-305.

[155] GRECO M，STINCO P，GINI F，et al．Cramer-Rao bounds and selection of bistatic channels for multistatic radar systems[J]．IEEE Transactions on Aerospace and Electronic Systems，2011，47 (4)：2934-2948.

[156] BOYD S，VANDENBERGHE L．Convex optimization[M]．Cambridge，U.K.：Cambridge University Press，2004.

[157] AOKI E H．A general approach for altitude estimation and mitigation of slant range errors on target tracking using 2D radars[C]// Proceeding of Information Fusion，Edinburgh，UK，2010：756-759.

[158] STOICA P，SELÉN Y．Cyclic minimizers，majorization techniques，and expectation maximization algorithm：a refresh[J]．IEEE Signal Processing Magazine，2004，21(1)：112-114.